無機固体化学

構造論・物性論

吉村 一良・加藤 将樹
共 著

内田老鶴圃

本書の全部あるいは一部を断わりなく転載または
複写(コピー)することは，著作権および出版権の
侵害となる場合がありますのでご注意下さい．

まえがき

　本書は，基礎的な化学の学習を一通り終えた学部学生を念頭に，より専門的な物性化学，固体化学について，初学者が学習するための手引きとなる内容をまとめたものである．これらの内容は，実際に著者らが京都大学理学部化学教室や，同志社大学理工学部機能分子・生命化学科で 2，3 回生向けに行った講義ノートをもとにしている．

　無機化学は，元来，金属や鉱物などの無機固体物質を研究対象にし，それらの性質，構造や物質相互の反応を研究する学問であり，炭素を中心とする生物・生命由来の有機物質を対象にする有機化学と相補的な学問であった．ところが，半導体やセラミックスに代表されるような無機化学工業・産業の発展とともに，その守備範囲は物理化学，固体物理学，結晶化学などと相互に関連しながら拡大し，さらには錯体化学，有機金属化学，生物無機化学，無機物性化学など，従来の無機化学には収まらなかったものまで含まれるようになった．学問の統合的発展という意味では誠に喜ばしいことであるが，一方で，初学者にとっては何から学べばよいのか途方に暮れることにもなりかねない．実際に，大学の無機化学の教科書といえば，分厚い辞書のようなものが多く，初学者への負担は (心理的にも経済的にも？) 著者らが学生の頃とは随分と違ってきているように感じる．大学教員の立場からも，何をピックアップして教えればいいのか，迷うことがしばしばである．これは無機化学だけではなく，最近の進展著しい自然科学のいずれの分野においても，程度の差はあれ，同様の状況であろう．

　そこで，初学者が固体化学や物性化学の分野で研究活動を行うに至るまでの必要な概念や知識を改めて洗い出し，大学教養レベルの無機化学と，専門分野の橋渡しになるような学習書を作ろうというのが，本書における著者らの最大の目標である．もちろん，紙数の都合上全てを盛り込めたわけではないが，初学者が理解しやすいようにテーマを取捨選択し，さらに本書読了後の発展的な学習への導入にも配慮したつもりである．

　第 1〜3 章は，固体における結合，構造，熱化学の基礎的な内容をまとめたもの

i

ii　まえがき

である．無機固体物質が原子や分子の単なる集合体ではないことを理解し，固体の性質や構造における特有の概念や特徴を無理なく把握できるよう努めた．より発展的には量子論や統計学の取り扱いが必要になろうが，初学者には荷が重いため，簡単に触れるのみにとどめた．

第4章は，固体物質を合成する上で必要不可欠な相平衡と平衡状態図について解説した．簡単なモデルを用いることにより，相分離現象や規則・不規則相転移などの特徴的な性質を熱・統計力学的に説明することが容易に理解できるであろう．

第5，6章は，固体の結晶構造の記述法や回折法などの結晶化学の基礎と，代表的な結晶構造をまとめた．ここでも初学者のために厳密性をいささか省略して，構造因子や構造型のエッセンスを理解できるようにした．

第7，8章は，格子欠陥と格子振動についてまとめた．本文でも述べたように，固体には必ず格子欠陥が存在し，そのことが固体特有の性質の1つでもあり，格子欠陥や格子振動が原因となって新たな現象が引き起こされたりする．例えば，静的，動的な格子欠陥は電気伝導性や超伝導などの固体物性と深い関わりがある．本書では格子欠陥・格子振動の熱化学・結晶化学的な側面を数式の展開も含めて詳しく記述し，初学者が今後，固体物理学的，物性化学的な展開を学ぶのに必要な，基本的な概念を得られるようにした．

第9章は，拡散現象について解説した．固体における平衡状態の実現には，原子やイオンの拡散は重要な役割を果たし，格子欠陥の存在によって促進される．これらは密接に関係し合っており，物質の合成や物性を検討する上で，基礎的な事項をきちんと抑えておく必要がある．

第10章では，固体が織りなす相転移現象について，第4章で述べた同素変態，相分離現象，規則・不規則相転移現象から，磁性や超伝導現象といった電子が引き起こす相転移現象に至るまで，熱・統計力学やランダウ展開理論のような現象論的な立場から解説した．電子が引き起こす相転移現象の理解においては，ある程度の量子論的な事柄も学ぶ必要があるので，なるべく必要最小限にとどめたが，解説してある．この章は，読者が物質科学・工学を含むこの分野に興味を持ち，専門的な物性化学，固体化学，あるいは物性物理学，物性工学へと進んでいく上で，基礎と専門の橋渡しとなることを期待して書かれている．

以上のような内容について，原子構造，化学結合などの基礎的な知識を持つ学部2，3回生であれば，問題なく本書を読み進めるよう配慮したつもりである．学

習としては 1 章から順に読み進めていただくことを期待しているが，もちろん読者の興味ある章をそれぞれ独立に読んでいただいても結構である．また本書では，磁性やバンド理論などを学ぶ上で重要な量子論的な展開については，第 3 章と第 10 章で簡単な説明を加えた程度で，それ以外はほとんど触れなかった．近い将来にこれらについての初学者向けの学習書をまとめたいと考えている．本書の誤りや説明不足のところなどについて，忌憚のないご意見をいただけるとありがたい．

　大学教養と固体化学，物性化学分野の橋渡しを，という当初の大それた目標を達成できているのか，はなはだ心許ないが，少なくとも本書で述べられた事項を抑えていれば，このような分野の研究を行う基礎はできていると思っていただいてよいであろう．その意味では学部学生だけではなく，実際に物質科学などの研究を行っている技術者や開発者，研究者にとっても，改めて基礎的な知識の確認・理解の一助になると思う．本書が幅広い読者に役立てば幸甚である．

　最後に，本書の企画，出版の機会をいただき，また著者らの遅筆にもかかわらず，叱咤激励くださった，株式会社内田老鶴圃の内田学社長に心から感謝したい．

　2019 年 9 月

吉村　一良　加藤　将樹

目　　次

まえがき ……………………………………………………………………………… i

第1章　化学結合と電気陰性度 ……………………………………… 1

1.1　固体における化学結合　*1*

1.2　電気陰性度の均等化原理　*4*

1.3　化学結合のイオン結合性，共有結合性　*11*

1章　参考文献　*13*

第2章　イオン結合性結晶の基本原理 ………………………… 15

2.1　電気的中性原理　*17*

2.2　ポーリングの静電原子価則 (ポーリングの第2原理)　*21*

2.3　イオン半径比則 (ポーリングの第1原理)　*24*

2章　参考文献　*27*

第3章　固体の熱化学 …………………………………………………… 29

3.1　マーデルングエネルギー　*29*

3.2　格子エネルギーのモデル　*32*

3.3　ボルン‐ハーバーサイクル　*36*

3.4　熱化学的現象と格子エネルギー　*37*

3.5　量子論から見た固体エネルギー論　*41*

3章　参考文献　*46*

vi 目　次

第4章　固体結晶の熱力学と平衡状態図論 ································ 47

4.1　系，相，成分　*47*

4.2　ギッブスの相律　*49*

4.3　相の平衡条件と自由エネルギー組成曲線　*52*

4.4　平衡状態図論と平均場近似：正則溶体モデル　*56*

4.5　液相-固相の相平衡：溶体の熱力学　*59*

4.6　固相の相平衡：相分離現象　*68*

4.7　相分離と共晶系：計算機シミュレーションによる平衡状態図　*75*

4.8　包晶反応と中間相の生成　*79*

4.9　不変反応と平衡状態図　*84*

4.10　三元系平衡状態図　*89*

4.11　ブラッグ-ウィリアムズ近似の応用例：秩序・無秩序相転移　*90*

4章　参考文献　*96*

第5章　固体の結晶構造と構造因子 ···································· 97

5.1　固体の結晶構造と対称操作　*97*

5.2　結晶構造パラメーター　*100*

5.3　結晶面による回折とブラッグの式　*105*

5.4　逆格子と構造因子　*113*

5.5　構造因子の計算例と消滅則　*118*

5章　参考文献　*120*

第6章　結晶の構造化学 ·· 121

6.1　単体の構造　*121*

6.2　最密充填構造とその空隙　*125*

6.3　MX 型構造　*127*

6.4　MX_2 型構造　*132*

目　　次　vii

　6.5　MX_3 型，M_2X_3 型構造　*137*

　6.6　複合化合物　*140*

　6 章　参考文献　*147*

第 7 章　格子欠陥 – 静的な格子欠陥 –　*149*

　7.1　ゼロ次元的な静的格子欠陥　*149*

　7.2　転位 – 一次元的格子欠陥 –　*155*

　7.3　積層欠陥 – 二次元的面欠陥 –，
　　　結晶粒界・ボイド – 三次元的欠陥 –　*173*

　7 章　参考文献　*173*

第 8 章　動的な格子欠陥としての格子振動　*175*

　8.1　原子の熱運動：格子振動　*175*

　8.2　固体中の弾性波としての格子振動　*176*

　8.3　固体中の素励起としての格子欠陥 (フォノン)　*183*

　8 章　参考文献　*198*

第 9 章　拡散 – 固体中の原子の運動 –　*199*

　9.1　フィックの第 1 法則　*199*

　9.2　拡散の機構　*201*

　9.3　自己拡散および相互拡散　*204*

　9.4　フィックの第 2 法則と俣野の修正式　*206*

　9.5　真の拡散係数の求め方　*209*

　9 章　参考文献　*210*

第 10 章　相転移の熱・統計力学と量子論的記述　*211*

　10.1　相転移現象　*211*

viii 目　　次

10.2　規則・不規則相転移　　*217*

10.3　電子状態の相転移　　*219*

10.4　相転移の現象論：ランダウ理論　　*250*

10 章　参考文献　　*263*

索　　引 ……………………………………………………………………………… 265

1

第1章

化学結合と電気陰性度

　物質の三態である気体，液体，固体という観点から見れば，気体や液体を冷却，もしくは圧縮して得られる相が固体である．しかし，単に液体や気体が凝縮したものと考えただけでは理解できないような様々な性質が，固体には備わっている．このような固体の特性や性質は，構成原子がどのように結合をするか，その種類によって大きく異なることが知られている．そこで本章では，まず結合の種類と，その種類に深く関連する原子の電気陰性度について整理してみよう．

1.1　固体における化学結合

　固体に限らずすべての物質は原子から成り立ち，それらの原子の結合によって物質が形成される．この物質そのものを形成する結合は化学結合とよばれ，分子間に働く分子間力などと区別される．この化学結合の本質は，原子間における電子の授受 (交換) に基づくエネルギーの安定化である．このことはハイトラーとロンドンを初めとする多くの研究者により，量子論を用いて理解されるようになった．量子論的な化学結合の説明は，量子力学，量子化学などの多くの優れた他の成書に譲ることとし，この1章では原子パラメーターの1つである**電気陰性度** (electronegativity) を通して，原子間の化学結合とエネルギーの安定化を考察していく．その前段階として，化学結合の種類について整理しておこう．

　固体における化学結合は，一般にイオン結合と共有結合に大別される．まずはこれらを概観する．

（1）　イオン結合

　原子間の電気陰性度の差が大きい場合，一方の原子から他方に電子が移動することによって，陽イオンと陰イオンとなる．1.2節の表1.1に示すように，周期表の左下方向に行くほど電気陰性度は小さく，右上に行くほど値は大きくなる．この陽イオン–陰イオン間の化学結合がイオン結合である．陽イオンと陰イオンの間

1

2 第1章 化学結合と電気陰性度

のクーロン力による結合であり，固体における原子間の結合を考える上で典型的な結合である．ただし，3章で詳しく述べるように，固体においては，引力 (陽イオン-陰イオン) と斥力 (陽イオン同士，陰イオン同士) の両方が存在し，それらの総和が固体全体に及ぶことにより，その固体が安定化される．このようにイオン結合が主体となって形成される固体，結晶のことをイオン結合性固体，あるいはイオン結合性結晶という．NaCl や CaO (ポーリングの電気陰性度で，Na と Cl は 0.93 と 3.16，Ca と O は 1.00 と 3.44) など，電気陰性度の差が大きい原子からなる結晶が，イオン結合性結晶の典型例である．

　固体中を構成するあるイオンに着目すると，そのイオンが逆符号の電荷を持つ他のイオンにより多く配位されるほど，静電引力ポテンシャルが増大して安定化される．したがってイオン結合性固体では，できるだけ多配位の構造が安定である．また配位数が大きくなると結晶の示す対称性は一般には高くなる．このように，固体の様々な性質を考える上で，イオン結合性結晶の構成原理やそのエネルギーを調べることは非常に有意義であるので，これについては 2 章で詳しく述べる．

（2）　共有結合

　結合に寄与する原子において，それらの電気陰性度の差がそれほど大きくない場合，原子同士が互いに電子を共有することによって結合が生じる．この化学結合を共有結合という．原子の波動関数 (軌道) 同士の重なりによって，新たな軌道 (分子軌道) が形成され，そのうちの結合性軌道に電子が入り，結合した状態が安定化される．

　固体における共有結合は，(1) ある原子団 (すなわち分子) 内で互いの共有結合が閉じている場合 (例えば CO_2 などの分子性の固体 (ドライアイス)) と，(2) 固体を構成する多数の原子が結合に寄与し，固体全体にわたる分子軌道 (いわゆるバンド) が形成される場合に分けられる．

　(1) の固体は分子性結晶ともよばれ，分子内の結合は主に共有結合であるが，分子間の結合は，ファンデルワールス力や水素結合などの分子間力である．分子間力による結合では，原子は部分的あるいは瞬間的に分極するものの，原子間での電子の授受は行われないので，化学結合と見なされない．また，一般にこれらの分子間力による結合は，化学結合よりも弱い．すなわち，分子性結晶では緩やかに分子同士が結び付けられているといえる．したがって，このような分子性結晶

は，融点や沸点が低いものが多く，分子そのものの性質と，固体や結晶の示す特性はそれほど大きくは変わらないと考えてよいだろう．

(2) の固体は共有結合性結晶ともよばれ，分子内だけではなく分子間にも共有結合が働き，多くの場合分子内・分子間の結合を区別できないので，しばしば巨大分子ともよばれる．ダイヤモンドは，共有結合性結晶の典型例である．図 1.1 にダイヤモンドの結晶構造を示す．sp^3 混成軌道を持つ炭素原子同士が互いに共有結合し，それらが結晶全体にわたって結合軌道を形成する．比較的小さな分子における分子軌道とは違い，このような結晶全体の原子による軌道は，あるエネルギーの範囲に多数の電子が占有できる準位を持つことから，バンド (帯) とよばれる．ダイヤモンドやシリコンのような絶縁体や半導体では，電子が完全に満ちた価電子帯と，電子が占有していない伝導帯の間に，電子が占有することのできない不連続のとびが存在し，これをバンドギャップとよぶ．

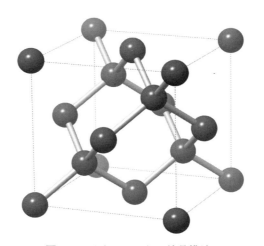

図 1.1　ダイヤモンドの結晶構造．

一方，アルミニウムなどの金属では，価電子を含むバンドの中に，電子に占有されていないエネルギー準位が存在する．このようなバンド内の価電子は，固体に電気伝導性をもたらし，また電子同士の互いの相互作用は弱いため，伝導電子，自由電子などとよばれる．原子間の結合の観点からは，この伝導電子や自由電子が，固体を構成する原子全体によって共有されているとも見なせる．この伝導電

子や自由電子の性質は，電気伝導性固体における金属的な振る舞いを理解する上で非常に重要であるが，定量的な取り扱いには固体の電子論，量子論を学ぶ必要があるので，章末にあげた参考文献を参照してほしい．さらに黒鉛 (グラファイト，図 1.2) のような物質では，sp^2 混成軌道による層状の多数の共有結合性の炭素原子が，層間のファンデルワールス力によって弱く結び付けられ，上記の (1)，(2) の性質を合わせ持つと考えられるであろう．

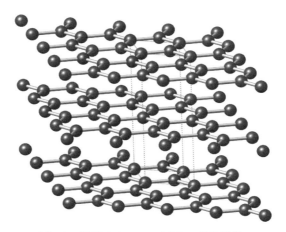

図 1.2　黒鉛 (グラファイト) の結晶構造．

　一般に，共有結合性結晶では，原子間の共有結合によって配位数が制限されるため，イオン結合性結晶と比較すると，その配位数は小さくなる傾向があり，したがって結晶の対称性は一般には低くなる．

　以上まとめると，固体における化学結合は大きく分けてイオン結合と共有結合の 2 つがあり，それらは結合に寄与する電気陰性度によって決まる，ということになる．

1.2　電気陰性度の均等化原理

　本節では少し固体を離れ，原子パラメーターである電気陰性度と，2 原子間の化学結合における化学結合の基本的な関係を整理してみよう．電気陰性度とは原

1.2 電気陰性度の均等化原理 5

子が電子を引き寄せる強さのことであるが，その数値的な定義は 1 通りではなく，主なものは以下の 4 通りの定義があげられる．

(1) マリケン (Mulliken) の電気陰性度 (χ_{M})

(2) ポーリング (Pauling) の電気陰性度 (χ_{P})

(3) オールレッド–ロコウ (Allred–Rockow) の電気陰性度 (χ_{AR})

(4) ヤッフェ–サンダーソン (Jaffé–Sanderson) の電気陰性度 (χ_{JS})

次の**表 1.1** は周期表における電気陰性度をまとめたもので，上段にポーリングの定義，下段にオールレッド–ロコウの定義による値を示している．

(1) のマリケンの定義は最も簡便なもので，**イオン化エネルギー** (ionization energy, E_{I}) と**電子親和力** (electron affinity, E_{A}) の平均値 $(E_{\mathrm{I}} + E_{\mathrm{A}})/2$ を χ_{M} として定義する．ある原子 A について，これらの原子パラメーターは以下のように定義される．

表 1.1 電気陰性度 (上段はポーリングの値，下段はオールレッド–ロコウの値) (基本無機化学 (2000)[4]).

H																	He
2.20																	
2.20																	5.50
Li	Be											B	C	N	O	F	Ne
0.98	1.57											2.04	2.55	3.04	3.44	3.98	
0.97	1.47											2.01	2.50	3.07	3.50	4.10	4.84
Na	Mg											Al	Si	P	S	Cl	Ar
0.93	1.31											1.61	1.90	2.19	2.58	3.16	
1.01	1.23											1.47	1.74	2.06	2.44	2.83	3.20
K	Ca	Sc	Ti	V	Cr	Mn	Fe	Co	Ni	Cu	Zn	Ga	Ge	As	Se	Br	Kr
0.82	1.00	1.36	1.54	1.63	1.66	1.55	1.83	1.88	1.91	1.90	1.65	1.81	2.01	2.18	2.55	2.96	3.00
0.91	1.04	1.20	1.32	1.45	1.56	1.60	1.64	1.70	1.75	1.75	1.66	1.82	2.02	2.20	2.48	2.74	2.94
Rb	Sr	Y	Zr	Nb	Mo	Tc	Ru	Rh	Pd	Ag	Cd	In	Sn	Sb	Te	I	Xe
0.82	0.95	1.22	1.33	1.6	2.16	1.9	2.2	2.28	2.20	1.93	1.69	1.78	1.96	2.05	2.1	2.66	2.6
0.89	0.99	1.11	1.22	1.23	1.30	1.36	1.42	1.45	1.35	1.42	1.46	1.49	1.72	1.82	2.01	2.21	2.40
Cs	Ba	La~Lu	Hf	Ta	W	Re	Os	Ir	Pt	Au	Hg	Tl	Pb	Bi	Po	At	Rn
0.79	0.89	1.1 ~1.3	1.3	1.5	2.36	1.9	2.2	2.20	2.28	2.54	2.00	2.04	2.33	2.02	2.0	2.2	2.0
0.86	0.97	1.01~1.14	1.23	1.33	1.40	1.46	1.52	1.55	1.44	1.42	1.44	1.44	1.55	1.67	1.76	1.96	2.06
Fr	Ra	Ac~Pu															
0.7	0.89	1.1 ~1.5															
0.86	0.97	1.00~1.22															

出典：WebElements Periodic Table, http://www.webelements.com/; J. Emsley, "The Elements", 3rd Ed., Oxford University Press (1998).

6　第 1 章　化学結合と電気陰性度

$$A \longrightarrow A^+ + e^- \; : \; \Delta H = E_\mathrm{I} \tag{1.1}$$

$$A + e^- \longrightarrow A^- \; : \; \Delta H = -E_\mathrm{A} \tag{1.2}$$

ただし，E_I は反応式 (1.1) のエンタルピー変化 (吸熱変化を正とする) として定義されるのに対し，E_A は反応式 (1.2) のエンタルピー変化の逆符号 (発熱変化を正とする) に対応することに注意しよう．上の化学式からもわかるように，E_I が大きいと電子は奪われにくく，E_A が大きいと電子を獲得しやすくなるので，両方の値がともに大きい原子が，電子を引きつける尺度である電気陰性度も大きいと考えるのは自然なことであろう．

　(2) のポーリングの定義は，原子間の結合エネルギー (結合している原子同士を引き離すのに要するエネルギー) に基づくものである．ある 2 原子 A–B 間の結合エネルギーを D_AB とすると，A–B 間の電気陰性度の差は，D_AB と，A–A 間および B–B 間の結合エネルギー (D_AA, D_BB) の平均値との差に対応する，というものである．すなわち，同種原子間の結合は共有結合であるので，もし A–B 間に電気陰性度の差がなければ，D_AB は D_AA と D_BB の平均値となるはずである，という考え方である．ポーリングは，D_AA と D_BB の平均値として算術平均 ($(D_\mathrm{AA} + D_\mathrm{BB})/2$) ではなく幾何平均 ($\sqrt{D_\mathrm{AA} D_\mathrm{BB}}$) とした．結合エネルギーを 1 mol 当たりの eV (電子ボルト，$1\,\mathrm{eV} = 96.49\,\mathrm{kJ\,mol^{-1}}$) 単位にとると，2 原子 A, B のポーリングの電気陰性度 χ_P の差 $|\chi_\mathrm{A} - \chi_\mathrm{B}|$ は，次式で定義される．

$$|\chi_\mathrm{A} - \chi_\mathrm{B}|^2 = D_\mathrm{AB} - \sqrt{D_\mathrm{AA} D_\mathrm{BB}} \tag{1.3}$$

上式からは 2 原子間の電気陰性度の差しか求められないが，元素中最も電気陰性度の高いフッ素の値を 3.98 として他の χ_P も定義される．

　(3) のオールレッド–ロコウの定義は，原子の**有効核電荷** (Z_eff) と**共有結合半径** (r_cov) に基づくものである．有効核電荷とは，ある電子が原子核から受ける核電荷の有効値のことである．原子核はその原子番号 Z に対応した正の核電荷を持つが，原子内のある電子に働く有効な核電荷 (Z_eff) は，他の電子による遮へい (S) によって Z から減少することが知られている ($Z_\mathrm{eff} = Z - S$)．**表 1.2** に第 3 周期までの各元素軌道における有効核電荷を示す．共有結合半径とは，同核二原子間の結合距離を 2 で割ったものである．この結合距離は単体の二原子分子や単体金属内の原子間距離として測定可能である．したがって，例えば A–B 間の結合が共有結合であるならば，A–B 間距離はそれぞれの共有結合半径の和になるとされる．

表 1.2 有効核電荷 (シュライバー・アトキンス 無機化学 (上)(2016)[1]).

	H							He
Z	1							2
1s	1.00							1.69
	Li	Be	B	C	N	O	F	Ne
Z	3	4	5	6	7	8	9	10
1s	2.69	3.68	4.68	5.67	6.66	7.66	8.65	9.64
2s	1.28	1.91	2.58	3.22	3.85	4.49	5.13	5.76
2p			2.42	3.14	3.83	4.45	5.10	5.76
	Na	Mg	Al	Si	P	S	Cl	Ar
Z	11	12	13	14	15	16	17	18
1s	10.63	11.61	12.59	13.57	14.56	15.54	16.52	17.51
2s	6.57	7.39	8.21	9.02	9.82	10.63	11.43	12.23
2p	6.80	7.83	8.96	9.94	10.96	11.98	12.99	14.01
3s	2.51	3.31	4.12	4.90	5.64	6.37	7.07	7.76
3p			4.07	4.29	4.89	5.48	6.12	6.76

クーロンの法則を用いると，ちょうど原子の最外殻において，電子は $Z_{\mathrm{eff}}e/r_{\mathrm{cov}}^2$ に比例する電場を感じることになる．この電子が感じる電場の大きさを電気陰性度の尺度としたものが χ_{AR} であり，χ_{P} とほぼ同程度の値となるように，次式で定義される．

$$\chi_{\mathrm{AR}} = 0.744 + \frac{3590 Z_{\mathrm{eff}}}{r_{\mathrm{cov}}^2} \tag{1.4}$$

ただし，r_{cov} は pm (10^{-12} m) 単位の数値である．

(4) のヤッフェ–サンダーソンの定義は，原子のエネルギーと 2 原子間の化学結合から自然と導かれるので，以下で詳しく述べることとしよう．上記のように電気陰性度には色々な定義があるが，いずれか 1 つを採用すべきというものではなく，電子を引きつける強さは，様々な側面から定義が可能であることを理解しておこう．

1.1 節で述べたように，固体における化学結合には様々なものがあり，個々の原子の結合の総体として固体が成り立っている．ここではヤッフェとサンダーソンの考え方に基づき，2 原子間の化学結合と電気陰性度を簡単なモデルで考えてみよう．

8　第 1 章　化学結合と電気陰性度

(1)　ヤッフェ–サンダーソンの電気陰性度について

　前節で述べたように，化学結合においては結合原子間で電子の授受がなされる．量子論をまだ学んでいない読者であれば，各原子がはっきりとした，すなわち整数値の価数や酸化状態をとることをイメージするかもしれない．しかしながら，溶液中における電離したイオンとは異なり，化学結合において授受された電子が，どちらか一方の原子に偏ることはほぼないといってよいだろう．言い換えると，分子や固体中のイオンには，実はどこまでがその原子 (イオン) であるかを示すはっきりとした境界は存在しない．相手となる原子の電気陰性度によって，陽イオン気味にも陰イオン気味にもなり得る．そこで，この陽 (陰) イオン気味になった状態を，部分的に正 (負) の電荷を帯びた状態であると見なし，その電荷量を部分電荷 qe とする．ここで $e = 1.6022 \times 10^{-19}$ C は，電子や原子核の電荷の単位 (電気素量) である．この q の値は整数値とは限らず，結合する相手によって連続的に変化するパラメーターと見なすことにする．

　すると，大抵の原子のエネルギーは部分電荷 qe のとき，次式のように q の 2 次関数でよく近似されることが知られている[*1]．

$$E(q) = aq + bq^2 \tag{1.5}$$

ただし，a, b は原子固有の定数であり，部分電荷が 0 の中性原子の状態をエネルギーの原点にとるものとする．フッ素と塩素の例を図 1.3 に示す．この式 (1.5) を用いると，原子に関する様々なパラメーターを，定数 a, b を用いて表すことができる．例えば，イオン化エネルギー E_I は式 (1.1) のエンタルピー変化であり，中性原子 ($q = 0$) をイオン化して +1 価の状態 ($q = 1$) にするのに必要なエネルギーに等しく，式 (1.5) における $E(1)$ と $E(0)$ の差と見なすことができる．したがって，

$$E_I = E(1) - E(0) = a + b \tag{1.6}$$

である．また，電子親和力 E_A は式 (1.2) のエンタルピー変化の逆符号であり，原子に電子を付与したときに ($q = -1$) 安定化するエネルギーであるので，符号に注意して

[*1]　マリケンの電子ボルトの単位でとってある．無機化学 (上)(1984)[2]．

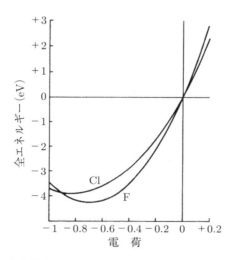

図 1.3 フッ素と塩素の原子エネルギーの部分電荷依存性 (無機化学 (上)(1984)[2]).

$$E_A = E(0) - E(-1) = 0 - (-a+b) = a - b \tag{1.7}$$

と表せる。さらにこれらの表式を用いれば，上で述べたマリケンの電気陰性度 χ_M の定義から，

$$\chi_M = \frac{E_I + E_A}{2} = \frac{(a+b)+(a-b)}{2} = a \tag{1.8}$$

となる。すなわち，式 (1.5) における定数 a は χ_M に対応する。

ヤッフェらは，電気陰性度とは，部分電荷が減少する (負電荷が増加する) 際にどの程度エネルギーが減少するか，その減少の度合が大きいほど電気陰性度が大きいと考えた。つまり，図1.3のような，原子エネルギー曲線の傾きの大きさ，すなわち q に対する微係数が，電気陰性度 χ_{JS} に対応すると考えた。したがって，式 (1.5) から，

$$\chi_{JS}(q) = \frac{dE(q)}{dq} = a + 2bq \tag{1.9}$$

が得られる。マリケンの電気陰性度 χ_M に対応する定数 a は，$q=0$ の中性原子におけるヤッフェ-サンダーソンの電気陰性度 $\chi_{JS}(0)$ でもある。

また，この $\chi_{JS}(q)$ の定義において，定数 b は原子の分極に関するパラメーターであることがわかる。例えば，$q=0$ の中性原子の状態に電子が引き付けられる

10　第 1 章　化学結合と電気陰性度

と，部分電荷が負となり，上式の第 2 項の分だけ $\chi_{JS}(q)$ が減少することになる．
したがってその状態では，中性原子よりも電子を引きつける度合が低下するであ
ろう．逆に q が増加すると，$\chi_{JS}(q)$ が増加した分，q のさらなる増加が妨げられ
る．つまり，上式の第 2 項は，部分電荷の増減に対するブレーキの役割を果たし
ている．したがって，定数 b が大きいほどその原子は分極されにくい (硬い) と見
なすことができる．実際に同一族の原子では，原子番号が大きいほど b は小さい．

　さらに，サンダーソンは以下に示すように，電気陰性度の変化と化学結合が密
接に関連していると考えた．

　異なる 2 つの原子 A, B が化学結合する場合を考えよう．以下，特に断らない
限り部分電荷は電気素量 e の単位の値 (つまり q) とする．原子 A, B が結合する
とき，原子 A の部分電荷が $+q$ になれば，原子 B は $-q$ になる[*2]．このとき，原
子 A, B のそれぞれのエネルギー E_A, E_B は，式 (1.5) より

$$E_A = a_A q + b_A q^2 \tag{1.10}$$

$$E_B = a_B(-q) + b_B(-q)^2 = -a_B q + b_B q^2 \tag{1.11}$$

となる．ただし，a_A, b_A および a_B, b_B は，それぞれは原子 A, 原子 B に固有の
定数である．この 2 原子からなる系の全エネルギー $E^t(q)$ は，

$$E^t(q) = E_A + E_B = (a_A - a_B)q + (b_A + b_B)q^2 \tag{1.12}$$

となる．

　ここで，原子 A, B が結合して安定化した状態において，全エネルギー $E^t(q)$
は極小になっているはずである．すなわち，

$$\frac{dE^t(q)}{dq} = a_A - a_B + 2(b_A + b_B)q = 0 \tag{1.13}$$

である．このエネルギー極小条件から結合状態における部分電荷 q が決まること
になる．さらに，式 (1.13) を移項して，

$$a_A + 2b_A q = a_B + 2b_B(-q) \tag{1.14}$$

となることがわかる．式 (1.14) の左辺は原子 A の部分電荷 q における電気陰性
度 $\chi_A(q)$，右辺は原子 B の $(-q)$ における $\chi_B(-q)$ に等しい．したがって，原子

[*2]　原子 A が陽イオン ($q > 0$)，原子 B が陰イオンとしている．

が結合するときには，それらの原子の間で部分電荷の授受がなされ，互いの電気陰性度が等しくなるまで電荷が移動し，エネルギーが極小になる，と考えることができる．このように双方の電気陰性度が等しくなるように化学結合が生じるという考え方を，電気陰性度 χ の均等化原理とよぶ．

1.3 化学結合のイオン結合性，共有結合性

式 (1.13) から q を原子 A, B それぞれの固有の定数で表すことができ，

$$q = \frac{a_B - a_A}{2(b_A + b_B)} \tag{1.15}$$

となる．

したがって，電気陰性度の均等化原理による化学結合が完全なイオン結合であれば，$q = 1$ となるはずであり，A 原子が 1 価の陽イオン A^+，B 原子が 1 価の陰イオン B^- となることを意味する．また，同核原子の結合の場合などのように，完全な共有結合であれば，どちらかに部分電荷が偏ることはなく，$q = 0$ となるであろう．したがって，電気陰性度の均等化で安定な状態における部分電荷 q の値が，イオン結合性 (共有結合性) の目安と考えることができる．実際には，両極端になることはなく，$0 < q < 1$ の値をとる．

例 1.1 HCl 分子の部分電荷

水素，塩素のそれぞれの定数は $a_H = 7.17$, $b_H = 6.42$, $a_{Cl} = 9.38$, $b_{Cl} = 5.65$ である．式 (1.15) から q を求めると，

$$q = \frac{9.38 - 7.17}{2 \times (6.42 + 5.65)} = 0.0915\cdots \tag{1.16}$$

となる．つまり HCl 分子のイオン結合性は 9%ほどしかないことになる．後述するように，この結果は幾分小さく見積もりすぎているが，それでも HCl 分子の水溶液中 (つまり塩酸溶液中) での電離のイメージからすると，固体や化合物における分極の程度はあまり大きくないことがわかるであろう[3].

---

[3] これは HCl 分子としてのイオン結合性であり，水溶液中では H^+ と Cl^- イオンにほぼ (約 90%) 電離する．

簡単な分子における部分電荷 q は，分子の双極子モーメントとよばれる量から見積もることができる．A–B 2 原子結合において，結合の結果，原子 A が $+qe$，原子 B が $-qe$ に分極すると，図 1.4(a) に示すように，負極から正極への双極子モーメント $\boldsymbol{P}$ が生じる．

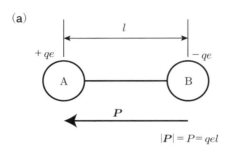

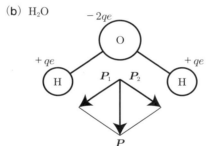

図 1.4 (a) A–B 2 原子結合における双極子モーメント，(b) H_2O 分子における双極子モーメント．

もちろん，A–B 分子全体では電気的に中性 (正電荷と負電荷が釣り合っている) である．図 1.4(a) のように原子 A–B 間の距離を l とすると，双極子モーメントの大きさ P は，

$$P = |\boldsymbol{P}| = qel \tag{1.17}$$

である．この双極子モーメント $\boldsymbol{P}$ は物質の誘電率などから直接測定することができる．したがって，$\boldsymbol{P}$ と l がわかれば，部分電荷 q，すなわち結合のイオン性を直ちに求めることができる．

例 1.2　双極子モーメントから求めた HCl 分子の部分電荷

先ほど述べた HCl 分子の双極子モーメントの大きさは,$P = |\boldsymbol{P}| = 1.109\,\mathrm{D}$ (デバイ) である.ただし,デバイは双極子モーメントの単位で,SI 単位に直すと,$1\,\mathrm{D} = 3.3356 \times 10^{-30}\,\mathrm{C\,m}$ である.また,HCl 分子内の H–Cl 間の距離は $0.1275\,\mathrm{nm}$ である.これらの値から,$q = P/el \fallingdotseq 0.1811$ と求められる.すなわち HCl 分子における H–Cl 結合のイオン性はおよそ 18%である.

例 1.3　双極子モーメントから求めた H_2O 分子の部分電荷

H_2O 分子は 2 原子分子ではないが,H と O の電気陰性度の違いにより,やはり分極している.図 1.4(b) に示すように,H の部分電荷を $+qe$ とすれば,O の部分電荷は $-2qe$ である.したがって,分子全体の双極子モーメント $\boldsymbol{P}$ は,図 1.4(b) のように,O から H への 2 つの双極子モーメント (結合モーメントともよばれる) $\boldsymbol{P}_1$ と $\boldsymbol{P}_2$ のベクトル和となる.実験によれば,H_2O 分子の双極子モーメントは $P = |\boldsymbol{P}| = 1.8546\,\mathrm{D}$ と求められており,H–O 間の距離は $0.09578\,\mathrm{nm}$ である.また,H–O–H 角度は 104.478° であることが知られている.$\boldsymbol{P}_1$, $\boldsymbol{P}_2$ の大きさを P' とすると,$P = 2P'\cos(104.478°/2)$ の関係から,$P' \fallingdotseq 1.51428\,\mathrm{D}$ と求められる.したがって,$q = P'/el \fallingdotseq 0.3292$ となる.すなわち,H_2O 分子のイオン結合性は約 33%であるといえる.

1 章　参考文献

[1]　シュライバー・アトキンス　無機化学 (上) 第 6 版,東京化学同人 (2016).
[2]　無機化学 (上),ヒューイ,東京化学同人 (1984).
[3]　基本的な考え方を学ぶ　無機化学-深く理解するために-,小村照寿,三共出版 (2013).
[4]　基本無機化学 第 3 版,荻野博,飛田博実,岡崎雅明,東京化学同人 (2000).
[5]　ウエスト固体化学-基礎と応用-,ウエスト,講談社サイエンティフィク (2016).
[6]　ウエスト固体化学入門,ウエスト,講談社 (1996).

第 2 章

イオン結合性結晶の基本原理

1 章で議論したように，一般的に異なる原子間の化学結合は，イオン性，共有結合性どちらか極端に偏ることはまれである．これは固体における原子間の結合でも同様である．近年の回折実験，計算手法などの著しい進展によって，我々は固体中のミクロな電子密度を正確に測定できるようになった．

図 2.1 は，LiF における電子密度を等高線で表したグラフである．Li^+ および F^- イオンのそれぞれの原子核を中心に電子が分布している．この図からもわかるように，おおよその各イオンの範囲は見てとれるが，それらの間にはっきりとした境界があるわけではない．さらに，Li–F の原子核を結ぶ線上における電子密度をプロットしたものが図 2.2 であるが，電子密度の低い部分が広い範囲にわたっており，やはり，はっきりとした境界は決められない．

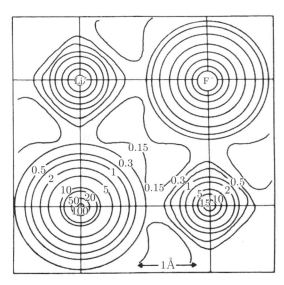

図 2.1 LiF における電子密度の分布 (ウエスト固体化学入門 (1996)[6])．

16　第 2 章　イオン結合性結晶の基本原理

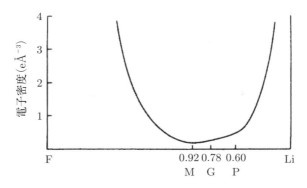

図 2.2　Li–F 原子核を結ぶ線上における電子密度 (ウエスト固体化学入門 (1996)[6]). M は電子密度が極小になる位置である．また P および G は Li のポーリングのイオン半径およびゴールドシュミットのイオン半径に対応する．

このように，イオンの境界が明確でないという事実は，固体における原子やイオンの部分電荷そのものを一意に定められないことを意味する[*1]．なぜなら，どの範囲までの電子が当該イオンに属するのか決められないからである．さらにいえば，読者にもなじみの深い原子パラメーターであるイオン半径には，電気陰性度と同様に様々な定義があることも理解できるであろう．実際に，ポーリングのイオン半径，シャノンのイオン半径など様々な定義が存在し，しかもそれらは酸化物イオンやフッ化物イオンなどの値を標準値として用いて定められている．

しかしながら，本章と 3 章で見るように，固体中のイオンを定まった価数 (酸化数) や大きさを持った球と見なし，固体のエネルギーなど熱化学量を見積もると，実測とほぼ同じ値を示す化合物も多い．これは原子間の化学結合がある程度共有結合性を持つ場合も同様である．したがって，まずは第一近似として，イオンを定まった価数を持つ球と考え，どのような原則が導かれるかを考察することは有意義なことであろう．本書では，主にポーリングによって導かれた，イオン結合性固体における様々な基本原理をまとめ，構造や物性との関連を詳細に述べる．共有結合性の影響は 3.5 節で少し量子論的な観点も交えて議論する．

[*1]　言うまでもなく，1.3 節の双極子モーメントからの部分電荷の計算では，個々の原子の大きさは無視している．

2.1 電気的中性原理

固体においてカチオンの価数の合計とアニオンの価数の合計は必ず一致する. これを電気的中性原理とよぶ. 極めて当たり前のことをなぜことさら強調するのか疑問に思われるかもしれない. この電気的中性原理の重要性を理解するために, 次のような, 電気的中性から組成が少しずれた仮想的な塩化ナトリウム結晶を考えてみよう.

2組の塩化ナトリウム結晶を考え, 双方とも 1 mol (58.5 g) の結晶とすると, おおよそ 1 辺約 3 cm 程度の立方体の大きさとなる. この 2 組の結晶のうち, 片方はカチオンである Na^+ が 1 ppm だけ過剰, もう一方はアニオンである Cl^- が 1 ppm 過剰であるとする. 重さにすれば, せいぜい, 0.03 mg 程度の増加である. これらのカチオン, アニオンの偏りにより, 前者は正に, 後者は負に帯電することになるので, 両結晶の間にクーロン引力が働くことになる. この引力はどの程度の強さになると思われるだろうか?

仮に 2 つの結晶を 1 m 離したとき, 両結晶間に働くクーロン引力の大きさを計算してみると, およそ 10^8 N もの巨大な力になる. 片手にのるほどの 2 つの塩化ナトリウム結晶の間に, しかもそれらを 1 m も離しているにもかかわらず, このような巨大な力が働くことは, 我々の経験するところではない. 言い換えると, 1 ppm ですらカチオンとアニオンの偏りは起こり得ず, 物質中のそれらの量はほぼ完全に釣り合っていると考えてよいだろう. もちろん本節や 8 章以降で詳しく述べるように, 結晶中の原子はある程度欠損 (格子欠陥) したり, 過剰に原子が挿入されたりすることが知られているが, その場合も電気的中性は必ず保たれなければならない.

この電気的中性原理について, Fe の酸化物を例にとって, もう少し詳しく見てみよう. Fe の酸化物には様々な化合物が知られており, 表 2.1 に主なものを示す.

表 2.1 Fe の酸化物.

組成式	FeO	α-Fe_2O_3	γ-Fe_2O_3	Fe_3O_4
鉱物名	ウスタイト	ヘマタイト	マグヘマイト	マグネタイト
結晶構造	岩塩型 (NaCl 型)	コランダム型	スピネル型	スピネル型
Fe の価数	Fe^{2+}	Fe^{3+}	Fe^{3+}	Fe^{2+}, Fe^{3+}

18   第 2 章   イオン結合性結晶の基本原理

　酸素を -2 価とすると，マグネタイト以外の Fe の価数は 1 種類であるが，実際には Fe や O 原子が欠損したり，過剰に入ったりする．これは 7 章で述べる格子欠陥などによるもので，Fe の酸化物に限らず一般に無機化合物においては，組成比が定比 (簡単な整数比) にならない場合がよく見られる．このような，構成原子の組成比が簡単な整数比にならない化合物を不定比化合物という (4.8 節参照).

（1）　ウスタイトの構造と価数–不定比化合物，混合原子価化合物–

　ウスタイトは岩塩型 (NaCl 型) 構造をとり，理想的な定比組成では Fe と O は $1:1$ であるが，実際には 3% 程度の Fe が欠損する不定比化合物である．格子欠陥については 7 章に詳しく述べた．ウスタイト 1 mol 当たりの Fe 欠損量を x mol とすると，組成式は $Fe_{1-x}O$ と表すことができる[*2].

　たとえ，不定比化合物であっても必ず電気的中性原理が成り立つのは言うまでもない．すなわち，ウスタイトにおける Fe の欠損により，酸素の価数を -2 とすると，電気的中性原理から，Fe の価数は $2/(1-x)$ とならねばならない．つまり定比組成におけるウスタイト中の Fe の価数は 2 価であるが，実際のウスタイト中の Fe の平均価数は 2 からずれる．

　1 章で述べた部分電荷を Fe が一様に有していると考えてもよいが，イオン性結合のモデルでは，Fe^{2+}, Fe^{3+} が両方混在して，平均として $2/(1-x)$ 価になっていると見なす．このように，ある化合物において同一元素が異なる価数をとる場合，その化合物を混合原子価化合物とよぶ．

　このウスタイトにおける Fe^{2+} と Fe^{3+} の割合は，Fe 欠損量 x で定まる．結晶中の 2 価および 3 価の状態の Fe を Fe^{II}, Fe^{III} と表し，ウスタイトの組成式を $Fe_\alpha^{II}Fe_\beta^{III}O$ としよう．もちろん，α と β の和は，$\alpha + \beta = 1 - x$ である．この組成式における電気的中性原理を考えると，$2\alpha + 3\beta = 2$ が成り立っていなければならない．これらを α と β について解くと，$\alpha = 1 - 3x$, $\beta = 2x$ となる．したがって，ウスタイトの組成式は，Fe の価数によって分けて書くと，$Fe_{1-3x}^{II}Fe_{2x}^{III}O$ となる．この組成式から，格子欠陥量 x の 2 倍の量の Fe^{3+} イオンが生じると同時に，3 倍の量の Fe^{2+} イオンが失われることがわかる．

　[*2]　化合物によってはある原子が過剰に結晶中に存在する場合があり，カチオン (アニオン) の欠陥であるのか，他方が過剰であるのかは，組成式だけでは判断できない．

(2) クレーガー–ビンク表記法

クレーガー–ビンク (Kröger–Vink) **表記法**とよばれる，格子欠陥をともなう組成式を記述する形式を使うと，通常と異なった価数をとる原子や格子欠陥そのものをより明確に示すことができる．上のウスタイトを例にとろう．

まず，Fe 欠損によって生じた 3 価の Fe^{3+} イオンについてみると，本来 2 価の Fe が入るサイトに 3 価イオンが入るので，価数が 1 増加することになる．クレーガー–ビンク表記法では，これを $Fe_{Fe}^{\bullet}$ のように表す．右上の $\bullet$ 記号は元々の原子やイオン，つまり欠損がない場合の原子 (この場合は Fe^{2+} イオン) と比較した相対的な電荷の増減を表しており，$\bullet$ は正の電荷が 1 価増えたことを示す．2 価増えると $\bullet\bullet$ のように，$\bullet$ 印の数を増やす．また，価数が元々の状態から減少した場合は，$'$ 印で表し，元の原子と同じ価数の場合は，$\times$ 印で示す．右下には，通常の (格子欠陥がない場合の) サイトの原子名を書く．したがって，元々から存在する 2 価の Fe は $Fe_{Fe}^{\times}$ と表記される．さらに，あるサイトから原子やイオンが欠損した格子欠陥は V (vacancy，空孔) で表される．逆に元々の結晶サイトではない中間的な位置に原子が入る場合は，$Fe_i^{\bullet\bullet}$ など右下の添字を i (interstitial，格子間の意味) で表す．

ウスタイトの場合，格子欠陥のサイトは元々 Fe^{2+} イオンに占有されていたので，欠損によって価数は 2 価減少する．したがってこの格子欠陥サイトは V_{Fe}'' と表されることになる．よってこれらのクレーガー–ビンク表記法を用いて，先に求めたウスタイトの組成式を表すと，$Fe_{Fe1-3x}^{\times}Fe_{Fe2x}^{\bullet}V_{Fex}''O_O^{\times}$ となる．このように書けば，組成式，価数および格子欠陥などの関係がより明確となる．組成式中の $\bullet$ と $'$ の数は電気的中性原理から同数になることも自明であろう．

(3) マグネタイトの構造と価数

マグネタイトの組成式から，平均価数は $4 \times 2/3 = 8/3$ 価で整数とならないが，実際には Fe^{2+}，Fe^{3+} が 1:2 の割合で両方存在する．結晶構造はスピネル型と呼ばれ，スピネル鉱物 $MgAl_2O_4$ と同じ構造 (図 2.5) である．

ただし，Mg の場所 (図 2.5 の四面体配位，T-サイト) に Fe^{2+}，Al の場所 (八面体配位，O-サイト) に Fe^{3+} が入るのではなく，T-サイトに Fe^{3+}，O-サイトに Fe^{2+}，Fe^{3+} が 1:1 の比でランダムに入ることが知られている．

20　第 2 章　イオン結合性結晶の基本原理

スピネル鉱物およびマグネタイトについて，ウスタイトと同様に結晶中の価数をローマ数字で表すと $Mg^{II}Al_2^{III}O_4$，$Fe^{III}(Fe^{II}Fe^{III})O_4$ となる．前者のスピネル鉱物のように T-サイトに 2 価のカチオンが入る場合を正スピネル，マグネタイトのように T-サイトに 3 価が入り，O-サイトに 2 価，3 価が混在する場合を逆スピネルという．

このマグネタイトを格子欠陥のない定比化合物とすると，元々 2 価の T-サイトに 1 価増えた Fe^{3+}，元々 3 価の O-サイトに Fe^{2+}，Fe^{3+} が入るので，その組成式をクレーガー–ビンク表記法で表せば $Fe_T^{\bullet}Fe_O'Fe_O^{\times}O_4^{\times}$ となる．ただし右下の記号は，通常本来入るべきサイトの原子名でなく，わかりやすいよう，T, O と表記している．また，酸素のサイトは省略してある．

（4）　マグヘマイトの構造と価数

マグヘマイトの平均価数は 3 価であり，格子欠陥がなければ定比化合物である．実際には，マグヘマイトの結晶構造はマグネタイトと同じスピネル型構造であり，スピネル構造のうち，O-サイトから Fe がランダムに欠損していることが知られている．

このマグヘマイトの組成式をクレーガー–ビンク表記法で表すとどうなるであろうか．まずは，マグネタイトと同様に，スピネル型結晶構造に合わせて組成式を書くと，$Fe^{III}Fe_{2-\alpha}^{III}O_4$ となる．ここで，α は O-サイトにおける Fe の欠損量である．電気的中性原理から，$3+3\times(2-\alpha)=2\times4$ より，$\alpha=1/3$ となる．あらためて組成式を書くと，$Fe^{III}Fe_{5/3}^{III}O_4$ となる．したがって，マグネタイトと同様にクレーガー–ビンク表記法で表記すると，$Fe_T^{\bullet}Fe_{O5/3}^{\times}V_{O1/3}'''O_4^{\times}$ となる．つまり，スピネル型構造における O サイトのうち，1/6 (16.7%) 欠損した物質であることがわかる．

例 2.1　$La_2CuO_{4+\delta}$

K_2NiF_4 型構造の $La_2CuO_{4+\delta}$ は，格子間位置に δ だけ過剰酸素が存在する．これをクレーガー–ビンク表記法で表記するとどうなるか．格子間位置の酸素によって，Cu の価数が 2 価および 3 価の混合原子価となると考えよう．

2 価，3 価の Cu を Cu^{II}，Cu^{III} と表すと，組成式は $La_2Cu_{\alpha}^{II}Cu_{\beta}^{III}O_{4+\delta}$ と書けるので，上と同様に α と β を δ で表せばよい．組成式から，$\alpha+\beta=1$，電気的中性原理から $6+2\alpha+3\beta=2(4+\delta)$ より，$\alpha=1-2\delta$，$\beta=2\delta$ となる．よって，クレーガー–ビンク表記法で表記すると $La_{La2}^{\times}Cu_{Cu1-2\delta}^{\times}Cu_{Cu2\delta}^{\bullet}O_{O4}^{\times}O_{i\delta}''$ と表

すことができる.

2.2 ポーリングの静電原子価則 (ポーリングの第 2 原理)

前節の電気的中性原理は固体全体としての電荷が釣り合っているという原理であったが，固体全体だけではなく，局所的なカチオンとアニオンの関係においても成り立つというのが，ポーリング (L.C. Pauling) の考え方である．彼はイオン結合性結晶に成り立ついくつかの原理を導き出しており，この局所的な電気的中性原理は静電原子価則 (またはポーリングの第 2 原理) とよばれる．

イオン結合性結晶では**図 2.3**のように，カチオンやアニオンは互いに配位しあっている．

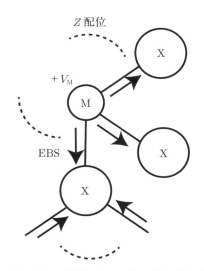

図 2.3 固体中のあるカチオン M からアニオン X に向かう静電結合力 EBS.

いま，あるカチオン M に着目し，その価数を V_M，周りのアニオン X の配位数を Z とする．カチオン M からアニオン X に向かう**静電結合力** (Eletrostatic Bonding Strength, EBS) を価数配位数で割った V_M/Z と定義する．図 2.3 での矢印がカチオン M からアニオン X に向かう EBS に相当する．ポーリングの静電原子価則とは，ある 1 つのアニオンに向かう EBS の総和が，そのアニオンの価数

に等しくなる，という原則である[*3]．つまり，アニオン X の価数を V_X とすると，

$$\sum \frac{V_M}{Z_M} = V_X \tag{2.1}$$

となる．もちろん，カチオンとアニオンを入れ換えてもこの静電原子価則は成立する．少し具体的な例で考えてみよう．

例 2.2　ペロブスカイト構造における静電原子価則

ペロブスカイト (灰チタン石，$CaTiO_3$) の構造を図 2.4 に示す．Ti を中心に見ると，Ti は酸素に 6 配位されているので，Ti から O に向かう EBS は $4/6 = 2/3$ となる．同様に，Ca^{2+} は酸素に 12 配位されているので，Ca→O の EBS は $2/12 = 1/6$ である．また酸素を中心に見ると，2 つの Ti と 4 つの Ca に配位されている．よって，1 つの O に向かう EBS の合計は，$\frac{2}{3} \times 2 + \frac{1}{6} \times 4 = 2$ となり，O の価数に等しくなっている．

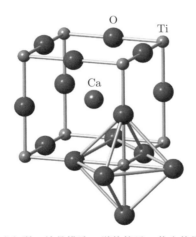

図 2.4　ペロブスカイト型の結晶構造．単位格子の体心位置に Ca，頂点に Ti，各稜の中心に O がある．図に示すように Ti に対して O は 6 配位である．

[*3] さらにこのポーリングの考えを発展させた，Valence Bond Sum というものがブラウンとオルターマット (I. D. Brown and D. Altermatt, Acta Cryst. B 41, 244 (1985)) によって提唱され，構造解析用のプログラムなどで求められた構造パラメーターとイオンの価数状態を比較検討する際によく用いられる．

例 2.3 スピネル構造における静電原子価則

スピネル型構造においても,静電原子価則を確認してみよう.

図 2.5 に構造の模式図を示す[*4]. Mg は O に 4 配位 (T-サイト), Al は O に 6 配位されている. また, O は 1 つの Mg と 3 つの Al に配位されている. O へ向かう EBS は, Mg→O が $2/4 = 1/2$, Al→O が $3/6 = 1/2$. よって, O 周りの

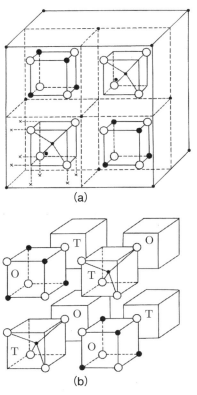

• Mg ● Al ○ O

図 2.5 スピネル (MgAl$_2$O$_4$) 型結晶構造の模式図. Mg が入る A サイトは酸素 4 配位 (図中 T で表記), Al が入る B サイトは酸素 6 配位 (図中 O で表記) である (無機ファイン材料の化学 (1988)[7]).

[*4] 図 2.5 のようにスピネル構造は複雑なので, ここでは配位数を確認するだけでよい.

24　第 2 章　イオン結合性結晶の基本原理

EBS の合計は，$\frac{1}{2} \times 1 + \frac{1}{2} \times 3 = 2$ となって，O の価数に等しくなる．

例 2.4　ケイ酸塩構造における静電原子価則

ケイ酸塩では SiO_4 四面体が頂点の O を共有しながら 3 次元ネットワークを形成する．そのとき，必ず 2 つの SiO_4 四面体によってのみ共有され，3 つ以上の四面体が 1 つの頂点酸素を共有しない．何故なら，Si→O の EBS は 4/4 = 1 であり，3 つ以上共有すると，EBS の和は 3 以上となるので，O の価数に合わない．その他，許容されない組み合わせを**表 2.2** に示す．

表 2.2　配位構造の組み合わせの可否 (ウエスト固体化学入門 (1996)[6]).

許容される組み合わせ	例	許容されない組み合わせ
$2SiO_4$ (四面体)	シリカ	$> 2SiO_4$ (四面体)
$1MgO_4$ (四面体) + $3AlO_6$ (八面体)	スピネル	$3AlO_4$ (四面体)
$1SiO_4$ (四面体) + $3MgO_6$ (八面体)	オリビン	$1SiO_4$ (四面体) + $2AlO_4$ (四面体)
$8LiO_4$ (四面体)	Li_2O	$4TiO_6$ (八面体)
$2TiO_6$ (八面体) + $4CaO_{12}$ (十二面体)	ペロブスカイト	
$3TiO_6$ (八面体)	ルチル	

2.3　イオン半径比則 (ポーリングの第 1 原理)

本章の冒頭で述べたように，固体を構成する原子やイオンの範囲はそれほど明確なものではない．しかしながら，イオン結合性結晶において，イオンはある大きさを持った剛体球と仮定される．この球の半径をイオン半径とよぶが，あくまでも便宜的な原子パラメーターであり，求め方がいくつか存在する[*5]．近年は X 線回折法などによって，固体中のイオン間距離 (原子核同士の距離) が正確に求められるので，イオンを剛体球と見なすモデルでは，この原子間距離は 2 つのイオン半径の和となる．シャノンらによってまとめられたものがよく用いられる．

カチオン M のイオン半径を r_M，アニオン X のイオン半径を r_X とすると，一般に $r_M < r_X$ である．このとき，イオン性結晶において，X が互いに完全に接しており，かつその空隙に入る M も X と完全に接した理想的な状態における $\dfrac{r_M}{r_X}$

[*5]　通常はどの定義によるイオン半径か省略されることが多いが，どの定義に基づく値なのか，常に意識することが必要である．

の値を α とすると，実際の結晶における $\frac{r_M}{r_X}$ は必ず α より大きくなる，というのがポーリングのイオン半径比則である．これは，カチオン M があまりに小さくなりすぎて，アニオン X の作るすきまの中で動き回れるような構造はとらない，ということである．したがって，ある化合物がどのような結晶構造をとるかどうかは，構成するイオン半径比に依存するといえよう．

この半径比 α は配位数によって決まった値を持つ．各配位数における値を**表 2.3**に示す．6 配位における計算例は以下の通りである．

表 2.3 各配位数におけるイオン半径比 α
(ウエスト固体化学入門 (1996)[6]).

配位数	最小 $r_M : r_X$
直線，2	—
三角形，3	0.155
四面体，4	0.225
八面体，6	0.414
立方体，8	0.732

例 2.5　6 配位構造における半径比則

岩塩 (NaCl) 型構造では，Na，Cl ともに 6 配位されている．それらが完全に接

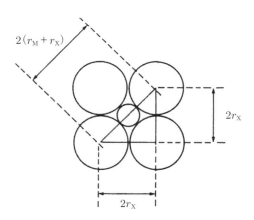

図 2.6 6 配位 (八面体型配位) におけるカチオンとアニオンの関係図．図の上下方向のアニオンは省いてある (ウエスト固体化学入門 (1996)[6]).

する場合の理想的な $\frac{r_M}{r_X} = \alpha$ を求める．Na(M) を中心とした O(X) を頂点とする正八面体の 1 辺の長さは $2r_X$ である．

図 2.6 に示すように，M の中心を通る 1 辺 $2r_X$ の正方形の対角線を考えると，$2(r_M + r_X) = \sqrt{2} \times 2r_X$ となる．したがって

$$\alpha = \sqrt{2} - 1 \fallingdotseq 0.414\cdots \qquad (2.2)$$

と求められる．

一般にアニオンに対するカチオンのイオン半径が大きくなると，配位数が大きい構造をとりやすい．さらに図 2.7 に示すように，同一イオンの半径の値そのものも，イオンの配位数によって異なり，やはり配位数が増えれば，イオン半径は増加する．

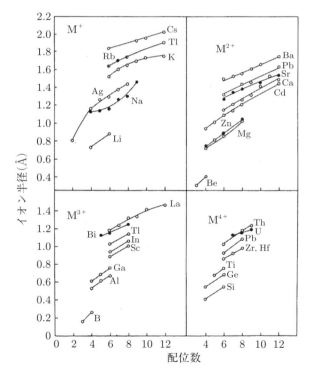

図 2.7　イオン半径と配位数の関係 (ウエスト固体化学入門 (1996)[6])．

先に述べたように，イオン半径は固体におけるイオン間距離から定められているので，結晶構造とイオン結合性結晶におけるイオン半径は，いわば卵と鶏の関係にあるといえよう．しかしながら，このような配位数とイオン半径の相関は大多数の固体において成り立っていることから，イオンを剛体球と仮定したイオン結合性結晶におけるポーリングの原則は，固体における基本的な考え方として極めて重要であることがわかる．この配位数とイオン半径の関係は，3.2節で述べる格子エネルギーにおいても重要な観点であり，改めて議論する．

2章　参考文献

[1]　シュライバー・アトキンス 無機化学 (上) 第 6 版，東京化学同人 (2016).
[2]　無機化学 (上)，ヒューイ，東京化学同人 (1984).
[3]　基本的な考え方を学ぶ 無機化学–深く理解するために–，小村照寿，三共出版 (2013).
[4]　基本無機化学 第 3 版，荻野博，飛田博実，岡崎雅明，東京化学同人 (2000).
[5]　ウエスト固体化学–基礎と応用–，ウエスト，講談社サイエンティフィク (2016).
[6]　ウエスト固体化学入門，ウエスト，講談社 (1996).
[7]　無機ファイン材料の化学，中西典彦，坂東尚周編著，三共出版 (1988).

3

第 3 章

固体の熱化学

2章で述べたように，固体中のイオンと定まった価数を持つ球と見なす，いわゆるイオン結合性結晶のモデルでは，イオン半径，配位数，構造などの間に様々な相関がある．本章では，固体の熱化学やエネルギーを議論し，イオン結合性結晶モデルの妥当性を考察しよう．

3.1　マーデルングエネルギー

固体のエネルギーを考えるうえで，まず初めに次に示すような1価のカチオン M^+ とアニオン X^- の凝集により，固体 MX が生成する反応を例にとろう．

$$M^+(g) + X^-(g) \rightarrow MX(s) \tag{3.1}$$

この反応のエンタルピー変化 ΔH は，一般には負の値 (発熱反応) である．この ΔH を，固体 MX の格子エネルギー U とよぶ．すなわち，固体を構成するイオンについて，それらがバラバラな状態 (気体状態) から凝縮して固体を形成するエネルギー (凝集エネルギー) が，その固体の格子エネルギー U である．格子エネルギー U を正にとる文献もあるが，本書では上の定義のように，凝集反応のエンタルピー変化として定義する．

イオン結合性結晶は，それぞれのイオン間のイオン結合によって構成されている．したがって，凝集エネルギーである格子エネルギーは，固体内のイオン結合性エネルギーの総和であると考えられる．固体全体を考える前に，2原子分子 A–B 間のイオン結合を考えよう．1章で述べたように，イオン結合の場合は双方が完全にイオン化していると見なす．A がカチオン，B がアニオンになるとすると，まずは両イオン間に静電引力が働く．2原子間の距離を r とすれば，その静電エネルギー (クーロンエネルギー) V は，クーロンの法則より，それぞれの電荷の積に比例し，イオン間距離に反比例する．仮に結合エネルギーがこの静電エネルギーのみからなるとすると，結合を安定化するためにイオン間距離は際限なく0に近づくであろ

29

30　第3章　固体の熱化学

う．したがって，A–B 間には，静電エネルギーの他に，イオン間距離が小さくなると正に増大する反発エネルギーも存在する．一般にこの反発項は r の高次に比例することが知られており，両者が釣り合ったところが最も安定な結合状態となる．

多数のイオンからなるイオン結合性結晶の格子エネルギー U も，次式に示すように，イオン間の静電エネルギー V_C と，原子間の反発エネルギー V_R の2つからなると考えてよいだろう．

$$U = V_C + V_R \tag{3.2}$$

先ほど述べた，カチオン M とアニオン X からなる固体 MX が，岩塩型構造をとる場合を考えよう．1対の M–X イオン間の静電エネルギー V_C' は，それぞれの価数を Z_M, Z_X，イオン間距離を r とすると，上で述べたクーロンの法則より

$$V_C' = -\frac{1}{4\pi\varepsilon_0} \cdot \frac{|Z_M Z_X| e^2}{r} \tag{3.3}$$

となる．ただし，ε_0 は真空の誘電率で $8.854 \times 10^{-12}\,\mathrm{Fm^{-1}}$，$e$ は電気素量である．

次に結晶内のすべてのイオン間の静電エネルギーの総和 V_C を考えよう．まず，結晶内の1つのカチオン M に着目する．この M に，「最も近い」，すなわち**最近接** (nearest neighbor) にあるのは，隣接して M に配位するアニオン X である．このイオン対の距離を r_1，隣接アニオン数を n_1 とすると，これらの静電エネルギーの和 V_1 は，

$$V_1 = -\frac{1}{4\pi\varepsilon_0} \cdot \frac{|Z_M Z_X| e^2}{r_1} \times n_1$$

となる．岩塩型構造は6配位，つまり，6対の最近接 M–X 結合が存在するので $n_1 = 6$ である．

結晶中で，カチオン M に対して「次に近い」のは同種のカチオン M である．「次に近い」は**次近接**（または**第2近接**，next nearest neighbor）ともいう．次近接カチオン数を n_2，この M–M 間距離を r_2 とすると，これらの静電エネルギー V_2 は，同様に

$$V_2 = +\frac{1}{4\pi\varepsilon_0} \cdot \frac{|Z_M Z_X| e^2}{r_2} \times n_2$$

となる．岩塩型構造では，$n_2 = 12$，$r_2 = \sqrt{2}r_1$ である．同種原子なので，符号が正になることに注意しよう．その次に近い（第3近接）のはアニオン X で，

$n_3 = 8$, $r_3 = \sqrt{3}r_1$ である．このように，第 k 近接 (イオン対の数 n_k，距離 r_k，$k = 1, 2, 3, \ldots$) の静電エネルギー V_k とすれば，その総和 $V_1 + V_2 + V_3 + \cdots = V_M$ が，1 つのカチオン M に生じる静電エネルギーである．

また，アニオン X に着目すれば，岩塩型構造においては，カチオン M と全く同じ静電エネルギーが生じる．符号も含めて，V_M に等しいことは自明であろう．

ここで 1 mol の MX 結晶であれば，カチオン，アニオンがそれぞれアボガドロ数 N $(= 6.0221 \times 10^{23}\ \mathrm{mol}^{-1})$ 個存在する．よって，結晶内のすべてのイオンについて V_M を足し合わせると $2V_M N$ となるが，この足し合わせでは，イオン対を 2 回ずつ加えていることになる[*1]．

したがって，この和を 2 で割ったものが結晶全体の静電エネルギーの総和 V_C に相当する．

$$V_C = NV_M$$

ここで，改めて最近接イオン間距離 r_1 を r とし，r_k/r の比を ρ_k とおいて，この V_C を書き下すと，

$$
\begin{aligned}
V_C &= -N \cdot \frac{|Z_M Z_X|e^2}{4\pi\varepsilon_0} \times \left(\frac{n_1}{r_1} - \frac{n_2}{r_2} + \frac{n_3}{r_3} - \cdots \right) \\
&= -\frac{N|Z_M Z_X|e^2}{4\pi\varepsilon_0} \times \frac{1}{r} \cdot \left(\frac{n_1}{\rho_1} - \frac{n_2}{\rho_2} + \frac{n_3}{\rho_3} - \cdots \right) \quad (3.4) \\
&= -\frac{N|Z_M Z_X|e^2}{4\pi\varepsilon_0 r} \times \left(\frac{6}{1} - \frac{12}{\sqrt{2}} + \frac{8}{\sqrt{3}} - \cdots \right) \\
&= -\frac{N|Z_M Z_X|e^2}{4\pi\varepsilon_0 r} \times A \quad (3.5)
\end{aligned}
$$

となる．このかっこ内の級数 A はある値に収束することが知られ，上の岩塩型構造では $A = 1.747558\cdots$ と求められている．この定数 A を**マーデルング** (Madelung) **定数**という．このマーデルング定数は他の結晶構造においても同様に定義され，イオンの種類，価数やイオン間距離には依存しない．上式から容易に推測されるように，配位数の大きい結晶構造ほど，マーデルング定数 A は大きい．種々の結晶構造とそのマーデルング定数を**表 3.1** に示す．

また，このように求められる静電エネルギーの総和 V_C のことをマーデルング

[*1] わかりにくい場合は，少ない数 (例えば Na, Cl が 2 原子ずつ) の場合で考えてみればよい．

表 3.1 種々の構造のマーデルング定数.

構造	A	構造	A
岩塩型	1.748	塩化セシウム型	1.763
閃亜鉛鉱型	1.638	蛍石型	2.520
ウルツ鉱型	1.641		

エネルギーともいう．マーデルングエネルギーは，すべてのイオン結合性結晶において負の値であり，結晶構造が同じであれば，最近接イオン間距離に反比例し，価数の積に比例する．

3.2 格子エネルギーのモデル

イオン結合性結晶における静電エネルギー V_C は，前節で述べた 1 対のイオン間のエネルギーと同様に，イオン間距離 r が小さくなるとともに，際限なく小さくなる (負側に大きくなる) ので，このままでは $r=0$ となって結晶がある 1 点に向かって潰れてしまうことになる．結晶がある原子間距離のもとに安定な状態にあるためには，イオン間に反発エネルギー V_R があり，図 3.1 に示すように，静電

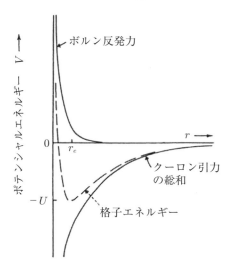

図 3.1 静電 (クーロン) エネルギーと反発エネルギーの和 (ウエスト固体化学入門 (1996)[2]).

(クーロン) エネルギーと釣り合っていると考えられる.

（1） **ボルン–ランデの式**

ボルン (M. Born) とランデ (A. Landé) は，この V_R について，以下のように提案した.

$$V_R = N \cdot \frac{B}{r^n} \tag{3.6}$$

ただし，上で求めた V_C と同様，1 mol 当たりで表している. また，B は定数，r はイオン間距離である. n は 5〜12 の値をとり，イオンが希ガス電子配置をとるとき，表 3.2 のようになる. 定性的には，周期表の下の元素ほど内殻電子が増えるため，他の原子が近づけず，結果として n が大きくなると考えることができる. また，カチオン，アニオン双方で希ガス電子配置が異なる場合，n の値はそれらの平均をとるものとする.

表 3.2 ボルンの反発力における係数.

希ガス配置	n	希ガス配置	n
He	5	Kr	10
Ne	7	Xe	12
Ar	9		

このボルンらによる反発エネルギー V_R を用いると，格子エネルギー U は

$$\begin{aligned} U &= V_C + V_R \\ &= -\frac{Ne^2}{4\pi\varepsilon_0} \cdot \frac{|Z_M Z_X|A}{r} + N \cdot \frac{B}{r^n} \end{aligned} \tag{3.7}$$

と書ける.

ここで，式 (3.7) をイオン間距離 r で微分すると，

$$\begin{aligned} \frac{dU}{dr} &= \frac{Ne^2}{4\pi\varepsilon_0} \cdot \frac{|Z_M Z_X|A}{r^2} - nN \cdot \frac{B}{r^{n+1}} \\ &= -\frac{1}{r}(V_C + nV_R) \end{aligned} \tag{3.7$'$}$$

が得られる. 最も安定な状態では両方のエネルギーが釣り合い，格子エネルギー U は極小になるはずである. したがって，そのときのイオン間距離を r_0 (平衡イオン間距離) とすると，$r = r_0$ において $dU/dr = 0$ であるから，

34　第3章　固体の熱化学

$$V_R = -\frac{1}{n}V_C \tag{3.8}$$

の関係が得られる．これを式 (3.7) に代入すれば

$$U = V_C\left(1 - \frac{1}{n}\right)$$
$$= -\frac{Ne^2}{4\pi\varepsilon_0} \cdot \frac{|Z_M Z_X|A}{r_0}\left(1 - \frac{1}{n}\right) \tag{3.9}$$

となり，反発項の定数 B を消去することができる．この式 (3.9) を**ボルン–ランデ** (Born–Landé) **の式**とよぶ．

例 3.1　NaCl におけるボルン–ランデの式

NaCl において，マーデルング定数は $A = 1.748$ である．次にそれぞれのイオンの電子配置は Ne および Ar と同様なので，表 3.2 におけるそれらの平均をとって $n = 8$ となる．また，平衡イオン間距離は $2.814\,\text{Å}$ である．これらの値と，次の物理定数 $N = 6.0221 \times 10^{23}\,\text{mol}^{-1}$, $\varepsilon_0 = 8.8542 \times 10^{-12}\,\text{Fm}^{-1}$, $e = 1.6022 \times 10^{-19}\,\text{C}$ を用いると，$U = -755.2\,\text{kJ\,mol}^{-1}$ が得られる．この値は後述する熱化学的なデータとよく一致する．

（2）　ボルン–マイヤーの式

ボルン–ランデの式では反発項にイオンの種類によって異なるパラメーター n が入っていたが，半経験的に反発エネルギーを次のように指数関数で表せることが知られている．

$$V_R = N \cdot Be^{-\frac{r}{\rho}} \tag{3.10}$$

ここで，$\rho = 0.345\,\text{Å}$ (34.5 pm) である．この式 (3.10) を用いると，格子エネルギーは

$$U = V_C + V_R = -\frac{Ne^2}{4\pi\varepsilon_0} \cdot \frac{|Z_M Z_X|A}{r} + N \cdot Be^{-\frac{r}{\rho}} \tag{3.11}$$

であり，これより dU/dr を求めると，

$$\frac{dU}{dr} = \frac{Ne^2}{4\pi\varepsilon_0} \cdot \frac{|Z_M Z_X|A}{r^2} - \frac{NB}{\rho}e^{-\frac{r}{\rho}}$$
$$= -\frac{1}{r}\left(V_C + \frac{r}{\rho}V_R\right) \tag{3.11}'$$

となる．したがって，ボルン–ランデの式と同様に，平衡イオン間距離 r_0 におい
て $dU/dr = 0$ を適用すると，

$$V_R = -\frac{\rho}{r_0} V_C \tag{3.12}$$

の関係が得られ，再度式 (3.11) に代入すれば

$$U = V_C \left(1 - \frac{\rho}{r_0}\right) = -\frac{Ne^2}{4\pi\varepsilon_0} \cdot \frac{|Z_M Z_X| A}{r_0} \left(1 - \frac{\rho}{r_0}\right) \tag{3.13}$$

となる．この式 (3.13) を**ボルン–マイヤー (Born–Mayer) の式**とよぶ．

例 3.2　NaCl におけるボルン–マイヤーの式

ボルン–ランデの式と同様に計算すると，$U = -757.2\,\mathrm{kJ\,mol^{-1}}$ が得られる．

（3）　カプスチンスキーの式

ボルン–マイヤーの式において，分母に平衡イオン間距離 r_0，分子にマーデル
ング定数 A があり，これらはイオンの種類・配位数，結晶構造によって決まるが，
両者には正の相関がある．何故ならイオン半径が大きくなると，ポーリングの半
径比則から配位数が大きくなり，配位数の大きい構造ほどマーデルング定数も大
きくなるからである．

カプスチンスキー (A. F. Kapustinskii) は，様々な化合物の格子エネルギーを
検討した結果，これらの値が，6 配位の岩塩型構造を仮定した場合とほとんど相
違ないことを見出し，下記の式 (**カプスチンスキーの式**) を提案した．

$$U = -K \cdot \frac{x|Z_M Z_X|}{r^+ + r^-} \left(1 - \frac{\rho}{r^+ + r^-}\right) \tag{3.14}$$

この式において，$K = 1.2025 \times 10^{-4}\,\mathrm{J \cdot m\,mol^{-1}}$，$x$ は式量当たりのイオンの総
数 (例えば NaCl では $x = 2$)，$\rho = 0.345\,\text{Å}$ (34.5 pm) であり，また，r^+ と r^-
は，カチオンとアニオンの 6 配位におけるイオン半径である．したがって，6 配
位の構造でないかぎり，r_0 と $(r^+ + r^-)$ は厳密には異なることに注意しよう．

このカプスチンスキー式は以下の 2 点において重要である．

1. 未知の化合物における格子エネルギーの推定

   式 (3.14) では，各イオン半径と x，つまり化学組成がわかれば，結晶構造が
   わからなくても，未知の化合物の格子エネルギーが推定できることがわかる．

36　第3章　固体の熱化学

2. 熱化学的半径

AgNO$_3$ や CuSO$_4$ など複数の原子からなる複イオンの仮想的な半径を，その化合物の格子エネルギーともう片方のイオン半径から推定できる．この方法で求められた半径を熱化学半径とよぶ．種々の複陰イオンの熱化学半径を**表 3.3** に示す．

表 3.3　種々の複陰イオンの熱化学半径 (ウエスト固体化学入門 (1996)[2]).

BF$_4^-$	2.28	CrO$_4^{2-}$	2.40	IO$_4^-$	2.49
SO$_4^{2-}$	2.30	MnO$_4^-$	2.40	MoO$_4^{2-}$	2.54
ClO$_4^-$	2.36	BeF$_4^-$	2.45	SbO$_4^{3-}$	2.60
PO$_4^{3-}$	2.38	AsO$_4^{3-}$	2.48	BiO$_4^{3-}$	2.68
OH$^-$	1.40	O$_2^{2-}$	1.80	CO$_3^{2-}$	1.85
NO$_2^-$	1.55	CN$^-$	1.82	NO$_3^-$	1.89

3.3　ボルン–ハーバーサイクル

ここで，格子エネルギーの定義である式 (3.1) に戻ると，例えば NaCl の場合，この U は以下の熱化学量から求められる．

$$\mathrm{Na(s)} + \frac{1}{2}\mathrm{Cl_2(g)} \rightarrow \mathrm{NaCl(s)} \qquad \Delta H_1 \qquad (3.15)$$

$$\mathrm{Na(s)} \rightarrow \mathrm{Na(g)} \qquad \Delta H_2 \qquad (3.16)$$

$$\frac{1}{2}\mathrm{Cl_2(g)} \rightarrow \mathrm{Cl(g)} \qquad \Delta H_3 \qquad (3.17)$$

$$\mathrm{Na(g)} \rightarrow \mathrm{Na^+(g)} + \mathrm{e^-} \qquad \Delta H_4 \qquad (3.18)$$

$$\mathrm{Cl(g)} + \mathrm{e^-} \rightarrow \mathrm{Cl^-(g)} \qquad \Delta H_5 \qquad (3.19)$$

ここで ΔH_n は，それぞれの反応のエンタルピー変化であり，**ボルン–ハーバー** (Born–Haber) **サイクル**を用いると**図 3.2** のようになる．したがって，

$$U = \Delta H_1 - \Delta H_2 - \Delta H_3 - \Delta H_4 - \Delta H_5 \qquad (3.20)$$

となる．

まず，ΔH_1 は NaCl(s) の生成エネルギー H_f である．ΔH_2 は Na(s) の昇華エネルギー S である．ΔH_3 は Cl$_2$(g) の解離エネルギー D に対応する．ただし，

3.4 熱化学的現象と格子エネルギー　37

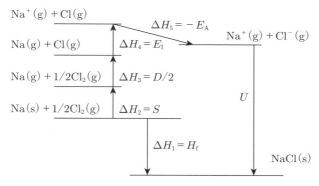

図 3.2　NaCl におけるボルン-ハーバーサイクル．

通常は 1 mol の $Cl_2(g)$ 当たりで定義されるので，$\Delta H_3 = D/2$ である．ΔH_4 は $Na(g)$ のイオン化エネルギー E_I，ΔH_5 は $Cl(g)$ の電子親和力 E_A に対応する．ただし，定義から $\Delta H_5 = -E_A$ である．これらをまとめると

$$\Delta H_1 = H_f$$
$$\Delta H_2 = S$$
$$\Delta H_3 = \frac{D}{2}$$
$$\Delta H_4 = E_I$$
$$\Delta H_5 = -E_A$$

となる．したがって，

$$U = H_f - S - \frac{D}{2} - E_I + E_A \tag{3.21}$$

となる．NaCl において，$H_f = -411 \,\text{kJ mol}^{-1}$, $S = 107 \,\text{kJ mol}^{-1}$, $D = 242 \,\text{kJ mol}^{-1}$, $E_I = 496 \,\text{kJ mol}^{-1}$, $E_A = 355 \,\text{kJ mol}^{-1}$ であり[7]，これらを式 (3.21) に代入すると，$U = -780 \,\text{kJ mol}^{-1}$ が得られる．

3.4　熱化学的現象と格子エネルギー

固体の格子エネルギーを考察すると，様々な知見が得られることをいくつかの例を通して見てみよう．

38　第3章　固体の熱化学

（1）　イオン結合性結晶の熱的安定性

例として，アルカリ土類金属炭酸塩の熱分解反応を考える．

$$MCO_3(s) \rightarrow MO(s) + CO_2(g) \tag{3.22}$$

この熱分解反応に関する熱化学的データを表 3.4 に示す．反応のエンタルピー変化は気体の CO_2 の発生に支配されるので，便宜的に ΔH の大きいものほど熱分解されにくいと考えればよい．したがって表 3.4 から，Mg から Ba へ原子番号が大きくなるに従って，炭酸塩の分解温度 (θ_D) は高くなることがわかる．この現象について，カプスチンスキーの格子エネルギーを用いて考えてみよう．

表 3.4　炭酸塩の熱分解に関するデータ[7].

	$MgCO_3$	$CaCO_3$	$SrCO_3$	$BaCO_3$
ΔG^0 (kJ mol^{-1})	48.3	130.4	183.8	218.1
ΔH^0 (kJ mol^{-1})	100.6	178.3	234.6	269.3
ΔS^0 (J K^{-1} mol^{-1})	175.0	160.6	171.0	172.1
θ_D (℃)	300	840	1100	1300

まず，炭酸イオンを複イオンと見なして，以下の反応を考える．

$$M^{2+}(g) + CO_3^{2-}(g) \rightarrow MCO_3(s)$$

$$M^{2+}(g) + O^{2-}(g) \rightarrow MO(s)$$

$$CO_3^{2-}(g) \rightarrow CO_2(g) + O^{2-}(g)$$

最初の式は炭酸塩の格子エネルギー (U_C)，2番目は酸化物の格子エネルギー (U_O)，最後は炭酸イオンの気相での分解エンタルピー (D) に対応する．これらを使うと式 (3.22) の炭酸塩の熱分解反応のエンタルピー変化 ΔH は

$$\Delta H = D - U_C + U_O \tag{3.23}$$

となる．D は大きい正の値であり，室温では ΔH も正となるので，U_C と U_O の差で ΔH の大小が決まることがわかる．

U_C と U_O はいずれも負の値 (発熱反応) なので，絶対値で書くと

$$\Delta H = D + (|U_C| - |U_O|) \tag{3.24}$$

となる．

ここで，同じカチオンで比較すると，熱化学半径の大きい炭酸イオン ($r_- = 1.85\,\text{Å}$) のほうが，酸化物イオン ($r_- = 1.26\,\text{Å}$) よりも格子エネルギーの絶対値は小さくなるであろう．したがって，$|U_\text{C}| < |U_\text{O}|$ なので，$\Delta H' = |U_\text{C}| - |U_\text{O}| < 0$ となると考えられる．この $\Delta H'$ がより小さいほう (絶対値のより大きいほう) が，熱分解反応のエンタルピー変化 ΔH が小さくなり，熱分解温度はより低くなるであろう．したがって，カチオンの半径の大小を比較することによって $\Delta H'$ が大きいか，小さいかを考えればよい．

定性的には図 3.3 に示すように，カチオンのイオン半径が小さいほど，アニオンが変化した際のイオン間距離の変化量が大きく，$\Delta H'$ の絶対値も大きくなると考えられる．

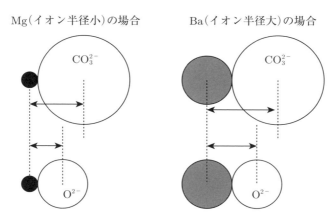

図 3.3 炭酸塩から酸化物への熱分解にともなう，イオン間距離の変化の概念図．カチオンの半径が小さいほど，変化量は大きくなる．

よって，熱分解にともなう ΔH の減少量としての寄与 ($\Delta H'$ の絶対値) が大きくなり，ΔH そのものは小さくなるため，Ba よりも Mg のほうが熱分解温度がより低くなることが理解されよう．

また，カプスチンスキーの式によれば，$|U_\text{C}|$ や $|U_\text{O}|$ は，ほぼ $\dfrac{1}{r_+ + r_-}$ に比例するので，カチオン，炭酸イオン，酸化物イオンのイオン半径をそれぞれ，r_M, r_C, r_O とすれば，

40　第 3 章　固体の熱化学

$$\Delta H' = |U_C| - |U_O| \propto \frac{1}{r_M + r_C} - \frac{1}{r_M + r_O}$$
$$= \frac{r_O - r_C}{(r_M + r_C)(r_M + r_O)} \tag{3.25}$$

となるので，やはり r_M が小さいほど，$\Delta H'$ の絶対値が大きくなり，ΔH が小さくなって，熱分解温度が低くなる．

（2）　イオン性固体の溶解度

　イオン半径の差が大きいカチオン，アニオンを含むイオン性化合物は水によく溶け，同程度の塩は溶けにくいことが経験的に知られている．例えばアルカリ金属の化合物の場合，フッ化物とヨウ化物を比べると，前者の溶解度は，Li^+（イオン半径：$0.90\ \text{Å}$），Na^+（$1.13\ \text{Å}$），K^+（$1.52\ \text{Å}$），Rb^+（$1.66\ \text{Å}$），Cs^+（$1.81\ \text{Å}$）の順に高くなるが，後者は全く逆になっている．この傾向を格子エネルギーを用いて考えてみよう．

　簡単のため 1 価のカチオン，アニオンからなる MX 型化合物を考えると，関係する反応式は以下のようになる．

$$MX(s) \rightarrow M^+(aq) + X^-(aq)$$
$$M^+(g) \rightarrow M^+(aq)$$
$$X^-(g) \rightarrow X^-(aq)$$
$$M^+(g) + X^-(g) \rightarrow MX(s)$$

ここで，第 1 の式は MX の溶解エネルギー（ΔH），第 2, 3 式はカチオンおよびアニオンの水和エネルギー（ΔH_M, ΔH_X），最後の式は MX 化合物の格子エネルギー（U）に対応する反応式である．これらの各エネルギー値を用いると，次式が成り立つ．

$$\Delta H = \Delta H_M + \Delta H_X - U \tag{3.26}$$

水和エネルギーは格子エネルギーと同様に，通常負の値（発熱反応）である．カチオン，アニオンにそれぞれどの程度まで水和する水分子が近づけるかによって水和エネルギーが決まると考えれば，少々粗い近似ではあるが，それぞれのイオン半径に反比例すると考えてよいであろう．したがって，MX の溶解エネルギーは次の量に比例する．

$$\Delta H = -(|\Delta H_{\mathrm{M}}| + |\Delta H_{\mathrm{X}}|) + |U|$$
$$\propto -A\left(\frac{1}{r_{\mathrm{M}}} + \frac{1}{r_{\mathrm{X}}}\right) + B\frac{1}{r_{\mathrm{M}} + r_{\mathrm{X}}} \tag{3.27}$$

ただし，A, B は正の定数とする．このとき，アニオンとカチオンの半径の和 ($r_{\mathrm{M}} + r_{\mathrm{X}}$) が同程度の組み合わせであれば，$r_{\mathrm{M}}$ と r_{X} の両者に差があるほど上式の第 1 項のいずれかが大きくなり，溶解エネルギー (ΔH) が負のほうに増大する，すなわち溶解度が高くなると予想される．先ほどの例では，F$^-$ イオン (1.19 Å) と Li$^+$ イオンの半径が近いので，アルカリ金属イオンの半径が大きくなるほど，イオン半径差が大きくなるのに対し，ヨウ化物では逆に Cs$^+$ イオンと I$^-$ イオンの半径 (2.06 Å) が近く，そのため溶解度の順序が逆転すると考えられる．

3.5 量子論から見た固体エネルギー論

(1) LCAO 近似による化学結合

ここで，量子論における結合と，固体のエネルギーに関する点を見てみよう．図 3.4 に示すように 2 原子 A, B の結合を考える．原子 A, B の波動関数を ψ_{A}, ψ_{B} とし，結合後の新しい軌道 (分子軌道) の波動関数を Ψ とする．Ψ を求めるには様々な方法があるが，ここでは以下のように仮定する．

$$\Psi = c_{\mathrm{A}}\psi_{\mathrm{A}} + c_{\mathrm{B}}\psi_{\mathrm{B}} \tag{3.28}$$

このように，2 つの波動関数の 1 次結合で表されるので，**LCAO** (Linear Combi-

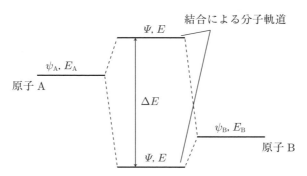

図 3.4　2 原子 A, B の結合による分子軌道の生成の様子．

42　第 3 章　固体の熱化学

nation of Atomic Orbitals) **法**とよばれる．量子論によると，この Ψ は次のシュレディンガー (Schrödinger) 方程式を満たさなければならない．

$$\mathcal{H}\Psi = E\Psi \tag{3.29}$$

ここで，$\mathcal{H}$ はハミルトニアンとよばれ，系のエネルギーを表す演算子，E は固有値とよばれ，系のエネルギーとなる．また，一般に波動関数 ψ_{A}, ψ_{B} などは複素数であり，例えば

$$\psi_{\mathrm{A}} = a + bi \tag{3.30}$$

のように 2 つの実数 a, b と虚数単位 i ($i^2 = -1$) で表される．ψ_{A} そのものに物理的な意味はないが，これの 2 乗，つまり $|\psi_{\mathrm{A}}|^2$ が粒子の存在確率を表す．したがって，これを全空間で積分すると 1 にならなければならない．

$$\int |\psi_{\mathrm{A}}|^2 dxdydz = 1 \tag{3.31}$$

以下，$dxdydz = d\tau$ と略す．

さらに，ψ_{A} の複素共役 $\psi_{\mathrm{A}}^* = a - bi$ を使うと，

$$|\psi_{\mathrm{A}}|^2 = a^2 + b^2 = \psi_{\mathrm{A}}\psi_{\mathrm{A}}^* \tag{3.32}$$

と書ける．

さて，式 (3.29) に式 (3.28) を代入すると

$$\mathcal{H}(c_{\mathrm{A}}\psi_{\mathrm{A}} + c_{\mathrm{B}}\psi_{\mathrm{B}}) = E(c_{\mathrm{A}}\psi_{\mathrm{A}} + c_{\mathrm{B}}\psi_{\mathrm{B}}) \tag{3.33}$$

となる．この式 (3.33) の左から ψ_{A}^* を掛けて積分すると

$$\int \psi_{\mathrm{A}}^* \mathcal{H}(c_{\mathrm{A}}\psi_{\mathrm{A}} + c_{\mathrm{B}}\psi_{\mathrm{B}})d\tau = \int \psi_{\mathrm{A}}^* E(c_{\mathrm{A}}\psi_{\mathrm{A}} + c_{\mathrm{B}}\psi_{\mathrm{B}})d\tau \tag{3.34}$$

となる．左辺の計算を進めるにあたり，以下の記号を定義する．

$$\int \psi_{\mathrm{A}}^* \mathcal{H}\psi_{\mathrm{A}} d\tau = E_{\mathrm{A}}$$

$$\int \psi_{\mathrm{B}}^* \mathcal{H}\psi_{\mathrm{B}} d\tau = E_{\mathrm{B}}$$

$$\int \psi_{\mathrm{A}}^* \mathcal{H}\psi_{\mathrm{B}} d\tau = \int \psi_{\mathrm{B}}^* \mathcal{H}\psi_{\mathrm{A}} d\tau = H_{\mathrm{AB}}$$

3.5 量子論から見た固体エネルギー論 43

ここで，上の2つは，元々の原子のエネルギー，最後の式は2つの原子間の相互作用 (共有結合) に相当する．ただし，H_{AB} は実数であるとする[*2]．さらに

$$\int \psi_A^* \psi_A d\tau = \int \psi_B^* \psi_B d\tau = 1$$

$$\int \psi_A^* \psi_B d\tau = \int \psi_B^* \psi_A d\tau = S$$

とおく．前者は存在確率が1であることを意味する．後者は重なり積分と呼ばれ，簡単のためここでは $S = 0$ とする．これらを使って式 (3.34) を書き直すと

$$c_A E_A + c_B H_{AB} = c_A E$$

$$\therefore c_A(E_A - E) + c_B H_{AB} = 0 \tag{3.35}$$

となる．同様に式 (3.33) の左から ψ_B^* を掛けて積分すると

$$c_A H_{AB} + c_B E_B = c_B E$$

$$\therefore c_A H_{AB} + c_B(E_B - E) = 0 \tag{3.36}$$

が得られる．式 (3.35)，(3.36) から，c_A，c_B についての連立方程式が得られる．

$$\begin{pmatrix} E_A - E & H_{AB} \\ H_{AB} & E_B - E \end{pmatrix} \begin{pmatrix} c_A \\ c_B \end{pmatrix} = 0 \tag{3.37}$$

このとき，c_A，c_B が同時に解を持つためには，上の行列の行列式が 0，つまり

$$(E_A - E)(E_B - E) - H_{AB}^2 = 0 \tag{3.38}$$

とならねばならない．この式 (3.38) を永年方程式とよび，ここからエネルギー E が求められる．

$$E^2 - (E_A + E_B)E + E_A E_B - H_{AB}^2 = 0 \tag{3.39}$$

$$\therefore E = \frac{E_A + E_B \pm \sqrt{(E_A + E_B)^2 - 4(E_A E_B - H_{AB}^2)}}{2}$$

$$= \frac{E_A + E_B \pm \sqrt{(E_A - E_B)^2 + 4H_{AB}^2}}{2}$$

[*2] E_A および E_B も $\mathcal{H}$ のエルミート性により，実数となる．詳しくは量子論の教科書等を参照のこと．

この 2 つの解が新しい軌道のエネルギーに対応することになる．したがって，分裂幅を ΔE とし，$E_A - E_B = E_i$，$2H_{AB} = E_c$ とすると

$$\Delta E = \sqrt{E_i^2 + E_c^2} \tag{3.40}$$

と書ける．軌道エネルギーの安定性がイオン性および共有結合性双方に関係しているのがわかる．またこれらは様々な方法で測定が可能である．ここでイオン結合性の目安として

$$F_i = \frac{E_i}{\Delta E} \tag{3.41}$$

をとり，様々な二原子化合物についてプロットしたものが，図 3.5 に示すフィリップス-ファン・フェッツェンプロットである．$F_i = 0.785$ を境に，配位数が 4，6

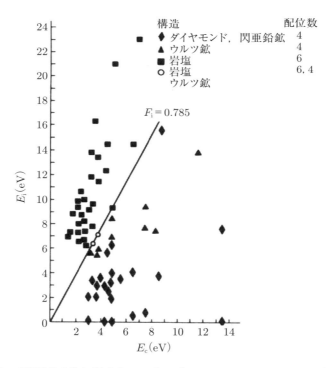

図 3.5　二原子化合物に対するフィリップス-ファン・フェッツェンプロット (固体の電子構造と化学 (1989)[4]).

の化合物がはっきり分かれている．イオン結合性が大きいほど配位数が大きくなることを示している．

（2） 固体のバンド構造

実際の固体では，上で述べたような原子間結合が無数に形成される．その結果，結合性軌道，および反結合性軌道ともにあるエネルギー範囲に多数の準位が形成される．この多数の準位はそのエネルギー範囲に連続的に分布していると考えてよく，それをバンド，あるいはバンド構造という．固体におけるバンドの形成は，構成する原子の様々な軌道が関与するので，どのバンドがどの原子に由来するのかはっきり定まるわけではないが，各バンドを形成する元々の原子軌道のエネルギーの周りに分布する．塩化ナトリウムにおいて，自由イオン状態から固体のバンド構造が形成される模式的な様子を図 3.6 に示す．NaCl は典型的なイオン結晶であり，絶縁体でもあるが，これはバンド構造において Cl の 3p 軌道からなるバ

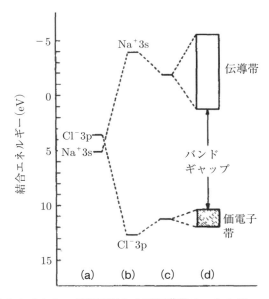

図 3.6 塩化ナトリウムの価電子帯および伝導帯のエネルギー．(a) 自由イオン，(b) マーデルングポテンシャル内のイオン，(c) 分極効果に対する補正，(d) 軌道の重なりによるバンド形成 (固体の電子構造と化学 (1989)[4])．

46 第3章 固体の熱化学

ンド (価電子帯) と Na の 3s 軌道からなるバンド (伝導帯) の間にバンドギャップ
とよばれる，エネルギーの禁則帯が存在することに対応している．価電子帯はす
べて電子が占有しており，電気伝導を生じない．この価電子帯の電子が禁則帯を
超えて伝導帯に励起されなければ伝導が起きないので，絶縁体となる．一方，金
属などでは伝導帯に一部電子が占有しているので，外部からの電場などによって
電流が生じることとなる．この伝導帯における電子の最大エネルギー準位をフェ
ルミ準位，またそのエネルギーをフェルミエネルギーとよぶ．一般にフェルミエ
ネルギーは電子ボルト (eV) 単位で数～数十の大きさであり，室温付近の熱エネル
ギー $k_\mathrm{B}T$ (k_B：ボルツマン定数，1.381×10^{-23} JK^{-1}) に比べて 2 桁程度大きい．
したがって，金属においても熱や磁場によって励起される電子はフェルミ準位の
ごく近傍のものに限られるので，金属の比熱や磁化は一般に非常に小さい．これ
らについては 8 章と 10 章で簡単に触れるが，固体におけるバンド構造や伝導に
関しての詳細は，別途参考書を参照してほしい．

3章　参考文献

[1]　ウエスト固体化学–基礎と応用–，ウエスト，講談社サイエンティフィク (2016).
[2]　ウエスト固体化学入門，ウエスト，講談社 (1996).
[3]　無機ファイン材料の化学，中西典彦，坂東尚周編著，三共出版 (1988).
[4]　固体の電子構造と化学，P. A. Cox，技法堂出版 (1989).
[5]　量子化学，原田義也，裳華房 (1978).
[6]　シュライバー・アトキンス 無機化学 (上) 第 6 版，東京化学同人 (2016).
[7]　化学便覧 改訂 4 版および "The elements"，J. Emsley, pp.178–179, Oxford
　　　University Press.

4

第4章

固体結晶の熱力学と平衡状態図論

本章では物質における相の成り立ちについて，熱・統計力学的に考察しよう．

4.1 系，相，成分

物質の状態を考えるときに，熱力学的な考察を行うことが必要となる．その際，他の物質界から独立した単独な領域として扱える物質の集合体を**系** (system) とよぶ．また，系の巨視的な性質を表す量は，すべて**熱力学的変数** (thermodynamical parameter) という．熱力学的な変数には，以下に示す示量変数と示強変数があるが，前者は物質量に依存し，後者は物質量には依存しない．

- **示量変数**…体積 (V)，質量 (M)，モル数 (m) など，系に含まれる物質の全量に依存する量
- **示強変数**…温度 (T)，圧力 (P)，モル分率 (x)，化学ポテンシャル (μ) など，系の物質量に依存せず系内の任意の均一な場所で一定の値を持つ量

これらのいくつかを決めれば，系の状態を完全に定義できる．系の状態は一般に連続的に変化でき，この変化または系のあらましを表したものを**状態方程式** (equation of state) という．例えば，$m = n$ モルの理想気体を表す方程式

$$PV = nRT \tag{4.1}$$

は状態方程式の一例である．ここで，R は気体定数であり，T は絶対温度である．ここで，液体や固体の状態についても状態方程式が決まれば，系の振る舞いが表せることになる．

原子やイオン，分子の集合体としての物質の集合状態には，**気相** (vapor state phase)，**液相** (liquid state phase)，**固相** (solid state phase) の3つの状態が存在し，物質の三態として知られている．そのような**相** (phase) や**相の移り変わり**の例として，日常生活でもなじみ深い水分子 H_2O の集合体 (水蒸気 $\Leftrightarrow$ 水 $\Leftrightarrow$ 氷) や金属鉄 (Fe) の同素変態などがよく知られている．

47

48　第4章　固体結晶の熱力学と平衡状態図論

例 4.1

H_2O 分子集合体：1 気圧のもと, 0℃ (= 273 K) 以下で水は氷へと**相転移** (phase transition) し, 100℃ (= 373 K) 以上で, 水は水蒸気へと相転移する. また, 温度 0.01℃, 圧力 4.6 mmHg のもとで 3 相共存状態 (三重点) が存在する.

例 4.2

Fe は結晶構造の異なる 3 つの固相に変化する (同素変態). また, 760℃ で強磁性状態 (低温相) から常磁性状態 (高温相) へと磁気相転移 (強磁性転移) を示す.

$$\alpha\text{-Fe(bcc)} \underset{(911℃)}{\longrightarrow} \gamma\text{-Fe(fcc)} \underset{(1392℃)}{\longrightarrow} \delta\text{-Fe(bcc)} \underset{(1536℃)}{\longrightarrow} \text{Liquid} \qquad (同素変態)$$

$$\alpha\text{-Fe(bcc): ferromagnetic} \underset{(760℃\ (=1033\ K))}{\longrightarrow} \beta\text{-Fe(bcc): paramagnetic} \qquad (強磁性転移)$$

　ここで, 系の熱力学的性質に及ぼす外力場の影響がない場合, その占める全領域にわたって均一なものを**相** (phase) とよぶ. 一般に 1 つの相は物理的な手段で他の相と分離することができる. 系が単一の相から構成されているとき, その物質系を**均一系** (homogeneous system) または**単相系** (single phase system) とよぶ. 2 相以上からできている系の場合には, **不均一系** (heterogeneous system) または**多相系** (multi-phase system) とよぶ. また, 一般にその系を構成している**成分** (component) の数は, 熱力学では重要なパラメーターであり, 構成されている成分の個数によって系は以下のようによばれる. すなわち, 成分の数が 1, 2, 3, 4, ... に対応して, **1 成分系** (unary system), **2 成分系** (binary system), **3 成分系** (ternary system), **4 成分系** (quaternary system), ... とよばれる. また, 数学的な用語と同様, 「**成分**」は「**元**」ともよばれる.

　これらの例としては,

例 4.3

- 水, エタノール混合溶液…2 成分系または 2 元系 (binary system)
- 黄銅…銅と亜鉛を混ぜて溶融されてつくられた 2 元合金 (binary alloy)
- モット型絶縁体 La_2CuO_4…3 元系化合物 (ternary compound)

4.2 ギブスの相律　49

- 高温超伝導体 $YBa_2Cu_3O_7$…4元系化合物 (quaternary compound)
- 遍歴電子強磁性体 $Y(Co_{1-x}Al_x)_2$, 銅酸化物高温超伝導体 $La_{2-x}(Sr, Ba)_x$ CuO_4…擬二元系 (pseudobinary compound)[*1]

などがある.

4.2 ギブスの相律

温度 T, 圧力 P で平衡状態にある系が, N_c 個の成分を含むとき, いくつの相が共存し得るかを示す法則は**相律** (phase rule) とよばれる. いま, N_p 個の相が共存しているとする. 示強変数 T, P および各相の化学組成 (モル分率 x) を決めれば系を決定することができる. すなわち, 系を再現することができる.

ここで, 相 j の中の成分 i のモル数を m_i^j モルとし, そのモル分率 x_i^j は以下のように定義される.

$$x_i^j = \frac{m_i^j}{(m_1^j + m_2^j + \cdots + m_i^j + \cdots + m_{N_c}^j)}, \quad (i = 1, 2, 3, \ldots, N_c) \quad (4.2)$$

いま, モル分率の全和は 1 となるので,

$$\sum_{i=1}^{N_c} x_i^j = x_1^j + x_2^j + \cdots + x_i^j + \cdots + x_{N_c}^j = 1 \quad (4.3)$$

が成立する. したがって, 各相において自由に (独立に) 変化させられる化学組成 (モル分率) の個数は $(N_c - 1)$ 個となるので, 系全体で独立な変数は, $N_p \times (N_c - 1) + 2$ 個である. ここで最後の $+2$ の項は温度 T と圧力 P の 2 つに相当する.

このとき, 熱・化学平衡状態なので, 系内の各相間で (時間平均として) 物質移動はない, もしくは出入りはあっても平衡している (出入りの平衡定数 k が等しい). 一例として 3 成分系で 3 相が共存している場合の模式図を**図 4.1** に示す. この平衡の条件は, 相 j における成分 $i (= 1, 2, 3, \ldots, N_c)$ の化学ポテンシャル μ_i^j を用いて, これが相間で等しいと表され,

$$\mu_i^1 = \mu_i^2 = \mu_i^3 = \cdots = \mu_i^{N_p} \quad (i = 1, 2, 3, \ldots, N_c) \quad (4.4)$$

となる. この成分 i についての平衡の式 (4.4) は $(N_p - 1)$ 個の独立な等式から成

[*1] 両端がラーベス (Laves) 相構造の YCo_2 と YAl_2 で, その間の置換系としてあたかも二元系のように扱える.

50　第4章　固体結晶の熱力学と平衡状態図論

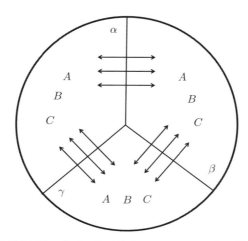

図 4.1　相平衡の概念図．A–B–C 三元系で α–β–γ の 3 相が共存している場合を表している．

り立っており，系全体では，$N_c \times (N_p - 1)$ 個の平衡の条件式が存在することになって，その数だけ自由に選び得る熱力学的パラメーターの数 (**自由度** (degree of freedom), f) が減ることになる．したがって，この系の自由度 f は，

$$f = N_p \times (N_c - 1) + 2 - N_c \times (N_p - 1) = N_c - N_p + 2 \tag{4.5}$$

で与えられる．この議論は熱力学においてギブス (Gibbs) が行ったものであり，この式によって決まる相の成り立ちは，**ギブスの相律** (Gibbs-phase rule) とよばれる．ギブスの相律の例を以下にあげる．

例 4.4

3 成分 (A, B, C) 系 ($N_c = 3$)，温度 T，圧力 P のとき，最大いくつの相が平衡に共存できるかに対して，

$$m_A, m_B, m_C \text{ モル}$$
$$x_A = m_A/(m_A + m_B + m_C)$$
$$x_B = m_B/(m_A + m_B + m_C), \qquad x_A + x_B + x_C = 1$$
$$x_C = m_C/(m_A + m_B + m_C)$$

なので，

$$f = N_c - N_p + 2 = 5 - N_p$$

となる．もし実験室系の圧力が一定の場合，自由度が 1 減って，

$$f = 4 - N_p$$

である．

例 4.5

$N_c = 1$ なら，$f = 3 - N_p$ であるが，圧力が一定 (例えば 1 気圧) ならば，$f = 2 - N_p$ となり，自由度がゼロとなるのは $N_p = 2$ のときである．すなわち最大限共存する相の数は 2 つということになる．その際，自由度がゼロなので，温度は変化できず一定値となる．例えば，H_2O の分子集合体 ($N_c = 1$) では，水から氷へ，水から水蒸気へと相が移り変わる (相転移する) とき，1 気圧のもとでは温度は 0℃ (水の凝固点) および 100℃ (水の沸点) と一定値になるのである．また，1 気圧のもとでは，純金属の融点や沸点は，その元素が決まれば一義的に決まる物理量となるのである．

例 4.6

$N_c = 2$ なら，$f = 4 - N_p$ となり，圧力一定では，$f = 3 - N_p$ となる．したがって，圧力一定の場合，2 元系では最大 3 相までしか共存することはできない．なぜなら自由度がマイナスになることは，熱力学的に無意味になってしまうからである．また，圧力一定のもとでは，$N_c = 1$ の場合，$N_p = 2$ 相が共存すると $f = 0$ となり，温度も変化できない (例 4.5)．例えば，純物質の**融解温度** (melting point または fusion point) もそれに相当する．$N_c = 2$ の場合，$N_p = 3$ 相が共存すると $f = 0$ となり，温度も変化できない．例えば，後述する二元系共晶反応 (**不変反応**) などがその例である．

自由度 f に関して，0, 1, 2 の場合，系はそれぞれ，

$f = 0$：**不変系** (invariant system)

$f = 1$：**1 変数系** (monovariant system)

$f = 2$：**2 変数系** (divariant system)

とよばれる．

52 第4章 固体結晶の熱力学と平衡状態図論

　また，ギッブスの相律に従って，相の存在を温度，圧力，モル分率などを軸に
図示したものは平衡状態図または相図とよばれ，通常，圧力が1気圧と一定のも
とで，x軸をモル分率，y軸を温度にとって書かれた状態図がよく用いられる．特
に$n = 2$の二元系平衡状態図はほとんどすべての金属元素間で調べられていて，
Hansen, Elliot, Schunk によってまとめられ，データベースとして McGraw-Hill
出版社から出版された二元合金の平衡状態図集が有名である[1–4]．その後も多数
あり，Massalski らが編集した米国金属学会出版のものなどが有名である[5]．n成
分系状態図で図示できるのは$n = 3$の三元系までであるが，三元系状態図は三次
元の立体図となるので，作図には工夫が必要である．

4.3　相の平衡条件と自由エネルギー組成曲線

　系は，熱力学に従うが，特に熱力学の第2法則が重要である．熱力学の第2法
則には様々な表現があるが，ここでは，

　　「熱力学の第2法則：系が平衡であるためには，**エンタルピー** (enthalpy) を H,
　　エントロピー (entropy) を S として，ギッブスの自由エネルギー $G\,(= H-TS)$
　　が最小 (minimum) でなければならない．」

と表すことにする．逆に，「系は G が最小になるような状態をとる」，ということ
になる．

　熱力学においてエンタルピー (H) と内部エネルギー (E) は，$H = E + PV$
の関係であり，PV だけ異なることになる．気体では PV 項は大きいが，凝縮系
(液体，固体) では PV 項は非常に小さく $PV \ll E - TS$ であると考えられるの
で，ここでは無視できるものとする．したがって，凝縮系ではエンタルピーが内
部エネルギーと見なせ，自由エネルギーとしてヘルムホルツの自由エネルギー F
$(= E - TS)$ で考えても，ギッブスの自由エネルギー G で考えても大差ないこ
とになる．ここではギッブスの自由エネルギー G で考えることにする．

　さて，以下では簡単のために二元系である A–B 二成分の混合系 (例えば，二元
合金系など) を考える．自由エネルギーを

$$G = G^0 + \Delta H_\mathrm{m} - T\Delta S_\mathrm{m} \tag{4.6}$$

と置く．ΔH_m，ΔS_m はそれぞれ混合 (添え字の m はミキシングの意味) のエン

タルピー変化，混合のエントロピー変化であり，したがって

$$\Delta G_\mathrm{m} = \Delta H_\mathrm{m} - T\Delta S_\mathrm{m} \tag{4.7}$$

は混合の自由エネルギー変化である．A–B 二元系での一般的なモル自由エネルギー組成曲線を**図 4.2** に示す．混合のエントロピー変化の項 $(-T\Delta S_\mathrm{m})$ は常に G を下げ，系を安定化させるが，混合のエンタルピー変化の項 (ΔH_m) は系を安定にするか不安定にするか，後に正則溶体モデル (4.4 節) で説明する相互作用パラメーター Ω の符号次第である．

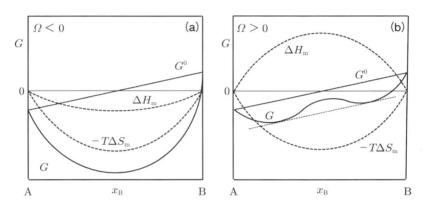

図 4.2 二元系のモル自由エネルギー組成曲線．$\Omega < 0$ の場合 (a) と $\Omega > 0$ の場合 (b)．

ここで，成分 i のモル比自由エネルギーである化学ポテンシャル μ_i を考える．例えば，系に成分 i の微少量 dn_i を加えるときに起こる自由エネルギーの増加分 δG と δn_i との比の値の $\delta n_i \to 0$ の極限値で μ_i が決まる．したがって，化学ポテンシャルは，

$$(\delta G/\delta n_i)_{T,p,n_{j(\neq i)}} = \frac{\partial G}{\partial n_i} \equiv \mu_i \tag{4.8}$$

と定義できる．例えば液相において，温度 T，n_A^L モルの成分 A と n_B^L モルの成分 B からなるとき，液相でのモル分率は，

$$x_\mathrm{A}^\mathrm{L} = n_\mathrm{A}^\mathrm{L}/(n_\mathrm{A}^\mathrm{L}+n_\mathrm{B}^\mathrm{L}), \quad x_\mathrm{B}^\mathrm{L} = n_\mathrm{B}^\mathrm{L}/(n_\mathrm{A}^\mathrm{L}+n_\mathrm{B}^\mathrm{L}) \tag{4.9}$$

であるから，液相のギブスの自由エネルギー G^L は，

$$G^\mathrm{L} = x_\mathrm{A}^\mathrm{L}\mu_\mathrm{A}^\mathrm{L} + x_\mathrm{B}^\mathrm{L}\mu_\mathrm{B}^\mathrm{L} \tag{4.10}$$

と表せる.

同様に固相のギブスの自由エネルギー G^S は,固相でのモル分率,

$$x_A^S = n_A^S/(n_A^S + n_B^S), \quad x_B^S = n_B^S/(n_A^S + n_B^S) \tag{4.11}$$

を用いて,

$$G^S = x_A^S \mu_A^S + x_B^S \mu_B^S \tag{4.12}$$

と表せる.

ここで,G^0 は A–B に特に過剰な相互作用がない場合の自由エネルギー,または純成分を機械的に加えた自由エネルギーであり,

$$G^0 = x_A \mu_A^0 + x_B \mu_B^0 \tag{4.13}$$

と表せ,したがって混合の自由エネルギー変化は

$$\Delta G_m = G - G^0 = G - x_A \mu_A^0 - x_B \mu_B^0 = x_A(\mu_A - \mu_A^0) + x_B(\mu_B - \mu_B^0) \tag{4.14}$$

とも表すことができる.**図 4.3** に様々な温度での固相と液相のモル自由エネルギー組成曲線を示す.式 (4.10),(4.12) の関係が図 4.3 においてよく見てとれる.例えば,$T = T_1$ において x_B の組成 (図中の破線) における G^S,G^L を考える.熱力学での化学ポテンシャルの定義式 (4.8) より,μ_A,μ_B は図 4.3 のモル自由エネルギー G の組成曲線において,点 $(x_B, G(x_B))$ での接線を $x_B = 0$,1 の両端に外挿した値の $G(0)$,$G(1)$ にそれぞれ対応することがわかる.

一般に二元系の**正則溶体** (regular solution,次節で説明する) において,モル自由エネルギー G では混合のエンタルピー変化が $\Delta H_m = \Omega x_A x_B$ で,混合のエントロピー変化の項は $\Delta S_m = -R(x_A \ln x_A + x_B \ln x_B)$ となり,G は

$$G = G^0 + \Delta G_m = G^0 + \Omega x_A x_B + RT(x_A \ln x_A + x_B \ln x_B) \tag{4.15}$$

と表せることが知られている.ここで,モル分率 x は常に正で 1 以下なので,$\ln x$ は常に負となって,$-T\Delta S_m = RT(x_A \ln x_A + x_B \ln x_B)$ の項は常に負となって全体の自由エネルギーを下げ,A–B 混合したほうが安定となる方向に作用する.したがって,系全体が混合に対して安定かどうかはエンタルピー項の中の相互作用パラメーター Ω の符号次第であるということになる (図 4.2 参照).すなわち,

- $\Omega < 0$ なら,均一に混ざったほうがよい.つまり,A–B は引き合い (attractive) 固相の場合,固溶体を形成する.場合によっては規則化 (秩序化) する.

4.3 相の平衡条件と自由エネルギー組成曲線

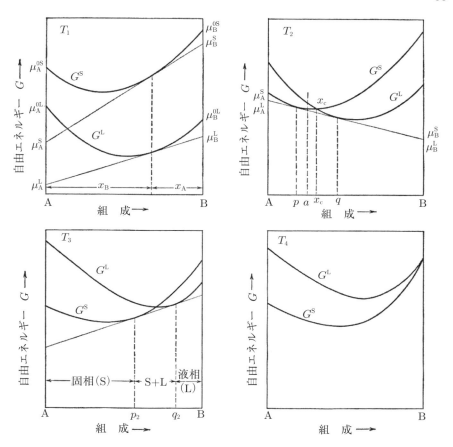

図 4.3 様々な温度における全率固溶系の自由エネルギー組成曲線 (金属材料基礎学 (1978)[7]).

- $\Omega > 0$ なら，A–B は反発する (repulsive) 傾向にあり，A–A 対，B–B 対ができやすく，2 相分離する傾向にある．
- $\Omega = 0$ なら，$\Delta H_m = 0$ となって，特別な傾向がなく，無秩序 (random) に A–B が混じりやすく，理想溶体とよばれる．

この正則溶体について次節で見ていこう．

56　第 4 章　固体結晶の熱力学と平衡状態図論

4.4　平衡状態図論と平均場近似：正則溶体モデル

さて，前節の終わりに正則溶体について触れたが，この節では平均場近似 (一体近似) である正則溶体近似 (モデル) について見ていき，平衡状態図の成り立ちについて説明しよう．正則溶体とは以下の混合のエントロピーと混合のエンタルピーについて正則溶体近似が成り立つような，液相 (液体，溶体) または固相 (固溶体) のことをいう．

（1）　混合のエントロピー：配置のエントロピー

正則溶体近似では，混合のエントロピーとして配置のエントロピーのみを考える．いま，成分 A の原子 (分子) N_A 個，B 原子 (分子) N_B 個を混ぜ合わせて，全体で 1 モルの固溶体を作ることを考える．格子点の数 N $(= N_A + N_B)$ (N はここではアボガドロ数) に，A, B を無秩序に並べる方法，すなわち原子の配列の様式の数を W_{AB} とすると，数学的に

$$W_{AB} = \frac{N!}{N_A!\,N_B!} \tag{4.16}$$

と，N, N_A, N_B の階乗 (!) によって表せる．したがって，配置のエントロピー S_{AB} はボルツマンの公式より，W_{AB} を用いて定義され，

$$S_{AB} = k_B \ln W_{AB} = k_B(\ln N! - \ln N_A! - \ln N_B!) \tag{4.17}$$

と表される．ここで，アボガドロ数は $N \sim 6 \times 10^{23} \gg 1$ と非常に大きな数なので，統計力学などでよく用いられるスターリング (Stirling) の近似公式

$$\ln N! \approx N \ln N - N \tag{4.18}$$

を用いて，$N_A/N = x_A$ や $k_B N = R$ などに注意して式変形し，

$$\begin{aligned}
S_{AB} &= k_B(N \ln N - N - N_A \ln N_A + N_A - N_B \ln N_B + N_B) \\
&= N k_B(\ln N - N_A/N \ln N_A - N_B/N \ln N_B) \\
&= R\{N_A/N(\ln N - \ln N_A) + N_B/N(\ln N - \ln N_B)\} \\
&= -R(x_A \ln x_A + x_B \ln x_B)
\end{aligned} \tag{4.19}$$

と求まる．純物質 A および B では，$S_A = S_B = 0$ となっていることに注意して，混合のエンタルピー変化は，

$$\Delta S_{\mathrm{m}} = S_{\mathrm{AB}} - x_{\mathrm{A}} S_{\mathrm{A}} - x_{\mathrm{B}} S_{\mathrm{B}} = S_{\mathrm{AB}} \tag{4.20}$$

であり，配置のエントロピーの式 (4.17)，すなわち式 (4.19) で表せることになる.

(2) 混合のエンタルピー

正則溶体近似では，固溶体の混合のエンタルピー (〜内部エネルギー) として，最近接のみの結合エネルギーを考慮し，より遠い原子 (イオン，分子など) との相互作用を無視した，**ブラッグ–ウィリアムズ** (Bragg–Williams) **近似**を用いる．これは一種の平均場近似 (10 章参照)，すなわち簡単な一体近似的な近似となっていて，解くことができる近似である.

ここで，固溶体中で成分 A の周りに成分 B がくる確率は，配位数を z とすると zx_{B} となり，また固溶体中の AB 対の数 [AB] は，

$$[\mathrm{AB}] = N_{\mathrm{A}} \times zx_{\mathrm{B}} = Nzx_{\mathrm{A}}x_{\mathrm{B}} \tag{4.21(1)}$$

と表すことができる．同様に AA 対，BB 対の数，[AA] および [BB] は以下のようになるが，これらの場合は二重に数えてしまうことになるので 2 で割らないといけないことに注意しなければならない．また $x_{\mathrm{B}} = 1 - x_{\mathrm{A}}$ であるので,

$$[\mathrm{AA}] = 1/2 N_{\mathrm{A}} \times zx_{\mathrm{A}} = 1/2 Nzx_{\mathrm{A}}^2 = 1/2 Nzx_{\mathrm{A}}(1 - x_{\mathrm{B}}) \tag{4.21(2)}$$

$$[\mathrm{BB}] = 1/2 N_{\mathrm{B}} \times zx_{\mathrm{B}} = 1/2 Nzx_{\mathrm{B}}^2 = 1/2 Nzx_{\mathrm{B}}(1 - x_{\mathrm{A}}) \tag{4.21(3)}$$

となる.

次に i–j 原子 (分子) 間の結合エネルギー E_{ij} を導入するが，これが化学結合論的に量子化学などによって与えられているとする (3 章を参照)．1 モル当たりの固溶体のエンタルピー (内部エネルギー) は,

$$H_{\mathrm{AB}} = E_{\mathrm{AA}}[\mathrm{AA}] + E_{\mathrm{AB}}[\mathrm{AB}] + E_{\mathrm{BB}}[\mathrm{BB}] = x_{\mathrm{A}} H_{\mathrm{A}}^0 + x_{\mathrm{A}} x_{\mathrm{B}} \Omega + x_{\mathrm{B}} H_{\mathrm{B}}^0 \tag{4.22}$$

と書ける．ただし，$H_{\mathrm{A}}^0 = NzE_{\mathrm{AA}}/2$, $H_{\mathrm{B}}^0 = NzE_{\mathrm{BB}}/2$ は純粋な A, B が 1 モル当たりのエンタルピーとなっている．ここで，**相互作用パラメーター** (interaction parameter) Ω は

$$\Omega = Nz \left(E_{\mathrm{AB}} - \frac{E_{\mathrm{AA}} + E_{\mathrm{BB}}}{2} \right) \tag{4.23}$$

で与えられ，自由エネルギー的に A–B と混じって結合するほうが得か，A–A, B–B

58 第4章 固体結晶の熱力学と平衡状態図論

と同種同士で結合したほうが得かの目安になる量である (自由エネルギーの尺度で考えているので, マイナスになれば, A–B と混じるほうが安定).

したがって, 混合のエンタルピー変化 ΔH_m は, 式 (4.21)〜(4.23) から,

$$\Delta H_\mathrm{m} = H_\mathrm{AB} - x_\mathrm{A}H_\mathrm{A}^0 - x_\mathrm{B}H_\mathrm{B}^0 = \Omega x_\mathrm{A}x_\mathrm{B} \tag{4.24}$$

と表せる.

Ω の物理的な意味を再度以下に強調しておく.

- $\Omega < 0 \to E_\mathrm{AB} < (E_\mathrm{AA} + E_\mathrm{BB})/2 \to$ A–B は引き合う (attractive)
- $\Omega > 0 \to$ A–B は反発し合う (repulsive) $\to$ A 側, B 側の 2 相に分離する傾向
- $\Omega = 0 : \Delta H_\mathrm{m} = 0 \to$ 無秩序 (random) に混じる $\to$ 理想溶体

これらの式 (4.19) と (4.24) から式 (4.15) の正則溶体モデルの自由エネルギーが得られることになる. 混合のエントロピー項 ($-T\Delta S_\mathrm{m}$) は常に系を安定化させるが, 温度の低下とともにその効果は G 全体に対し小さくなり, $\Omega > 0$ の場合には正の ΔH_m のせいで系は不安定化して, G は低温で必ず 2 つの極小 (ダブル・ミニマム) をとることになり, 相分離現象が現れることになる (図 4.2(b) 参照).

（3） 液相の正則溶体近似

これまでの議論は, 固相に対して考察してきた. 固相では, 結晶構造すなわち結晶格子 (5, 6章) はその系では決まっていて, 結合の数は式 (4.21(1)〜(3)) のように, 配位数 z ではっきりと定義できるのである. では, 液相の場合はどうであろう. 液体の状態では対称性を有した結晶格子はなく, その配位数 z も定義できない. その意味では, 液相より固相のほうがその扱いは明確であり簡単であるといえる. この問題に対して, ロンドン大学のバナール教授 (John D. Bernal) が 1950〜1960 年頃に提唱した液体のモデル (模型) が参考になる. バナールは多数の同じサイズの剛体球をゴム風船に閉じ込めペンキで固めて, 液体のある瞬間をモデル化して見せた (液体の**バナール模型**). その結果, バナールは, 液体といえども局所的には正 20 面体的な対称性を持っていて, 平均的な配位数 z は 8 程度になると主張した. その後, アルダー (Berni J. Alder) がモンテカルロ法を用いた計算機シミュレーションによって液体は最密充填に至る前に充填率 55％程度になると固体に相転移してしまうことを示した (**アルダー転移**とよばれる). 体心立方

格子 (bcc 構造) の充填率は約 52% であって，その配位数 z は 8 であり，バナール模型やアルダー転移に対応しているように見えることは興味深い．現代では，バナール模型は液体のモデルよりも，急冷金属などに見られるアモルファス状態のモデルとして注目されており，アルダーの手法は分子動力学の先駆的なものという位置づけになっている．このようなことを踏まえ，ここでは，液相の平均的な z を考慮し，その場合の液体状態の Ω_l を用いて固溶体の場合と同じ形で表せる，すなわち正則溶体モデルで液相を記述できるとする．

このブラッグ–ウィリアムズ近似が成立するような固溶体を**正則溶体** (regular solution) という．溶質が希薄な溶体ではうまく記述でき，以下の節で説明する相分離現象，秩序・無秩序相転移などをうまく説明できるが，簡単なモデルであるため，**濃度の高い溶体** (concentrated solution) に対しては不具合もあり，理論はまだ研究途上である．また，単純な近似であるため，以下のような明らかな欠点もある．

- ΔH_m, ΔS_m が常に $x = 1/2$ に対して対称になってしまい，非対称性を担うのは G^0 のみである．
- $\Omega \neq 0$ では，異種成分の配列の仕方は無秩序からずれているはずなのに，完全に無秩序 (random) な近似となっていて，その余剰エントロピーが含まれていない．

などである．

4.5　液相–固相の相平衡：溶体の熱力学

温度 T で，純粋な A, B を混合して 1 モルの液体を作ったとき，全自由エネルギーは $G = x_\mathrm{A}\mu_\mathrm{A} + x_\mathrm{B}\mu_\mathrm{B}$ であり，自由エネルギー変化である**混合の自由エネルギー** (free energy of mixing) は，$\Delta G_\mathrm{m} = G - G^0 = G - (x_\mathrm{A}\mu_\mathrm{A}^0 + x_\mathrm{B}\mu_\mathrm{B}^0)$ であるので，

$$\Delta G_\mathrm{m} = x_\mathrm{A}(\mu_\mathrm{A} - \mu_\mathrm{A}^0) + x_\mathrm{B}(\mu_\mathrm{B} - \mu_\mathrm{B}^0) \tag{4.25}$$

と変形して表せる．ここで，$\mu_\mathrm{A} - \mu_\mathrm{A}^0$, $\mu_\mathrm{B} - \mu_\mathrm{B}^0$ を相対モル比自由エネルギーとよぶ (図 4.3 参照).

（1）　溶体の熱力学：活量と正則溶体モデル

溶体の熱力学でよく議論される成分 i の活量 a_i を導入する．

60 第4章 固体結晶の熱力学と平衡状態図論

$$a_i = \gamma_i \cdot x_i \tag{4.26}$$

ここで，γ_i は活量係数とよばれる．また，熱力学で相対モル比自由エネルギーは活量を用いて，

$$\mu_i - \mu_i^0 = RT \ln a_i \tag{4.27}$$

と定義される．したがって，

$$\mu_i - \mu_i^0 = RT \ln \gamma_i + RT \ln x_i \tag{4.28}$$

となる．混合の自由エネルギー変化は，

$$\begin{aligned}
\Delta G_\mathrm{m} &= RT x_\mathrm{A} \ln a_\mathrm{A} + RT x_\mathrm{B} \ln a_\mathrm{B} \\
&= \underbrace{RT(x_\mathrm{A} \ln \gamma_\mathrm{A} + x_\mathrm{B} \ln \gamma_\mathrm{B})}_{\Delta H_\mathrm{m}} + \underbrace{RT(x_\mathrm{A} \ln x_\mathrm{A} + x_\mathrm{B} \ln x_\mathrm{B})}_{-TS_\mathrm{AB} = -T\Delta S_\mathrm{m}}
\end{aligned} \tag{4.29}$$

となるので，式 (4.15) の正則溶体モデルとの比較ができる．

以上の議論により，一般に正則溶体近似では活量係数は，

$$\begin{cases}
\gamma_\mathrm{A} = \exp\left(\dfrac{\Omega x_\mathrm{B}^2}{RT}\right) \\
\gamma_\mathrm{B} = \exp\left(\dfrac{\Omega x_\mathrm{A}^2}{RT}\right)
\end{cases} \tag{4.30}$$

と表せることがわかる．

理想溶体 (ideal solution) では，$\Delta H_\mathrm{m} = 0$ であるので，混合による熱の出入りはなく，$\gamma_i \equiv 1$ となる．したがって，理想溶体では，$\Delta G_\mathrm{m}^\mathrm{ideal} = -T\Delta S_\mathrm{m}$ となり混合の自由エネルギー変化は混合のエントロピー変化，すなわち配置のエントロピーの項のみで決まる．

実在の溶体の自由エネルギーから理想溶体の自由エネルギーを引いたものを過剰自由エネルギー $\Delta G_\mathrm{m}^\mathrm{XS}$ とよび，

$$\Delta G_\mathrm{m}^\mathrm{XS} = \Delta G_\mathrm{m} - \Delta G_\mathrm{m}^\mathrm{ideal} = RT(x_\mathrm{A} \ln \gamma_\mathrm{A} + x_\mathrm{B} \ln \gamma_\mathrm{B}) \tag{4.31}$$

と表される．

逆に活量 a_i は，混合の自由エネルギー変化の関数として，

$$RT \ln a_i = \Delta G_\mathrm{m} + (1 - x_i) \frac{\partial \Delta G_\mathrm{m}}{\partial x_i} \tag{4.32}$$

と表すこともできる (式 (4.27) と化学ポテンシャルの定義式 (4.8) を参照).

(2) 液相 (G^{L})–固相 (G^{S}) の相平衡：「てこの原理」と平衡状態図の原理

系全体の自由エネルギー $G = G^{\mathrm{L}} + G^{\mathrm{S}}$ が平衡状態で最小になる条件は

$$\delta G = \delta G^{\mathrm{L}} + \delta G^{\mathrm{S}} = 0 \tag{4.33}$$

であり，成分 A の無限小量 δn_{A} を液相から固相へ移したとき，

$$-\left(\frac{\partial G^{\mathrm{L}}}{\partial n_{\mathrm{A}}}\right)_{T,p,n_{\mathrm{B}}} \delta n_{\mathrm{A}} + \left(\frac{\partial G^{\mathrm{S}}}{\partial n_{\mathrm{A}}}\right)_{T,p,n_{\mathrm{B}}} \delta n_{\mathrm{A}} = 0 \tag{4.34}$$

となる．B についても

$$-\left(\frac{\partial G^{\mathrm{L}}}{\partial n_{\mathrm{B}}}\right)_{T,p,n_{\mathrm{A}}} \delta n_{\mathrm{B}} + \left(\frac{\partial G^{\mathrm{S}}}{\partial n_{\mathrm{B}}}\right)_{T,p,n_{\mathrm{A}}} \delta n_{\mathrm{B}} = 0 \tag{4.35}$$

となって，これらの式における係数は化学ポテンシャルなので (式 (4.8) 参照)，結局，平衡の条件式は，

$$\begin{cases} \mu_{\mathrm{A}}^{\mathrm{S}} = \mu_{\mathrm{A}}^{\mathrm{L}} \\ \mu_{\mathrm{B}}^{\mathrm{S}} = \mu_{\mathrm{B}}^{\mathrm{L}} \end{cases} \tag{4.36}$$

となる．相平衡にあるとき，相間でそれぞれの要素の化学ポテンシャルが等しくなる．それが相平衡の条件である (4.2 節，"ギブスの相律" 参照)．

いま，全率固溶系の二元系平衡状態図 (**図 4.4**) を考える．図 4.3 において，固相および液相のモル自由エネルギー G^{S} および G^{L} は

$$\begin{cases} G^{\mathrm{S}} = x_{\mathrm{A}}^{\mathrm{S}} \mu_{\mathrm{A}}^{\mathrm{S}} + x_{\mathrm{B}}^{\mathrm{S}} \mu_{\mathrm{B}}^{\mathrm{S}} \\ G^{\mathrm{L}} = x_{\mathrm{A}}^{\mathrm{L}} \mu_{\mathrm{A}}^{\mathrm{L}} + x_{\mathrm{B}}^{\mathrm{L}} \mu_{\mathrm{B}}^{\mathrm{L}} \end{cases} \tag{4.37}$$

であり，化学ポテンシャルの定義より，図 4.3 のそれぞれの組成曲線での接線によって G^{S}，G^{L} が決まっている．ただし，

$$\begin{cases} x_{\mathrm{A}}^{\mathrm{S}} = \dfrac{n_{\mathrm{A}}^{\mathrm{S}}}{n_{\mathrm{A}}^{\mathrm{S}} + n_{\mathrm{B}}^{\mathrm{S}}} \\[2mm] x_{\mathrm{B}}^{\mathrm{S}} = \dfrac{n_{\mathrm{B}}^{\mathrm{S}}}{n_{\mathrm{A}}^{\mathrm{S}} + n_{\mathrm{B}}^{\mathrm{S}}} \end{cases} \qquad \begin{cases} x_{\mathrm{A}}^{\mathrm{L}} = \dfrac{n_{\mathrm{A}}^{\mathrm{L}}}{n_{\mathrm{A}}^{\mathrm{L}} + n_{\mathrm{B}}^{\mathrm{L}}} \\[2mm] x_{\mathrm{B}}^{\mathrm{L}} = \dfrac{n_{\mathrm{B}}^{\mathrm{L}}}{n_{\mathrm{A}}^{\mathrm{L}} + n_{\mathrm{B}}^{\mathrm{L}}} \end{cases} \tag{4.38}$$

である．

図 4.3 において，それぞれの温度での組成曲線を見ていくと，高温の $T = T_1$ では，全組成域で固相の G^{S} より液相の G^{L} が下方に位置していて，全組成で液

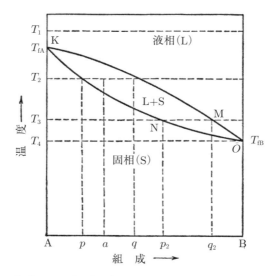

図 4.4 全率固溶系の二元系平衡状態図. T_{fA}, T_{fB} は A, B の融点 (fusion point) (金属材料基礎学 (1978)[7]).

相が安定であることがわかる. A の融点 (逆に見ると凝固点) をよぎって温度が低下し, $T = T_2$ になると, ある組成 x_c で G^S と G^L が交叉する自由エネルギー組成曲線となる. その際, G^S と G^L の間で $x = p$ および $x = q$ の組成において共通接線が引ける. この共通接線上の $p < x = a < q$ では, G^S または G^L 単独のモル自由エネルギーをとるより, 以下のように接線を内分する点に対応する合成のモル自由エネルギーを作ったほうが必ず低いエネルギーとなり, その状態において自由エネルギーが最小になっていることを数学的に簡単に証明できる.

$$G(x) = \frac{q-a}{q-p}G^S(p) + \frac{a-p}{q-p}G^L(q) \quad (4.39)$$

ここで, G^S と G^L の係数 P_S および P_L

$$P_S = \frac{q-a}{q-p}, \quad P_L = \frac{a-p}{q-p} \quad (4.40)$$

はそれぞれ固相と液相の存在割合 (量比) を表し, ちょうど線分を内分してそこを支点とし両端に重りをつるす「秤」の場合と同じなので,「**てこの原理** (lever principle, lever rule)」とよばれる. つまり, このように 2 つの自由エネルギー

4.5 液相-固相の相平衡：溶体の熱力学 63

組成曲線が交叉し，それぞれに共通接線が引ける場合，接点の間の組成では，それら2つの相が共存し，共存するそれぞれの相の組成は接点の組成に固定されてしまうことになる．全組成 x を線分内で変化させてもそれぞれの相の組成は変化しないのである．またその際，共存している2相の存在割合は，「てこの原理」に従って変化していくことになるのである．逆に，ある温度で2相が共存するためには，それぞれの**モル自由エネルギー組成曲線に共通接線が引けること**が一般的な条件であって，相共存の重要な考え方である．

（3） 全率固溶系の平衡状態図

正則溶体モデルでは，2成分からなる固溶体1モルのギブスの G^S は

$$G^S = x_A^S \mu_A^{0S} + x_B^S \mu_B^{0S} + \Delta G_m^S$$
$$\Delta G_m^S = x_A^S x_B^S \Omega_S + RT(x_A^S \ln x_A^S + x_B^S \ln x_B^S) \tag{4.41}$$

と書ける．

同じ温度で2つの成分が混合して液体状態にあるときの G^L は，先にも説明したように液体状態における z を考え，それによる Ω を用いて，

$$G^L = x_A^L \mu_A^{0L} + x_B^L \mu_B^{0L} + \Delta G_m^L$$
$$\Delta G_m^L = x_A^L x_B^L \Omega_L + RT(x_A^L \ln x_A^L + x_B^L \ln x_B^L) \tag{4.42}$$

と正則溶体モデルで記述できるとする．活量の熱力学の関係

$$\begin{cases} \mu_i - \mu_i^0 = RT \ln a_i \\ RT \ln a_i = \Delta G_m + (1 - x_i)\dfrac{\partial \Delta G_m}{\partial x_i} \end{cases} \tag{4.43}$$

に正則溶体モデルの式 (4.41) を導入して，固相の化学ポテンシャルの A および B 成分について

$$\begin{cases} \mu_A^S = \mu_A^{0S} + (1 - x_A^S)^2 \Omega_S + RT \ln x_A^S \\ \mu_B^S = \mu_B^{0S} + (1 - x_B^S)^2 \Omega_S + RT \ln x_B^S \end{cases} \tag{4.44}$$

と表される．同様に，式 (4.42) を式 (4.43) に適用して，液相中の化学ポテンシャルの A および B 成分について

$$\begin{cases} \mu_A^L = \mu_A^{0L} + (1 - x_A^L)^2 \Omega_L + RT \ln x_A^L \\ \mu_B^L = \mu_B^{0L} + (1 - x_B^L)^2 \Omega_L + RT \ln x_B^L \end{cases} \tag{4.45}$$

と求まる.

これらの関係式を用い,液相-固相の相平衡では

$$\mu_A^L = \mu_A^S, \quad \mu_B^L = \mu_B^S \tag{4.46}$$

が成立するので,これらを連立させて解けば,相平衡に関する条件が求まることになる.この2つの方程式 (4.46) での独立変数は T, $x_A^L = 1 - x_B^L$, $x_A^S = 1 - x_B^S$ の3つである.すなわち 4.2 節,"ギップスの相律" で説明したように,変数3つで方程式が2つ(式 (4.46))なので,自由度=1となる ($f = C - P + 1 = 1$).したがって,式 (4.44)~(4.46) を解くことによって,ある温度 T で平衡する液相と固相の組成を決めることができる.これを様々な温度で解き,つないでいくと図 4.4 の固相線(固相側の境界線)と液相線(液相側の境界線)ができあがり,全率固溶系の二元系平衡状態図ができあがるわけである(図 4.4).実際には,式 (4.46) を解析的に解くことはできないが,コンピュータを用いて数値計算的に解き,平衡状態図を求めることができる.実験的には様々な組成で混ぜた液相の冷却曲線を**図 4.5**(b) のように求めることによって,折れ曲りの温度からその組成の液相線,固相線を求め,図 4.5(a) のように平衡状態図を求めることができる.実際に,全率固溶系となる典型例は,Cu–Ni 二元合金系であり,その平衡状態図を Hansen の状態図集からとり,**図 4.6** に示す.図には強磁性転移の温度(キュリー温度,T_C)も書き込まれている.均一固溶体である固相において,電子物性(磁性)が連続的に変化しているこ

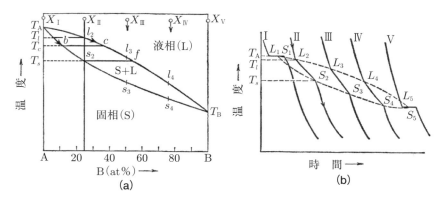

図 4.5 全率固溶系平衡状態図 (a) と様々な組成 (X_I~X_V) での冷却曲線 (b) (金属材料基礎学 (1978)[7]).

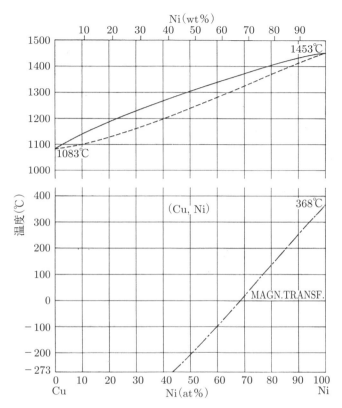

図 4.6 Cu–Ni 二元合金系平衡状態図. 図中の MAGN. TRANSF. は強磁性転移温度であるキュリー温度を示している (Constitution of Binary Alloys (1958)[1]).

とを示していて，物性化学としてもよい例となっている．このように均一相 (単一相) 内での物性変化は本質的で重要であるが，2 相共存領域も含め多相共存領域での物性を研究しても，それぞれの相の性質が足し合わさっているのを観測しているだけで，本質的ではないことを注意しておこう．例えば，α 相が強磁性体で β 相が超伝導体であるとわかっている場合，α 相 + β 相の 2 相共存した系 (試料) の電子物性を調べ，それが強磁性超伝導体であると主張しても全く意味がないのである．

(4) 共晶系平衡状態図

全率固溶系は両端の A, B がともに化学的に性質が似ている場合であるが，A,

66　第 4 章　固体結晶の熱力学と平衡状態図論

B が全く性質の異なる場合，例えば，結晶構造が全く異なる場合について考察してみよう．そのような場合の自由エネルギー組成曲線を**図 4.7** に示す．ここでは，A 側に純粋な A と同じ結晶構造の α 固溶体が存在し，B 側に純粋な B と同じ結

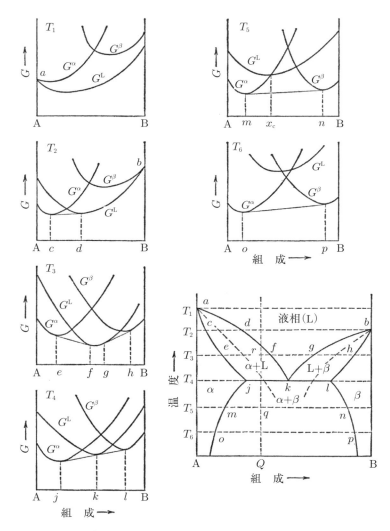

図 4.7　二元共晶系における様々な温度での自由エネルギー組成曲線と共晶系平衡状態図 (金属材料基礎学 (1978)[7]).

4.5 液相–固相の相平衡：溶体の熱力学 67

晶構造の β 固溶体が存在していて，α 相，β 相 (ともに固相) と液相の自由エネルギー組成曲線を様々な温度において示したものになっている．$T = T_1$ はちょうど純粋な A の融点 (逆に見ると凝固点) となっていて，全体的にまだ液相の G^L が下側にきており，液相が支配的である．温度が低下して，$T = T_2$ では，α 固溶体の G^α と液相の G^L が交叉し，これらに共通接線が引ける，すなわち，α 相と液相の 2 相共存領域に入っていることがわかる．さらに $T = T_3$ では，液相と β 相も 2 相共存し，$T = T_4$ になるとちょうど G^α，G^L，G^β の三者に共通接線が引ける状況になっていて，3 相が相平衡し共存している状態となっていることがわかる．このとき，圧力一定の下では自由度 $f = 0$ となっていて，このような状況は 1 つの温度でしか起こらず，系は不変系になっている．その際に起こっている反応は

$$L \Rightarrow \alpha + \beta \tag{4.47}$$

であり，**不変反応** ($f = 0$) であって**共晶反応** (eutectic (ユーテクティック) reaction) といわれる．液相から α 相と β 相が共に晶出するからである．この反応は不変反応であるので，反応が完結するまで平衡状態では温度は下がらない (一成分系の融点と同様)．図 4.7 中で，T_4 は**共晶温度**，点 k は**共晶点**とよばれる．

　反応を完結させ温度をさらに低下させると液相はなくなり，$T = T_5, T_6$ のように α 相と β 相の 2 相共存状態となるのである．そのようにしてできた共晶系の平衡状態図 (相図) が図 4.7 の右下に示してある．その際の，それぞれのグラフ中に対応する点 $a \sim h$，$j \sim p$ も記してある．このように，A–B が異なる性質の (結晶構造が異なる) 場合，共晶系の平衡状態図を示す場合が多く，低温 (例えば室温) では α 固溶体である α 相と β 固溶体である β 相と，その間に α 相と β 相の 2 相共存領域が存在する．2 相共存領域では $f = 1$ であり，温度を止めてみると，どの組成でも α 相と β 相の組成は，その両端の α 相および β 相の単相の固溶体領域との境界組成となっている．共晶系の典型例として，Sn–Pb 系の平衡状態図を**図 4.8** に示す．Pb は面心最密立方構造 (fcc 構造) で Sn は室温付近で α 錫構造，β 錫構造と同素変態を起こすがいずれも fcc 構造ではなく，固溶体も Sn 側の固相と Pb 側の固相は物理的・化学的性質が全く異なるので，Sn–Pb 二元合金系は共晶系の平衡状態図を示すのである．

68　第4章　固体結晶の熱力学と平衡状態図論

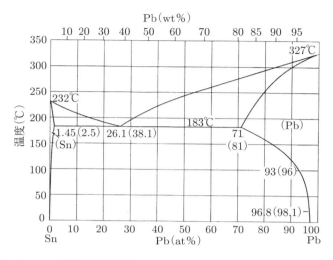

図 4.8 Sn–Pb 系平衡状態図 (Constitution of Binary Alloys (1958)[1]).

4.6　固相の相平衡：相分離現象

4.4 節で述べたように $\Omega_S > 0$ の固相では**相分離** (phase separation) を起こす傾向にある．その際，4.5 節 (4) で見たように，固相が α 相と β 相のように明らかに異なる 2 つの固相に分かれるのではなく，結晶構造が同じで，1 つの G^S で表せるような場合であっても，$\Omega_S > 0$ ならば相分離を起こすことになる．この節では，そのような相分離現象について見ていこう．その場合には，図 4.2(b) のように，自由エネルギー組成曲線に 2 つの極小が現れる．その状況を少し強調して**図 4.9** に示す．簡単のために G^0 を無視して示しているが，G^0 の組成変化は一様なので，そのようにしても議論の大勢には影響しない．ここでは $x = x_1$ と x_4 の 2 つの組成で極小をとっているとする．したがって，その 2 点に対して接線を引くことができる．すなわちその接点間 ($x_1 < x < x_4$) では，2 相分離が起こることになり，組成を変えても，$x = x_1$ の固相と $x = x_4$ の固相の 2 相共存状態となって，その存在割合 (量比) が変化するのみで，2 相の組成は変えることはできない．

相分離の条件を求めるには，この G^S に 2 つの極小が現れる場合を数学的に考えればよい．そのためには，G^S を組成について 1 階微分してゼロになる点が 2 つ

4.6 固相の相平衡：相分離現象 69

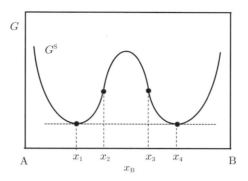

図 4.9 $\Omega > 0$ の場合の固溶体 (固相) の自由エネルギー組成曲線 G^S. x_1 と x_4 の 2 つの組成において極小を持っている．ここで G^0 は無視して記されている．

以上存在する場合を見ればよいことになる．以下では，その状況について正則溶体モデルを用いて考察してみよう．

固溶体の正則溶体モデルの式 (4.41) において，$x_B^S = 1 - x_A^S$ に注意して整理すると，

$$\begin{aligned}
G^S &= x_A^S \mu_A^{0S} + x_B^S \mu_B^{0S} + x_A^S x_B^S \Omega_S + RT(x_A^S \ln x_A^S + x_B^S \ln x_B^S) \\
&= (1 - x_B^S)\mu_A^{0S} + x_B^S \mu_B^{0S} + (1 - x_B^S)x_B^S \Omega_S \\
&\quad + RT\{(1 - x_B^S)\ln(1 - x_B^S) + x_B^S \ln x_B^S\}
\end{aligned} \tag{4.48}$$

となり，これを x_B^S で 1 階微分してゼロと置くと，

$$\begin{aligned}
\frac{\partial G^S}{\partial x_B^S} &= \mu_B^{0S} - \mu_A^{0S} + (1 - 2x_B^S)\Omega_S + RT\{\ln x_B^S + 1 - \ln(1 - x_B^S) - 1\} \\
&= \mu_B^{0S} - \mu_A^{0S} + (1 - 2x_B^S)\Omega_S + RT \ln \frac{x_B^S}{1 - x_B^S} \\
&= 0
\end{aligned} \tag{4.49}$$

となる．ここで簡単のために，$\mu_B^{0S} - \mu_A^{0S} = 0$ としても議論に大きな変更は起きない．これは固相での純粋な A および B の化学ポテンシャルの差をゼロとしていて，いわば固相を基準にした近似になっているので，「固相基準」といわれる．図 4.9 も少し表現は異なるが，固相基準として描かれているといえる．したがって，求める条件式は，

$$\ln\frac{x_{\mathrm{B}}^{\mathrm{S}}}{1-x_{\mathrm{B}}^{\mathrm{S}}} = \frac{\Omega_{\mathrm{S}}}{RT}(2x_{\mathrm{B}}^{\mathrm{S}} - 1) \tag{4.50}$$

となる．この条件式の解が2つ以上存在すれば，相分離を起こす必要条件となる．ここで，式 (4.50) を解析的に解くことはできない．しかしながら，平均場近似では，以下のようにこの問題をうまく作図による議論で解決することができる．

式 (4.50) の左辺の関数を $y = f(x_{\mathrm{B}})$, 右辺を $y = g(x_{\mathrm{B}})$ と置くと，式 (4.50) は，数学的には方程式 $f(x_{\mathrm{B}}) = g(x_{\mathrm{B}})$ を解く問題と考えることができる．図 4.10 に f および g (縦軸) を x_{B} (横軸) の関数として示す．このように，$g(x_{\mathrm{B}})$ は $(x_{\mathrm{B}}, y) = (0.5, 0)$ を通り，傾きが $2\Omega_{\mathrm{S}}/RT$ の直線であり，一方，$f(x_{\mathrm{B}})$ は，$(x_{\mathrm{B}}, y) = (0.5, 0)$ を通り，$x_{\mathrm{B}} > 0.5$ では下に凸，$x_{\mathrm{B}} < 0.5$ では上に凸であり，$x_{\mathrm{B}} \to 1$ で ∞ へと向かい，$x_{\mathrm{B}} \to 0$ で $-\infty$ へと向かっていく特徴的な形をしていることがわかる．この図 4.10 のように $f(x_{\mathrm{B}})$ と $g(x_{\mathrm{B}})$ が3点で交われば，$f(x_{\mathrm{B}}) = g(x_{\mathrm{B}})$ が3つの解を持つことになり，3つの極値をとることがわかる．図 4.9 に戻って考えると，この場合3つの極値は2つの極小と $x_{\mathrm{B}} = 0.5$ の1つの極大に対応していて，ちょうど求める場合に対応している．直線 $y = g(x_{\mathrm{B}})$ の傾きは $2\Omega_{\mathrm{S}}/RT$ であるので，温度が上がっていくとこの直線の傾きが小さくなり，$(x_{\mathrm{B}}, y) = (0.5, 0)$ における曲線 $y = f(x_{\mathrm{B}})$ の微係数より小さな傾きになると，方程式 $f(x_{\mathrm{B}}) = g(x_{\mathrm{B}})$

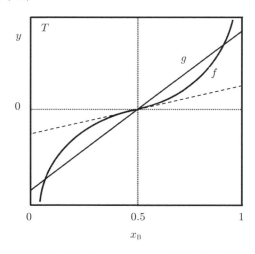

図 4.10 ある温度 T での関数 $f(x_{\mathrm{B}})$, $g(x_{\mathrm{B}})$ の振る舞い．破線は $x_{\mathrm{B}} = 0.5$ での $f(x_{\mathrm{B}})$ の微係数を傾きとする直線．

は解を $(x_B, y) = (0.5, 0)$ の1つしか持たなくなる．その際，自由エネルギー組成曲線は $x_B = 0.5$ に1つの極小をとるのみとなって相分離は起きない．したがって，相分離を起こす・起こさないという場合の境界は $y = g(x_B)$ の傾き $2\Omega_S/RT$ が $(x_B, y) = (0.5, 0)$ における曲線 $y = f(x_B)$ の微係数と一致したときであり，相分離現象の相転移点 T_c となっているのである（$g(x_B)$ が図 4.10 の破線のときに対応）．T_c を求めるために $y = f(x_B)$ を x_B で微分すると，

$$\frac{\partial f}{\partial x_B} = \frac{1}{x_B} + \frac{1}{1 - x_B} \quad (4.51)$$

となり，$x_B = 0.5$ での f の微係数（傾き）は $\partial f/\partial x_B|_{x_B=0.5} = 4$ となることがわかる．したがって，

$$T_c = \frac{\Omega_S}{2R} \quad (4.52)$$

と求めることができ，この T_c 以下の温度で相分離が起こることになる．ここで，二元系の固相は $\Omega_S > 0$ ならば有限の T_c を持つことになり，熱力学的に必ず相分離を起こすという結論に至るのである．

相分離を起こす境界線は，式 (4.50) の解であるが，これを表すと**図 4.11** の実線のようになる．これを**バイノーダル (binodal) 相分離曲線，バイノーダルライン**という．Node は「こぶ」というような意味であり，図 4.9 の2つの極小点をつないだラインがバイノーダルライン（図 4.11 の実線）であるので，ふたこぶ（バイノード）

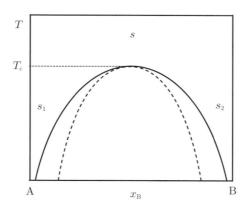

図 4.11 相分離曲線．実線はバイノーダルライン (binodal line, miscibility gap line ともいう)，破線はスピノーダルライン (spinodal line) を示す．

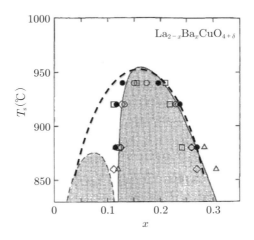

図 4.12 銅酸化物高温超伝導体 $La_{2-x}Ba_xCuO_{4+\delta}$ での相分離曲線．$x = 1/8$ あたりに特異点があるように見える (1/8 問題) (K. Yoshimura, H. Kubota, H. Tanaka, Y. Date, M. Nakanishi, T. Ohmura, N. Saga, T. Sawamura, T. Uemura, and K. Kosuge, J. Phys. Soc. Jpn. **62**, 1114 (1993) に全体の相分離曲線に当たる破線を書き加えてある) (2.1 節，例 2.1 参照)．

の間で起こる相分離という意味でバイノーダル相分離といわれている．温度が低下し，T_c で系が溶解度限界に達して 2 相に分裂するという意味で，**溶解度ギャップ** (miscibility gap) **線**とよぶこともある．バイノーダルラインの中でも相分離した 2 つの固相の量比において，やはり「てこの原理」が成立する．銅酸化物高温超伝導体におけるバイノーダル相分離の例を**図 4.12** に示す．$La_{2-x}Ba_xCuO_4$ というベドノルツ (Bednorz) とミュラー (Müller) が発見し，銅酸化物高温超伝導の契機となった物質であるが，$x \sim 0.16$ あたりの組成の物質 (固溶体) においてこの系の最高の超伝導転移温度 $T_c \sim 30$ K を示すことが注目され，彼らのノーベル物理学賞に結びついた系である (J. G. Bednorz and K. A. Müller, Z. Phys. B **64**, 189 (1986))．この系は，4.1 節で例として触れたように，モット型絶縁体 La_2CuO_4 において La^{3+} を Ba^{2+} で置換することによって，系にキャリア (ホール) を注入して超伝導を発現させている系であるが，平衡状態図論的には $La_{2-x}Ba_xCuO_4$ という擬二元系で表現できる系である．この系を注意深く熱平衡状態として合成すると，図 4.12 に見られるように $x \sim 0.16$ を中心に相分離を起こし，超伝導を示さなくなることが明らかになっている．この銅酸化物高温超伝導体では，急冷に

4.6 固相の相平衡：相分離現象　73

よって準安定な均一固溶体が高温超伝導発現にとって本質的なのかもしれず，超伝導発現機構とも関係し興味を持たれている．

さて，ここで相分離についてさらに詳しく議論しよう．相分離を起こすバイノーダルの自由エネルギー組成曲線である図 4.9 の一部の拡大を**図 4.13** と**図 4.14** に示す．図 4.13 は，図 4.9 の $x_2 < x_B < x_3$ の領域の拡大である．平衡状態ではバイノーダル相分離を起こす系であっても，相分離は自由エネルギーの微妙な大小関係で起こるので，急冷すると準安定な均一固溶体を作ることができる場合がよ

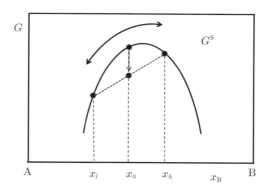

図 4.13　自由エネルギー組成曲線の拡大図 1（上に凸 $\left(\dfrac{\partial^2 G}{\partial x^2} < 0\right)$ の部分）．

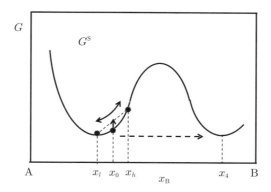

図 4.14　自由エネルギー組成曲線の拡大図 2（下に凸 $\left(\dfrac{\partial^2 G}{\partial x^2} > 0\right)$ の部分）．

くある．ここで，もし $x = x_0$ の組成で母物質を秤量し，液相状態まで持っていって，それを急冷して，非平衡状態として均一固溶体である実線上の黒丸の点が実現したとしよう．その際，左右に向かう矢印のように x_0 の両側の組成，例えば，x_l, x_h に相分離を起こすと考えられるが，その際，図 4.13 に示すように (下方へ向かう矢印) 全自由エネルギーは必ず減少し相分離を助長していき，平衡点である x_1 と x_4 へと向かっていく．例えば，**図 4.15** に示すように組成の揺らぎが起こると，この領域では，揺らぎの振幅がどんどん助長されて相分離が進行していくことになる．

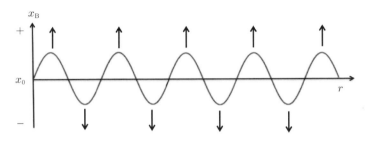

図 4.15 スピノーダル分解における組成の揺らぎ．

以上の議論を一般的にまとめると，$\Omega_S > 0$ ならばバイノーダルラインが存在するが，バイノーダルラインの内側に G^S の 2 階微分が負 $\left(\dfrac{\partial^2 G^S}{\partial x_B^2} < 0\right)$ となる領域が必ず存在し，その領域では組成の揺らぎが起こったほうが系の自由エネルギーが減少し安定化されて，組成揺らぎはどんどん助長され，相分離が進行していく．この領域はバイノーダルの自由エネルギー組成曲線の変曲点，言い換えると，G^S の 1 階微分曲線が 2 つの極大 (ノード)，すなわち，ねじれたノード (スピノーダル (spinodal)) の間で起こるので，この現象をスピノーダル分解とよび，各温度での変曲点 $\left(\dfrac{\partial G^S}{\partial x_A} = 0,\ \text{ここでは}\ x_2\ \text{と}\ x_3\ \text{に対応}\right)$ を結んだ曲線はスピノーダルライン (図 4.11 の破線) とよばれる．スピノーダル分解では，このように長距離の原子 (分子) の拡散は必要ないので，無拡散相分離ともいわれる．

他方，図 4.14 のようにバイノーダル相分離曲線の内側で，しかも自由エネルギー組成曲線の下に凸の部分，具体的には，$x_1 < x_0 < x_2$, $x_3 < x_0 < x_4$ の部分 (図 4.11 の実線 (バイノーダルライン) と破線 (スピノーダルライン) の間の領域)

では，組成の揺らぎが起こって相分離しようとしても全自由エネルギーは増大する方向に向かってしまう (図 4.14 の上向きの矢印) ため，このような相分離は起きない．その際，非平衡状態の均一固溶体状態が平衡状態であるバイノーダル相分離を起こすためには，反対側 (図 4.14 では，x_4 近傍) の組成の部分が**核** (エンブリオ，embryo) となって生成し成長する，**核生成・成長** (nucleation & growth) という，拡散過程が必要であり，なかなか起こりにくいと考えられる．したがって，いったん，非平衡相としての均一固溶体ができてしまうと相分離現象を完結させ平衡状態まで持っていくのは難しいという実験的な問題も存在し注意を要する．

「相分離」の本節の最後に，スピノーダルラインを解析的に求めておこう．変曲点の組成に対応するので，

$$\frac{\partial^2 G}{\partial x_{\mathrm{B}}^2} = -2\Omega + RT\left(\frac{1}{x_{\mathrm{B}}} + \frac{1}{1-x_{\mathrm{B}}}\right) = 0 \tag{4.53}$$

すなわち，

$$x_{\mathrm{B}}^2 - x_{\mathrm{B}} + \frac{RT}{2\Omega} = 0 \tag{4.54}$$

の解である．これは二次方程式の解であって，$\dfrac{\partial^2 G}{\partial x_{\mathrm{B}}^2} \le 0$ となるスピノーダル分解を起こすのは，

$$\frac{1 - \sqrt{1 - \dfrac{2RT}{\Omega}}}{2} \le x_{\mathrm{B}} \le \frac{1 + \sqrt{1 - \dfrac{2RT}{\Omega}}}{2}$$

または $\dfrac{1 - \sqrt{1 - \dfrac{T}{T_{\mathrm{c}}}}}{2} \le x_{\mathrm{B}} \le \dfrac{1 + \sqrt{1 - \dfrac{T}{T_{\mathrm{c}}}}}{2}$ $\tag{4.55}$

の領域と求められる．

4.7　相分離と共晶系：計算機シミュレーションによる平衡状態図

4.6 節で見たように，$\Omega_{\mathrm{S}} > 0$ の固相では，温度が T_{c} より下がると相分離が起こる．その際，液相の自由エネルギー組成曲線 G^{L} が絡んでくると，様々な平衡状態図 (相図) が存在し得る．その 1 つの典型例として共晶系の相図が現れる場合について，計算機シミュレーションで得られる平衡状態図を示しながら説明しよう．**図 4.16** に $\Omega_{\mathrm{S}} > 0$ の場合の自由エネルギー組成曲線の一例を示す．ここでは，A および B の融

76　第4章　固体結晶の熱力学と平衡状態図論

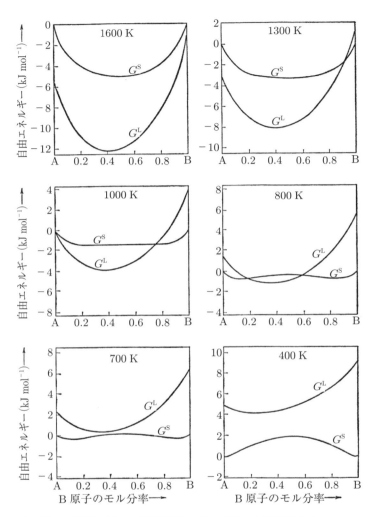

図 4.16 様々な温度の下での正則溶体モデルを用いた計算機シミュレーションによる自由エネルギー組成曲線 (金属材料基礎学 (1978)[7]).

点をそれぞれ $T_{fA} = 1000$ K, $T_{fB} = 1500$ K として $\Omega_L = 0$, $\Omega_S = 16.7$ kJ mol^{-1} を採用している．また，固相基準を採用していて，以下に示すような簡単な熱力学的考察から，$\Delta H_{fA} = 8.37$ kJ mol^{-1}, $\Delta H_{fB} = 12.55$ kJ mol^{-1} として用いて G^L, G^S の計算を行っている．

4.7 相分離と共晶系：計算機シミュレーションによる平衡状態図   77

以下に，液相と固相の間の簡単な熱力学的な議論を記そう．ここでは A, B の金属元素を想定し，ある温度 T での固体状態の純金属の化学ポテンシャルの値は絶対零度での凝集エネルギー H^0 と温度 T までの定圧比熱 C_p が実測されていれば，有限温度 T での化学ポテンシャル μ^0 は次のように求められる．

$$\mu^0 = H^0 + \underbrace{\int_0^T C_\mathrm{p} dT}_{(\text{エンタルピー項})} - \underbrace{T \int_0^T \frac{C_\mathrm{p}}{T} dT}_{(\text{振動のエントロピー項})} \tag{4.56}$$

また，純金属 A の融点 T_fA 近傍において，以下の関係が成り立つ．

$$\mu_\mathrm{A}^\mathrm{0L} - \mu_\mathrm{A}^\mathrm{0S} = \underbrace{\Delta H_\mathrm{fA}}_{(\text{融解熱})} - \underbrace{T \Delta S_\mathrm{fA}}_{(\text{融解エントロピー})} \tag{4.57}$$

同様に純金属 B に関しても，

$$\mu_\mathrm{B}^\mathrm{0L} - \mu_\mathrm{B}^\mathrm{0S} = \Delta H_\mathrm{fB} - T \Delta S_\mathrm{fB} \tag{4.58}$$

が成り立つ．

さらに，以下の**リチャードの法則** (Richard's law) が成り立つと仮定する．

$$\Delta H_\mathrm{f}/T_\mathrm{f} = \Delta S_\mathrm{f} = R = 8.3\,(\mathrm{J\,mol^{-1}\,K^{-1}}) \tag{4.59}$$

この法則は，多くの金属で確認されている．

ここで，$T_\mathrm{fA} = 1000\,\mathrm{K}$, $T_\mathrm{fB} = 1500\,\mathrm{K}$ と**融点** (fusion point) を決めると，$\Delta H_\mathrm{fA} = 8.37\,\mathrm{kJ\,mol^{-1}}$, $\Delta H_\mathrm{fB} = 12.55\,\mathrm{kJ\,mol^{-1}}$ と決まるのである．

正則溶体モデルにこれらのパラメーターを導入して様々な温度においてモル自

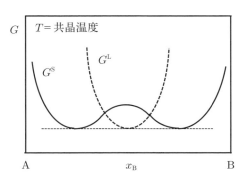

図 4.17 共晶温度における液相と固相の自由エネルギー組成曲線 G^L, G^S. G の 3 つの極小点に 1 本の共通接線が引ける．

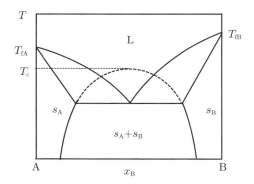

図 4.18 相分離曲線と共晶系平衡状態図．相分離曲線が**共晶線**によって切られている．

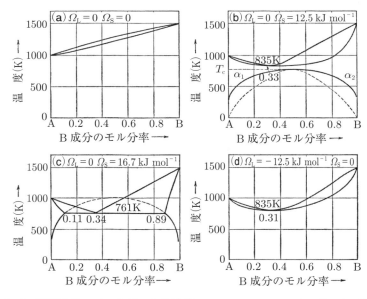

図 4.19 正則溶体モデルを用いた計算機シミュレーションによる様々な平衡状態図．シミュレーションで用いられた相互作用パラメーターの値も記されている (金属材料基礎学 (1978)[7]).

由エネルギー組成曲線を計算したのが図 4.16 である．この図を見ると $T = 1000$ K で，G^S の底が平坦になり，2 つの極小をとり始めているが，まだ G^L が G^S と交叉するような位置関係である．したがって，固相が相分離状態にある温度で，ま

だ液相の自由エネルギーも低く, 図 4.16 の $T = 800\,\mathrm{K}$ では, 図 4.7 の $T = T_3$ の場合のように, A 側, B 側の 2 箇所で G^L と G^S とに異なる共通接線が引ける状況であることがわかる. この図 4.16 にはないが, $T = 761\,\mathrm{K}$ で図 4.17 に示すように G^S の 2 つの極小の部分と G^L に 1 本の共通接線が引けるようになる. これが**共晶温度**での状況となる. このような場合の模式的な共晶系平衡状態図を**図 4.18**に示す. バイノーダル相分離曲線が**共晶線**によって切られ, 共晶系の平衡状態図になることがわかる. 実際の図 4.16 から求められた状態図を含め, 様々なパラメーター Ω_S, Ω_L で計算された自由エネルギー組成曲線から数値シミュレーションで求められた平衡状態図をパラメーター Ω_S, Ω_L の値とともに**図 4.19**に示す. 図 4.16 から求められた状態図は図 4.19(c) である. このように正則溶体モデルを用いた計算機シミュレーションによって, 全率固溶系 (a) や共晶系 (c) など様々な平衡状態図が求められ, 実験を再現しているのである.

4.8　包晶反応と中間相の生成

4.7 節で共晶反応について説明したが, 共晶反応は状態図の両端に当たる純粋な A と B の融点がそれほど違わない場合に現れる. 一方, 両端の融点が大きく異なる場合は包晶反応が不変反応として現れることがよくある. その典型的な例として Ag–Pt 二元合金系平衡状態図を**図 4.20**に示す. Ag と高融点金属の Pt とは 2 倍近くも融点が異なり, この図には $T = 1186℃$ に,

$$\mathrm{L}(x_\mathrm{p}) + \alpha(x_\alpha) \leftrightarrow \beta(x_\beta) \tag{4.60}$$

という不変反応が含まれている. この不変反応では**図 4.21**にその組織図を模式的に示すが, 液相の中に Pt 側の均一固溶体の α 相が浮かび, その境界 (α 相の表面) に目的物である Ag 側の固溶体の β 相が式 (4.60) によって形成される. このように, この不変反応では, 目的物である β 相が原料である α 相を包み込むように形成されるので, **包晶反応** (peritectic (ペリテクティック) reaction) という. その生成過程ゆえに, 包晶反応では, いったん目的物である β 相ができるとさらに反応が進むためには A, B の金属原子が生成物である β 相の中を拡散して移動する必要がある. そのため, 包晶反応では β 相内の拡散が遅い場合 (9 章参照), なかなか反応が進まないという問題点が存在する. しかしながら, 包晶反応は中間相を生成

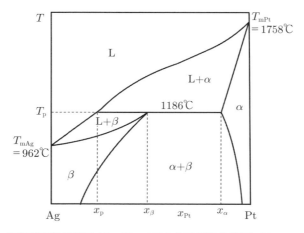

図 4.20 包晶系平衡状態図 (Ag–Pt 二元合金系平衡状態図) (Constitution of Binary Alloys, M. Hansen, McGraw-Hill を参考に簡略化した状態図). T_p は**包晶温度**, x_p は**包晶組成**であり, 点 (x_p, T_p) は**包晶点**とよばれる.

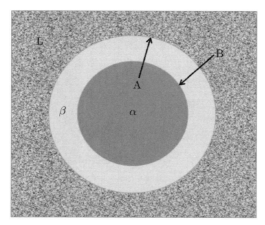

図 4.21 包晶反応 $(L + \alpha \Rightarrow \beta)$ 進行中の組織の模式図.

するので, 新物質合成などでは非常に重要な不変反応である. 図 4.22 に包晶反応が 2 つ存在する場合の典型的な平衡状態図の模式図を示す. この図で見てとれるように $L + \beta \Rightarrow \gamma$ の包晶反応によって中間相の γ 相が生成する. この包晶反応の

4.8 包晶反応と中間相の生成　81

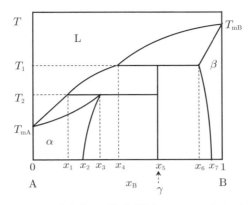

図 4.22 包晶反応が 2 つ存在する平衡状態図. $T = T_1$ および T_2 において**包晶線**が見てとれる. γ 相が中間相として $T = T_1$ における包晶反応で生成する. T_{mA}, T_{mB} はそれぞれ A, B の融点 (melting point または fusion point).

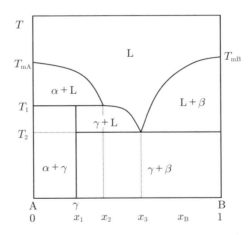

図 4.23 包晶反応と共晶反応が存在する平衡状態図.

包晶点は液相の組成を決めている点 (x_4, T_1) である. $T = T_2$ における包晶反応の包晶点は点 (x_1, T_2) である. さらに, 共晶反応と包晶反応が存在する典型的な平衡状態図を**図 4.23** に示す. この図では, $L + \alpha \Rightarrow \gamma$ の包晶反応で中間相の γ 相ができる. この場合の包晶点は点 (x_2, T_1) である. また, 図 4.22 や図 4.23 のように中間相が A–B の間にきっちりとした整数比の関係の場合も多く, このような中間

相は**定比化合物** (または**化学量論的化合物** (stoichiometric compound)) といわれる. 他方, **不定比化合物** (**非化学量論的化合物** (non-stoichiometric compound)) という中間相自体に組成の幅を持つものも少なくないし, ギッブスの相律的にも可能である[10]. 図 4.22 に少し変更を加えて, 中間相である γ 相に不定比 (組成の幅: 低温において $x'_5 \sim x_5$) が存在する場合の状態図を**図 4.24** に示す. この図のように, ギッブスの相律の要請で, 中間相 γ が不変反応である包晶線にぶつかるときには必ず 1 つの組成に収束していなければならないことに注意しよう.

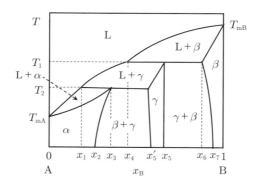

図 4.24 包晶反応が 2 つ存在する平衡状態図 2：中間相の γ 相に組成の幅 $(x'_5 \sim x_5)$ が存在する場合.

これらは模式的な (理想的な) 状態図であるが, 実際は包晶反応で中間相ができる例は種々存在し, このような状態図の系は中間相としての新物質の宝庫ともいえる. その典型的な実例を**図 4.25** および**図 4.26** に示す. 図 4.25 は Al–Ca 二元合金系の状態図である. 中間相である $CaAl_4$ が 700℃ での包晶反応で生成することがわかる. 図 4.26 は Co–Gd 二元合金系の状態図である. この図には $GdCo_2$, $GdCo_3$, $GdCo_4$ など多くの中間相である金属間化合物が包晶反応で形成されることがわかる. この Gd–Co 系のように希土類元素 (Gd は典型的な希土類金属) と 3d 遷移金属の間の相図は類似のものが多く (特に 3d 元素として, Fe, Co, Ni などの場合), 図 4.26 のような相図になる場合が多い.

また, 図 4.25, 4.26 の状態図には, $CaAl_2$ や $GdCo_5$ など, 液相まで突き抜けている中間相化合物が存在していることがわかる. これらは**調和溶融** (または**調和融解**, congruent melting) によって液相から直接生成される. 逆に, 中間相の温

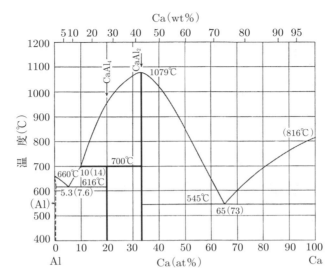

図 4.25 Al–Ca 二元合金系平衡状態図 (Constitution of Binary Alloys (1958)[1]).

度を上げると中間相がいきなり溶融して液相になる (中間相の融点). このように新物質としての中間相物質は, 包晶反応や調和溶融によって生成されるのである. 強力な永久磁石材料である $SmCo_5$ (サマリウム・コバルト磁石) や $Nd_2Fe_{14}B$ (ネオジウム・鉄・ホウ素 (ボロン) 磁石の主相) などの実用化されている永久磁石材料[16] も包晶反応や調和溶融によって合成される.

包晶反応は, 中間相を生成し, それが物性研究での新物質となる可能性も高く, 新物質探索において重要であることを記したが, 上述のようにその反応過程故に, 包晶反応がなかなか進まず, 包晶反応では中間相の単一相を得ることは一般に難しい. しかしながら, 平衡状態図の知識があれば, それを利用して中間相の単一相や単結晶を作ることも可能になる. 例えば, 図 4.22 の γ 相を合成するには, γ 相の組成である $x_B = x_5$ の組成で A–B を秤量して仕込んでしまっては, その冷却過程でなかなかうまく平衡相である中間相の単相が得られない. そこで, このような包晶反応系の中間相を取り出す場合には, 図 4.22 の点 (x_1, T_2) と点 (x_4, T_1) の間の液相線を利用して合成するのがよい. すなわち, $x_1 < x \leq x_4$ の組成 (てこの原理からなるべく x_4 に近いほうが γ 相の収率が上がる) で仕込みいったん均一な液相まで持っていって T_1 から T_2 まで徐冷し, 最終的には $T = T_2$ の直上で温度を

84　第4章　固体結晶の熱力学と平衡状態図論

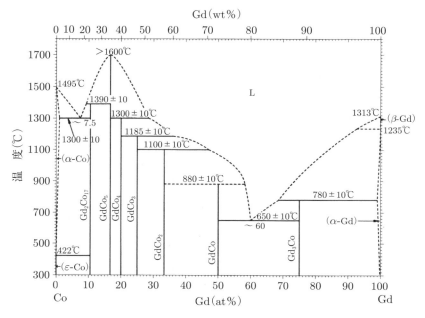

図 4.26 Co–Gd 二元合金系平衡状態図 (Binary Alloy Phase Diagrams Volume 1 (1986)[5]).

ホールドして γ 相を合成するのが常套手段である．こうすると，液相に γ 相が浮いている状態を実現でき，包晶反応に邪魔されずに γ 相を成長させることができるのである．

4.9　不変反応と平衡状態図

一元系での 2 相共存状態 (圧力一定)，二元系での 3 相共存状態 (圧力一定) など，系が $f=0$ となる状態 (化学反応を起こしている状態) にあるとき，その系を不変系とよび，その際の化学反応を不変反応 (温度，圧力，組成が一定) という．共晶反応，包晶反応など，様々な不変反応が相図上に現れ，大変重要な役割を果たす．以下に二元系におけるその例を示す．

- **共晶反応**

$$L(l_E) \leftrightarrow \alpha(S_\alpha) + \beta(S_\beta) \tag{4.47}'$$

例：Pb–Sn, Ag–Cu, Au–Co, Bi–Sn, Al–Si, Ag–Ge, Ag–Pb, In–Zn など
この反応は，液相から二種の固相 α, β が共に晶出するので**共晶反応** (eutectic reaction) というが，共晶反応を起こしている線分を共晶線，この反応を起こしている温度を共晶温度，その際の液晶の組成 $x = l_E$ を共晶組成とよぶ．典型的な例である Pn–Sn 系は図 4.8 に示してある．

- **共析反応**

$$\alpha \leftrightarrow \beta + \gamma \tag{4.61}$$

例：In–Tl, Fe–C, Th–Y など
共晶反応の場合と同じ形の状態図であるが，高温相が液相ではなく，固相 (ここでは α 相) である．**共析反応** (eutectoid reaction) は，液相からでなく，ある固相 (ここでは α 相) から 2 つの固相 (β 相と γ 相) が生成される反応である．

- **包晶反応**

$$L(l_P) + \alpha(s_\alpha) \leftrightarrow \beta(s_\beta) \tag{4.60}'$$

例：Ag–Pt, Cu–Fe, Co–Cu, Cd–Hg, Mg–Zr, Fe–C など
この反応は，液相と 1 つの固相 α から別の固相 β が生成する．その生成物 β が原料である液相と固相 α の間に生成する．すなわち，固相 α を包み込む形で目的物の β が生成するので，**包晶反応** (peritectic reaction) といわれる．また，原料である α 相の周りに β 相ができてしまうため，この反応は，継続して反応が進みにくいという特徴がある．しかしながら，新たな固相 β を作る反応であり，新物質探索の際に非常に重要な反応である．図 4.20 の Ag–Pt 系が典型的な例であるが，図 4.25 (Al–Ca 系)，図 4.26 (Gd–Co 系) のように包晶反応を含む例はたくさん存在する．ここではもう 1 つの例として，鉄鋼の分野で非常に重要な Fe–C 二元系の平衡状態図を**図 4.27** に，Cu–Zn 系の平衡状態図を**図 4.28** に示す．4.1 節で同素変態について例として示したが，図 4.27 の鋼 (Fe–C 系) の状態図では，

$$L + \delta \Rightarrow \gamma \tag{4.62}$$

液相 L と bcc 構造の固相である δ 相 (δ 鋼) とから，fcc 構造の γ 相 (γ 鋼) が生成される．また，図 4.28 の Cu–Zn 系では，β, γ, δ, ε と多くの中間相が包晶反応によって形成される．

- **包析反応**

$$\alpha + \beta \leftrightarrow \gamma \tag{4.63}$$

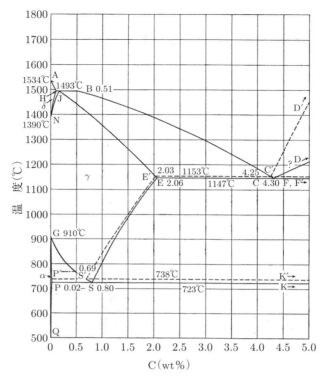

図 4.27 Fe–C 二元系平衡状態図 (鋼の状態図) (Constitution of Binary Alloys (1958)[1]).

例：Cu–Si, Co–Mn など

包晶反応の場合と同じ形の状態図になるが，**包析反応** (peritectoid reaction) では，液相とある固相からでなく，ある固相 (ここでは α 相) と別の固相 (β 相) から 1 つの固相 (γ 相) が生成される反応である．

● **偏晶反応**

$$L_1(m) \leftrightarrow L_2(l) + \alpha(s) \tag{4.64}$$

例：Cu–Pb, Zn–Pb, Al–Cd, Zn–Bi, Cr–Cu, Cu–V, Cu–U など

図 4.29 に**偏晶反応** (monotectic reaction) 系の状態図を示す．このようにドーム型に液相が 2 つの液相 (L_1 と L_2) に相分離する系で，液相の相互作用パラメー

4.9 不変反応と平衡状態図　87

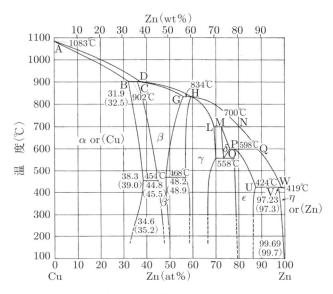

図 4.28 Cu–Zn 二元合金系平衡状態図 (Constitution of Binary Alloys (1958)[1]).

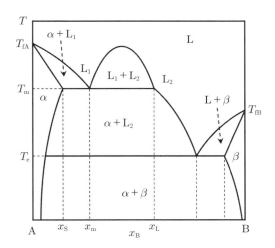

図 4.29 偏晶反応系 A–B 二元平衡状態図の模式図．T_m は偏晶温度，T_e は共晶温度，T_{fA} と T_{fB} はそれぞれ A, B の融点．

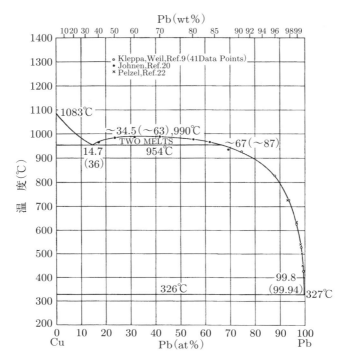

図 4.30 偏晶反応系二元平衡状態図の例：Cu–Pb 系 (Constitution of Binary Alloys (1958)[1]).

ターが $\Omega_L > 0$ の場合である．式 (4.64) 中の m, l, s は，図 4.29 の点 x_m, x_L, x_S の組成を示す．**図 4.30** に偏晶反応系の二元平衡状態図の典型的な実例として Cu–Pb 系の相図を示す．

- **偏析反応**

$$\alpha_1 \leftrightarrow \alpha_2 + \beta \tag{4.65}$$

例：Al–Zn, Hf–Ta, Nb–Zr (β 相：bcc, α 相：hcp) など

偏晶と同様であり，偏晶の固相版 (上式の左辺) である．固相が相分離し，式 (4.65) の**偏析反応** (monotectoid reaction) となる系である．

- **中間相が存在する系**

調和溶融 (液相から同じ組成の固相が凝縮して晶出する反応，またその逆反応) や包晶反応によって中間相を含む平衡状態図は新物質合成において大変重要である．

例：Al–Ca, Al–Cu, Cu–Zn, 希土類金属–3d 遷移金属系など

包晶反応ので中間相が現れる系については包晶反応のところで説明したので，ここでは調和溶融によって中間相が現れる典型例を図 4.25 (Al–Ca 系), 図 4.26 (Gd–Co 系) に示してあることを記しておこう．

4.10 三元系平衡状態図

4.2 節, "相律" で説明したように，三元 (A–B–C) 系では組成の自由度が 2 つであるため ($x_A + x_B + x_C = 1$)，圧力一定であっても，温度と合わせて 3 つの自由度が存在し，平衡状態図も 3 つの軸で三次元的に (立体図で) 表さないといけない[11]．図 4.31 に典型的な三元系平衡状態図を示す．このように立体的な平衡状

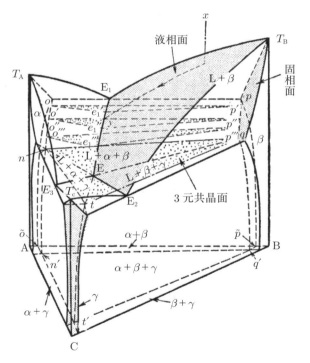

図 4.31　三元系平衡状態図の例 (金属材料基礎学 (1978)[7]).

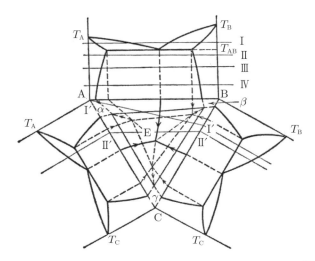

図 4.32 三元系平衡状態図の展開図 (金属材料基礎学 (1978)[7]).

態図となり,より複雑なものとなる.しかしながら,その展開図を**図 4.32** に示すが,図 4.31 の三角柱型平衡状態図の 3 つの側面は二元系平衡状態図になっているので,二元系と同様に理解が可能である.この典型的な例では,三元系のうち,どの二元をとっても共晶系となっているものを示している.二元系 (圧力一定) で不変反応 (3 相共存) は線分で表されたが,三元系では,不変反応 (圧力一定で 4 相共存,ここでは,L と α,β,γ) は有限な平面 (ここでは三角形) であり共晶面といわれる.図 4.31 の点 E は共晶点 (組成) である.三次元的な立体図ではわかりにくい面もあるので,三元系の場合には,二次元的に表すために,図 4.31 のような立体図的な平衡状態図をある一定の温度で切りとった,三角状態図で表すことがよくある.その例を**図 4.33** に示す.実験的にはこのような三角状態図で表し整理するのが便利であり,研究論文などでよく用いられる.

4.11 ブラッグ–ウィリアムズ近似の応用例：秩序・無秩序相転移

正則溶体近似 (Bragg–Williams 近似) を用いて解くことができる例として,4.6 節で固相の相分離問題を取り上げたが,ここではもう 1 つの典型例として A–B 二元系での**秩序・無秩序相転移** (または**規則・不規則相転移**,order-disorder phase

4.11 ブラッグ–ウィリアムズ近似の応用例：秩序・無秩序相転移　91

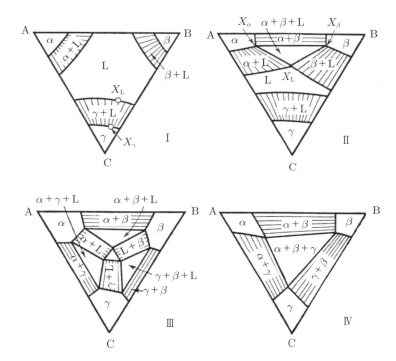

図 4.33 三元系平衡状態図を様々な温度で切った三角状態図 (金属材料基礎学 (1978)[7]).

transition) の問題を紹介しよう．ここで紹介するのは相分離問題 (4.6 節) と同様，平均場近似の典型的な解き方についての解説にもなっているので，10 章，"相転移熱力学"で記述するほうがよいかもしれないが，トピックスとしては平衡状態図論の内容なので，あえてこの 4 章で取り上げることとする．

　正則溶体モデルを用いて，以下に合金や無機化合物でよく見られる規則・不規則相転移について考える．この相転移で有名な物質は，β 真鍮 (しんちゅう) として知られる Cu–Zn である．図 4.28 にこの系の平衡状態図を示してある．Cu と Zn が約 50–50 at% のあたりにやや組成の幅を持って β 真鍮相が存在する．この系では Cu が面心立方格子 (fcc 構造) の最密構造をとり，Zn が六方最密構造 (hcp 構造) をとるが，中間相の β 真鍮相は密度の低い体心立方格子 (bcc 構造) をとることが知られている．さらに図 4.28 の平衡状態図上で β 真鍮相には 460°C 付近

92　第 4 章　固体結晶の熱力学と平衡状態図論

に斜めの線が引いてあり，その線より高温側が β 相，低温側は β' 相と記されている．この β 相 $\Rightarrow$ β' 相の変化が規則・不規則相転移となっている．すなわち，完全に不規則 (random) な bcc 構造の β 真鍮相から CsCl 型に秩序化した構造の β' 真鍮相に構造相転移するのである．通常使われている真鍮は β' 相である．

　ここでこの規則・不規則相転移を考えるが，Cu と Zn を 0.5 mol ずつ合計 1 mol (アボガドロ定数 N 個) 混合して合成した理想的な場合を想定する．高温では Cu, Zn が体心立方格子 (bcc 構造) 上に無秩序に (不規則に) 配置しているが，相転移温度 T_c を境に低温では CsCl 型の構造に秩序化が起こるとする．T_c 以下の有限の温度では秩序化は完全ではなく，その度合を表す相転移の秩序変数 Φ を導入しよう．すなわち，$T = 0\,\mathrm{K}$ で $\Phi = 1$，$0 < T < T_c$ で $0 < \Phi < 1$，$T \geq T_c$ で $\Phi = 0$ となる．ここで，体心立方格子 (bcc 構造) の単位格子内の 2 つの原子座標である $(0, 0, 0)$ (以後，α サイトとよぶ) と $\left(\dfrac{1}{2}, \dfrac{1}{2}, \dfrac{1}{2}\right)$ (以後，β サイトとよぶ) とを考え，完全に秩序化した状態で Cu がすべて α サイトを，Zn がすべて β サイトを占めた場合を想定する．また，α サイトを占めている Cu の個数を $[\mathrm{Cu}]_\alpha$ とし，同様に，$[\mathrm{Cu}]_\beta$，$[\mathrm{Zn}]_\alpha$，$[\mathrm{Zn}]_\beta$ を定義する．定義から，以下の関係式が常に成り立つ．

$$[\mathrm{Cu}]_\alpha + [\mathrm{Cu}]_\beta = [\mathrm{Zn}]_\alpha + [\mathrm{Zn}]_\beta = [\mathrm{Cu}]_\alpha + [\mathrm{Zn}]_\alpha = [\mathrm{Cu}]_\beta + [\mathrm{Zn}]_\beta = \frac{N}{2} \tag{4.66}$$

秩序変数 Φ はこの場合，

$$\Phi = \frac{[\mathrm{Cu}]_\alpha + [\mathrm{Zn}]_\beta - [\mathrm{Cu}]_\beta - [\mathrm{Zn}]_\alpha}{N} \tag{4.67}$$

ととればよいことがわかる．

　ある温度 T で秩序変数が Φ であるとし，そのときの $[\mathrm{Cu}]_\alpha$，$[\mathrm{Cu}]_\beta$，$[\mathrm{Zn}]_\alpha$，$[\mathrm{Zn}]_\beta$ を N と Φ を用いて表そう．式 (4.67) において，

$$\begin{cases} [\mathrm{Zn}]_\beta = [\mathrm{Cu}]_\alpha \\[2mm] [\mathrm{Zn}]_\alpha = [\mathrm{Cu}]_\beta = \dfrac{N}{2} - [\mathrm{Cu}]_\alpha \end{cases} \tag{4.68}$$

であることに注意して，

$$\Phi = \frac{[\mathrm{Cu}]_\alpha + [\mathrm{Zn}]_\beta - [\mathrm{Cu}]_\beta - [\mathrm{Zn}]_\alpha}{N} = \frac{4[\mathrm{Cu}]_\alpha - N}{N} \tag{4.69}$$

と変形できる．これを逆に解いて，

4.11 ブラッグ–ウィリアムズ近似の応用例：秩序・無秩序相転移 93

$$\begin{cases} [\mathrm{Cu}]_\alpha = [\mathrm{Zn}]_\beta = \dfrac{N}{4}(1 + \Phi) \\[2mm] [\mathrm{Cu}]_\beta = [\mathrm{Zn}]_\alpha = \dfrac{N}{4}(1 - \Phi) \end{cases} \tag{4.70}$$

となる．これらの $[\mathrm{Cu}]_\alpha$, $[\mathrm{Cu}]_\beta$, $[\mathrm{Zn}]_\alpha$, $[\mathrm{Zn}]_\beta$ を用いて，正則溶体モデルを使って，温度 T での 1 モル当たりのギブスの自由エネルギー $G(\Phi)$ を求める．

まず，配置のエントロピーについては，α, β サイト別々に考え，それぞれのサイトでの Cu, Zn のモル分率が，

$$\begin{cases} x_{\mathrm{Cu}}^\alpha = [\mathrm{Cu}]_\alpha/N = \dfrac{1 + \Phi}{4} \\[2mm] x_{\mathrm{Zn}}^\alpha = [\mathrm{Zn}]_\alpha/N = \dfrac{1 - \Phi}{4} \end{cases}, \qquad \begin{cases} x_{\mathrm{Cu}}^\beta = [\mathrm{Cu}]_\beta/N = \dfrac{1 - \Phi}{4} \\[2mm] x_{\mathrm{Zn}}^\beta = [\mathrm{Zn}]_\beta/N = \dfrac{1 + \Phi}{4} \end{cases} \tag{4.71}$$

となるので，それらを式 (4.20) に代入して，

$$\begin{aligned} \Delta S_{\mathrm{m}} &= S_{\mathrm{CuZn}} - 2R\left\{ \frac{1 + \Phi}{4}\ln\left(\frac{1 + \Phi}{4}\right) + \frac{1 - \Phi}{4}\ln\left(\frac{1 - \Phi}{4}\right) \right\} \\ &= -\frac{R}{2}\left\{ (1 + \Phi)\ln(1 + \Phi) - 2(1 + \Phi)\ln 2 \right. \\ &\qquad \left. + (1 - \Phi)\ln(1 - \Phi) - 2(1 - \Phi)\ln 2 \right\} \\ &= -\frac{R}{2}\left\{ (1 + \Phi)\ln(1 + \Phi) + (1 - \Phi)\ln(1 - \Phi) - 4\ln 2 \right\} \end{aligned} \tag{4.72}$$

と求まる．

次に混合のエンタルピー項について求める．この場合，ペアの個数 N_{CuCu}, N_{ZnZn}, N_{CuZn} は，体心立方格子の配位数を $z = 8$ として，

$$N_{\mathrm{CuCu}} = [\mathrm{Cu}]_\alpha \times 8 \times \frac{[\mathrm{Cu}]_\beta}{N/2} = N(1 - \Phi^2) \tag{4.73(1)}$$

$$N_{\mathrm{ZnZn}} = [\mathrm{Zn}]_\beta \times 8 \times \frac{[\mathrm{Zn}]_\alpha}{N/2} = N(1 - \Phi^2) \tag{4.73(2)}$$

$$\begin{aligned} N_{\mathrm{CuZn}} &= [\mathrm{Cu}]_\alpha \times 8 \times \frac{[\mathrm{Zn}]_\beta}{N/2} + [\mathrm{Zn}]_\alpha \times 8 \times \frac{[\mathrm{Cu}]_\beta}{N/2} \\ &= 2N(1 + \Phi^2) \end{aligned} \tag{4.73(3)}$$

となる．したがって，エンタルピー項 H は，

94　第4章　固体結晶の熱力学と平衡状態図論

$$
\begin{aligned}
H &= N_{\text{CuCu}} E_{\text{CuCu}} + N_{\text{ZnZn}} E_{\text{ZnZn}} + N_{\text{CuZn}} E_{\text{CuZn}} \\
&= N(1 - \varPhi^2) E_{\text{CuCu}} + N(1 - \varPhi^2) E_{\text{ZnZn}} + 2N(1 + \varPhi^2) E_{\text{CuZn}} \\
&= 2N E_{\text{CuCu}} + 2N E_{\text{ZnZn}} + 2N \left(E_{\text{CuZn}} - \frac{E_{\text{CuCu}} + E_{\text{CuZn}}}{2} \right) \quad (4.74) \\
&\quad + 2N \varPhi^2 \left(E_{\text{CuZn}} - \frac{E_{\text{CuCu}} + E_{\text{ZnZn}}}{2} \right)
\end{aligned}
$$

となる．ここで，

$$
\begin{cases}
H_{\text{Cu}}^0 = \dfrac{1}{2} N z E_{\text{CuCu}} = \dfrac{1}{2} N \times 8 \times E_{\text{CuCu}} = 4N E_{\text{CuCu}} \\[2mm]
H_{\text{Zn}}^0 = \dfrac{1}{2} N z E_{\text{ZnZn}} = 4N E_{\text{ZnZn}} \\[2mm]
\varOmega = N z \left(E_{\text{CuZn}} - \dfrac{E_{\text{CuCu}} + E_{\text{ZnZn}}}{2} \right) \\[2mm]
\quad = 8N \left(E_{\text{CuZn}} - \dfrac{E_{\text{CuCu}} + E_{\text{ZnZn}}}{2} \right)
\end{cases} \quad (4.75)
$$

なので，

$$
H = \frac{1}{2} H_{\text{Cu}}^0 + \frac{1}{2} H_{\text{Zn}}^0 + \frac{1}{4} \varOmega (1 + \varPhi^2) \tag{4.76}
$$

となり，したがって，この β–β' 真鍮系の自由エネルギー $G(\varPhi) = H - TS$ は，

$$
\begin{aligned}
G(\varPhi) = {} & \frac{H_{\text{Cu}}^0}{2} + \frac{H_{\text{Zn}}^0}{2} + \frac{1}{4} \varOmega (1 + \varPhi^2) \\
& + \frac{RT}{2} \left\{ (1 + \varPhi) \ln(1 + \varPhi) + (1 - \varPhi) \ln(1 - \varPhi) - 4 \ln 2 \right\}
\end{aligned} \tag{4.77}
$$

と表せる．

　最後に，式 (4.77) の $G(\varPhi)$ が，ある温度でゼロ以外の有限の秩序変数 $\varPhi$ に対して最小になることが，系が秩序状態にあることの条件であると考えて，相転移温度 T_c を求め，さらにこの系で規則・不規則相転移が存在するための条件を求めよう．そのためには式 (4.77) を 1 階微分してゼロとなる $\varPhi$ が，$\varPhi = 0$ 以外に，すなわち $0 < \varPhi \leq 1$ の範囲に存在する条件を求めることが必要条件となる．

$$
\begin{aligned}
\left. \frac{\partial G(\varPhi)}{\partial \varPhi} \right|_T &= \frac{1}{2} \varOmega \varPhi + \frac{RT}{2} \left\{ \ln(1 + \varPhi) + 1 - \ln(1 - \varPhi) - 1 \right\} \\
&= \frac{1}{2} \varOmega \varPhi + \frac{RT}{2} \ln \left(\frac{1 + \varPhi}{1 - \varPhi} \right) \equiv 0
\end{aligned} \tag{4.78}
$$

となるので，変形して

$$\ln\left(\frac{1+\Phi}{1-\Phi}\right) = -\frac{\Omega\Phi}{RT} \tag{4.79}$$

を満たす Φ が $0 < \Phi \leq 1$ の範囲に存在することが条件である．ここで 4.6 節の相分離の場合と同様に，式 (4.79) の左辺を $f(\Phi)$，右辺を $g(\Phi)$ とおき，$y = f(\Phi)$ と $y = g(\Phi)$ のグラフの交点を求める問題に焼き直す．$y = f(\Phi)$ は $\Phi = 0$ でゼロとなり，$0 < \Phi \leq 1$ で下に凸であって $\Phi \to 1$ で $f(\Phi) \to \infty$ となる形となっている．また，$y = g(\Phi)$ は原点を通り，傾きが $-\Omega/RT$ の直線である．$f(\Phi)$ および $g(\Phi)$ を**図 4.34** に実線で示す．この図のように，これらが，原点 ($\Phi = 0$) 以外で交点を持つためには，直線 $y = g(\Phi)$ の傾き $-\Omega/RT$ が，$y = g(\Phi)$ の原点での微係数より大きいことが条件となる．したがって，

$$\left.\frac{\partial f(\Phi)}{\partial \Phi}\right|_{\Phi=0} = \left.\frac{2}{1-\Phi^2}\right|_{\Phi=0} = 2 \leq -\frac{\Omega}{RT} \tag{4.80}$$

となり，この規則・不規則相転移の転移温度 T_c は，この式の等号の場合に当たり，$y = g(\Phi)$ が図 4.34 の破線のようになる場合である．したがって，

$$T_c = -\frac{\Omega}{2R} \tag{4.81}$$

となって，規則・不規則相転移を起こす条件は，相互作用パラメーター Ω が負であることである．言い換えると，E_{CuZn} が $\dfrac{E_{\text{CuCu}} + E_{\text{ZnZn}}}{2}$ よりも自由エネル

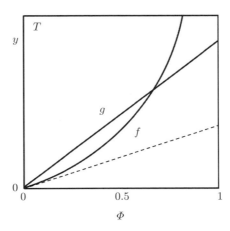

図 4.34 規則・不規則相転移に対する正則溶体モデル：関数 $y = f, g$ のオーダーパラメーター Φ 依存性．

96　第4章　固体結晶の熱力学と平衡状態図論

ギー的に安定であること，すなわち Cu–Zn が混じり合ったほうがエンタルピー的にも自由エネルギーが得する場合に当たっており，これは4.6節，"相分離"の場合と真逆の条件になっている．式 (4.52) と式 (4.81) は符号が逆の関係であり，相分離現象と規則・不規則相転移は真逆の現象であると結論づけられる．正則溶体モデルによって，固溶体においては，$\Omega > 0$ では相分離し，$\Omega < 0$ では規則化 (秩序化) する傾向にあることが明らかとなるのである．このように，正則溶体モデル (平均場近似) によって，相分離現象，規則・不規則相転移など，物性科学における多くの特徴的な現象が説明できる．

4章　参考文献

[1] Constitution of Binary Alloys, M. Hansen, McGraw-Hill, New York (1958).

[2] Constitution of Binary Alloys, M. Hansen and K. Anderko, McGraw-Hill, New York (1965).

[3] Constitution of Binary Alloys, 1st Supplement, R. P. Elliott, McGraw-Hill, New York (1965).

[4] Constitution of Binary Alloys, 2nd Supplement, F. A. Shunk, McGraw-Hill, New York (1969).

[5] Binary Alloy Phase Diagrams, Volume 1 & 2, T. B. Massalski (Editor-In-Chief), American Society for Metals (1986).

[6] 平衡状態図の基礎，P. Gordon 著，平野賢一，根本実訳，丸善 (1979).

[7] 金属材料基礎学，尾崎良平，長村光造，足立正雄，田村今男，村上陽太郎，朝倉書店 (1978).

[8] 材料組織学，杉本孝一，長村光造，山根壽己，牧正志，菊池潮美，落合正治郎，村上洋太郎，朝倉書店 (1991).

[9] 無機ファイン材料の化学，中西典彦，坂東尚周編著，三共出版 (1988).

[10] 不定非化合物の化学，小菅皓二，培風館 (1985).

[11] 三元金相論，岩瀬慶三，岩波書店 (1925); 鋼の状態図，岩瀬慶三，内田老鶴圃 (1944).

[12] 相転移と臨界現象，スタンリー，東京図書 (1974).

[13] 相転移の統計熱力学，中野藤生，木村初男，朝倉書店 (1988).

[14] なっとくする統計力学，都筑卓司，講談社 (1993).

[15] 材料科学者のための統計熱力学入門，志賀正幸，内田老鶴圃 (2013).

[16] 永久磁石-材料科学と応用，佐川眞人，平林眞，浜野正昭，オーム社 (2007).

第 5 章

固体の結晶構造と構造因子

本章では，固体の結晶構造解析の基礎について考察しよう．

5.1 固体の結晶構造と対称操作

結晶とはある単位 (原子または分子) の繰り返しである．その繰り返し単位を**単位格子** (**単位胞**，unit cell) という．

例 5.1　種々の単位格子

繰り返される要素を点で表し，これを**格子点** (lattice point) とよび，単位格子の中身を示さずに，それらの平行移動で表された平面や立体の構造を**格子** (lattice, **結晶格子**ともいう) とよぶ．結晶の中のある 1 つの単位格子に着目し，その格子内のある格子点を原点 O にとれば，任意の格子点 P へのベクトル $\overrightarrow{\mathrm{OP}} = r$ は以下のように 3 つのベクトルで表される．

$$r = n_1 a + n_2 b + n_3 c \tag{5.1}$$

この a, b, c を基本格子ベクトルとよぶ．単位格子はこの 3 つの基本格子ベクトルで作られる平行六面体である．また原点からベクトル a, b, c 方向への軸を a

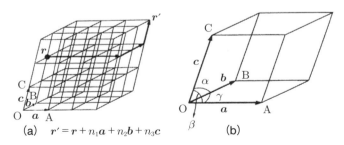

図 5.1　結晶の並進性と単位格子 (無機ファイン材料の化学 (1988)[2]).

軸, b軸, c軸とよぶ.

この3つのベクトルの大きさ, $a = |\boldsymbol{a}|$, $b = |\boldsymbol{b}|$, $c = |\boldsymbol{c}|$, および $\boldsymbol{b}$ と $\boldsymbol{c}$ のなす角 α, $\boldsymbol{c}$ と $\boldsymbol{a}$ のなす角 β, $\boldsymbol{a}$ と $\boldsymbol{b}$ のなす角 γ, の6つのパラメーターを**格子定数** (lattice parameter) という. これらの様子を図 5.1 に示す.

（1） 結晶系とブラベー格子

基本格子ベクトルの大きさや角度, つまり格子定数の間の関係は, 単位格子の外形に対応する. その形に合わせて, 7つの**結晶系** (crystal system, **晶系**) に分類される.

1. **立方晶系** (cubic system)　$a = b = c$, $\alpha = \beta = \gamma = 90°$
2. **正方晶系** (tetragonal system)　$a = b \neq c$, $\alpha = \beta = \gamma = 90°$
3. **斜方晶系** (orthorhombic system)　$a \neq b \neq c$, $\alpha = \beta = \gamma = 90°$
4. **菱面体晶系** (rhombohedral system)　$a = b = c$, $\alpha = \beta = \gamma \neq 90°$ ($< 120°$)
5. **六方晶系** (hexagonal system)　$a = b \neq c$, $\gamma = 120°$, $\alpha = \beta = 90°$
6. **単斜晶系** (monoclinic system)　$a \neq b \neq c$, $\alpha = \gamma = 90° \neq \beta$
7. **三斜晶系** (triclinic system)　$a \neq b \neq c$, $\alpha \neq \beta \neq \gamma \neq 90°$

ただし, ある結晶における単位格子には色々な取り方がある. 例えば数ある単位格子のうち最小体積のものにしても, 図 5.2 に示すように1つには決まらない.

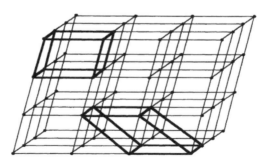

図 5.2　単位格子の類似性 (粉末 X 線回折による材料分析 (1993)[7]).

そこで, 数ある単位格子のうち, 最も対称性の高い単位を選び, その中で最も小さいものを単位格子にとることにする. そのような選び方において, 得られた

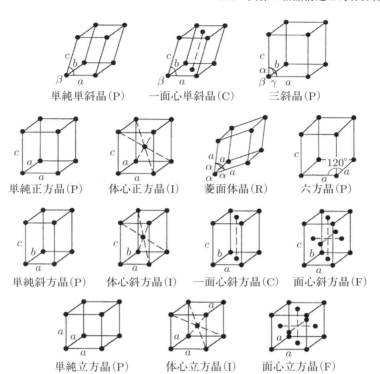

図 5.3　14 種類のブラベー格子 (X 線構造解析 (1998)[3]).

単位格子を分類すると，図 5.3 のように 14 種類生じることが知られている．これを**ブラベー格子** (Bravais lattice) とよぶ．例えば，体心立方格子や面心立方格子は，より小さい体積の単位格子をとることができるが，それらの対称性は低い．より大きくて対称性の高い格子が，実際の結晶やその対称性をよく表すので，これを採用するのが自然である．このように，単位格子の頂点以外に格子点を持つものには，体心，面心，一面心 (底心) の 3 種類があり，多重格子とよばれ，群論の記号でそれぞれ I, F, C で表される．すべての晶系にこの 3 つがあるわけではなく，また頂点だけの格子を単純格子とよび P で表す．

例 5.2　面心立方格子の最小単位格子と一面心 (底心) 正方格子

図 5.4(a) は面心立方格子を示しており，図内の破線で示された立方体 (菱面体

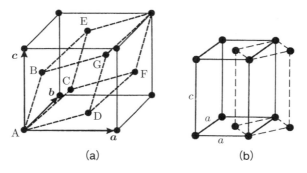

図 5.4 面心立方格子の最小単位格子 (a) と一面心 (底心) 正方格子 (b) (X 線構造解析 (1998)[3]).

となる) がさらに小さい単位格子となるが，より対称性の高い立方晶を単位格子とする．また図 5.4(b) は，一面心 (底心) の正方格子を示しているが，破線で示された，より小さい単位格子も正方晶となる．したがって小格子と元の底心格子の対称性は同じであり，わざわざ大きい格子を単位格子とする理由はないので，一面心 (底心) 正方格子はブラベー格子には含まれない．

さらに単位格子内の原子位置まで考慮すると，対称性から 230 種類の**空間群** (space group) に分類される．それらは International Tables にまとめられているが，群論についての詳細は章末の参考書を参照してほしい．

5.2 結晶構造パラメーター

(1) 原子座標

単位格子の外形については前節の通りであるが，単位格子内の原子位置は，基本格子ベクトル a, b, c を用いて次のように表される．まず単位格子のある頂点を原点とし，ある原子までの位置ベクトル r が以下のように表されるとする．

$$r = xa + yb + zc \tag{5.2}$$

このとき，(x, y, z) の組は一義的に決まり，これを**原子座標** (atomic coordinates, fractional coordinates または**分率座標**) とよぶ．前節で述べたように，結晶は 3 次元的な繰り返し構造であり，それらが基本格子ベクトル a, b, c で表されるの

で，r から a, b, c の整数倍だけずれた位置にある r' にも同一の原子が存在するはずである (n_1, n_2, n_3 は任意の整数).

$$r' = r + n_1 a + n_2 b + n_3 c \tag{5.3}$$

つまり，(x, y, z) に対して，$(x', y', z') = (x + n_1, y + n_2, z + n_3)$ の原子座標にも必ず同じ原子が存在する．したがって，ある単位格子内に限ると，$0 \leq x, y, z < 1$ とすることができ，その範囲に含まれる原子数が，単位格子内に含まれる原子数に一致する．以降，特に断らない限り，原子座標は $0 \leq x, y, z < 1$ の範囲にとるものとする．

例 5.3 　体心立方格子と面心立方格子における原子座標

図 6.1(A) に示した体心立方格子の結晶構造を例にとると，$0 \leq x, y, z < 1$ の範囲に入る原子座標は $(0, 0, 0)$, $(1/2, 1/2, 1/2)$ である．また，図 6.1(B) での面心立方格子では，$(0, 0, 0)$, $(1/2, 1/2, 0)$, $(0, 1/2, 1/2)$, $(1/2, 0, 1/2)$ となる．

例 5.4 　立方晶内の対称性

例えば，原点 $(0, 0, 0)$ と $(1/2, 1/2, 0)$ だけに原子がある立方晶は存在するであろうか？ 立方晶は a 軸，b 軸，c 軸ともに対称な (それらを区別しない) 結晶系であるので，もし $(1/2, 1/2, 0)$ に原子が存在すれば，$(0, 1/2, 1/2)$, $(1/2, 0, 1/2)$ にも同一の原子が存在しなければならない．言い換えると，一面心立方晶は対称性から存在し得ないことがわかる[*1].

（2）　方向指数

原子座標と同様に，結晶内のある方向ベクトル d が以下のように表されるとする．

$$d = x' a + y' b + z' c \tag{5.4}$$

[*1] 　もちろん単位格子の外形だけが立方体で，原子配置などがある方向に偏っている (異方性という) ような結晶も便宜上考えられるが，そのような結晶は対称性から立方晶と分類されない．さらにいえば，そのような異方的な結晶の単位格子は自然と立方体とはならず，必ずその異方性に従って結晶が歪むので，実は単位格子の外形も立方体とはならないと考えてよい．

このとき，$x':y':z' = u:v:w$ となる．互いに素な(約すことのできない)整数を用いて，ベクトル d の方向を $[uvw]$ で表し，これを**方向指数** (direction indices) とよぶ．原子座標と異なり，通常方向指数の間にカンマなどは入れない．例えば a 軸，b 軸，c 軸の方向は，それぞれ，$[100], [010], [001]$ と表される．また，方向指数が負の値のときは，$[\bar{1}00]$ のように指数の上に横棒を書く．定義から明らかなように，各単位格子の頂点(格子点)同士を結ぶ方向指数は必ず整数の組になる．いくつかの例を図 5.5 に示す．

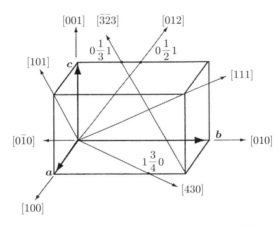

図 5.5 方向指数の例 (X 線構造解析 (1998)[3]).

(3) ミラー指数 (面指数)

図 5.6 に示すように，結晶内のある単位格子の a 軸の $1/h$，b 軸の $1/k$，c 軸の $1/l$ を通る面を (hkl) と表し，この表し方を**ミラー指数** (Miller indices) または**面指数**とよぶ．通常は h, k, l は互いに素な整数である．ミラー指数のいくつかの例を図 5.7 に示す．

例えば指数 (100) で表される面は，a 軸を横切り，b, c 軸とは無限大の地点，つまり交わらない．これは b, c 軸に平行な面を意味するので，(100)面は a 面，もしくは bc 面とよばれる．また，図 5.6 の定義はある特定の単位格子に着目して描かれているが，当然別の単位格子で定義された (100)面も同一の結晶内に存在する．このように，ミラー指数で表される面は，通常，特定の結晶面のみを表すのでは

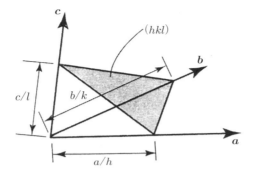

図 5.6 ミラー指数の定義 (X 線構造解析 (1998)[3]).

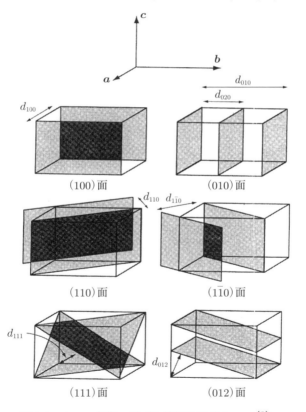

図 5.7 ミラー指数の例 (X 線構造解析 (1998)[3]).

104　第 5 章　固体の結晶構造と構造因子

なく，図 5.7 に示すように，各々の単位格子で定義される面の集合をさす．このような面の集合を強調する場合には特に {100} などと表されるが，一般にはあまり使用されない．

h, k, l が互いに素な整数の場合，図 5.6 の (hkl) 面 (これを定義面とする) は，必ずいずれかの格子点を通ることが知られている (有理面指数の法則).

（4）　面間隔

先に述べたように，ミラー指数で定義される面は面の集合であり，一定の間隔で配列する．その間隔 d を面間隔 (interplanar spacing) とよぶ．各晶系における面間隔と格子定数およびミラー指数との関係を表 5.1 に示す．

これらの計算法は省略するが，有理面指数の法則から，ある単位格子における定義面 (図 5.6) とその単位格子の原点との間を通る他の (hkl) 面が存在しないた

表 5.1　各晶系における面間隔．ただし三斜晶系の式において V は格子体積であり，$V = abc\sqrt{1 - \cos^2\alpha - \cos^2\beta - \cos^2\gamma + 2\cos\alpha\cos\beta\cos\gamma}$, $S_{11} = b^2c^2\sin^2\alpha$, $S_{22} = a^2c^2\sin^2\beta$, $S_{33} = a^2b^2\sin^2\gamma$, $S_{12} = abc^2(\cos\alpha\cos\beta - \cos\gamma)$, $S_{23} = a^2bc(\cos\beta\cos\gamma - \cos\alpha)$, $S_{13} = ab^2c(\cos\gamma\cos\alpha - \cos\beta)$ である (X 線構造解析 (1998)[3]).

晶系	$\dfrac{1}{d^2}$
立方	$\dfrac{h^2 + k^2 + l^2}{a^2}$
正方	$\dfrac{h^2 + k^2}{a^2} + \dfrac{l^2}{c^2}$
六方	$\dfrac{4(h^2 + k^2 + l^2)}{3a^2} + \dfrac{l^2}{c^2}$
菱面体	$\dfrac{(h^2 + k^2 + l^2)\sin^2\alpha + 2(hk + kl + lh)(\cos^2\alpha - \cos\alpha)}{a^2(1 - 3\cos^2\alpha + 2\cos^3\alpha)}$
斜方	$\dfrac{h^2}{a^2} + \dfrac{k^2}{b^2} + \dfrac{l^2}{c^2}$
単斜	$\dfrac{1}{\sin^2\beta}\left(\dfrac{h^2}{a^2} + \dfrac{k^2\sin^2\beta}{b^2} + \dfrac{l^2}{c^2} - \dfrac{2hl\cos\beta}{ac}\right)$
三斜	$\dfrac{1}{V^2}(S_{11}h^2 + S_{22}k^2 + S_{33}l^2 + 2S_{12}hk + 2S_{23}kl + 2S_{13}hl)$

め，定義面と原点との距離が d に対応する．

5.3 結晶面による回折とブラッグの式

結晶がどのような原子から構成され，どのような配置をとるのか，それを決めるための実験や計算手法などを，総称して構造解析とよぶ．構造解析には様々な手法があるが，現代科学において最もよく用いられ，かつ決定的な方法の1つがX線による回折現象を用いた構造解析である．回折現象については後ほど詳しく述べることとして，まずはX線についてまとめておく．

(1) 特性X線と原子による散乱

X線は，1895年にレントゲン (W. C. Röntgen) により発見された電磁波 (光) の1つであり，図5.8に示すように，紫外線よりも波長が短く，γ線よりも波長が長いものをさす．

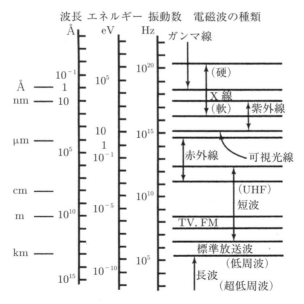

図 5.8 電磁波の分類 (X 線構造解析 (1998)[3]).

実際の実験では,荷電粒子 (電子) の制動によるエネルギー放出として得られるX線を用いる. **図 5.9** は,X 線管球 (真空管) とよばれる,X 線発生部の模式図である.

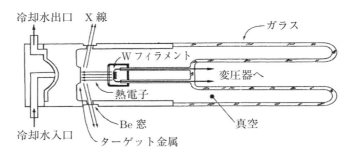

図 5.9 X 線管球の模式図 (X 線構造解析 (1998)[3]).

タングステン (W) フィラメントから発生した熱電子に電圧 (加速電圧, 通常数十 kV) をかけて, ターゲットとよばれる金属に衝突 (制動) させることによって, X 線が発生する. 電子が運動する空間は高真空にする必要があり, 全体がガラスで覆われている. 管球内で発生した X 線は, ベリリウム (Be) 製の窓を通して外部に取り出される. 後述するように, Be は軽元素なので X 線の吸収量は小さい. また, 電子をターゲットに当てると多量の熱が発生するので, 図のように流水などによる冷却が必要である.

図 5.10 に, モリブデン (Mo) 金属ターゲットで得られる X 線の波長と強度を, 加速電圧ごとに示してある. 加速電圧が高くなると, ある特定の波長において非常に強い強度の X 線が得られる. これを特性 X 線とよび, ターゲット金属原子の電子構造に関係する. 実験室における X 線回折実験には, 通常, この波長の決まった特性 X 線を用いる. **表 5.2** に様々な元素の特性 X 線の波長 (Å 単位) を示す. いずれも, 結晶中の原子間距離 (数Å 程度) に近い波長の X 線であるから, これらの特性 X 線は構造解析に広く用いられる.

電磁波の物質による散乱の問題は非常に複雑であるが, 1 個の原子に X 線が照射された際の, 原子からの散乱の強さ (散乱振幅 f) は, 原子内の電子密度に比例する. さらに入射方向と散乱方向のなす角 (散乱角) を 2θ としたとき, 散乱振幅 f は $\sin\theta/\lambda$ の関数になることが知られている. つまり, 一定波長の X 線の原子

5.3 結晶面による回折とブラッグの式

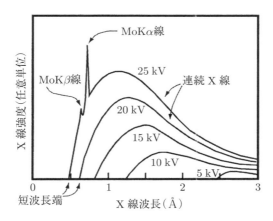

図 5.10 Mo ターゲットから得られる X 線スペクトル (X 線構造解析 (1998)[3]).

表 5.2 各種金属における特性 X 線の波長 (X 線構造解析 (1998)[3]).

元素	Kα (加重平均)*	Kα₂ 強い	Kα₁ 非常に強い	Kβ₁ 弱い
Cr	2.29100	2.293606	2.28970	2.08487
Fe	1.937355	1.939980	1.936042	1.75661
Co	1.790260	1.792850	1.788965	1.62079
Cu	1.541838	1.544390	1.540562	1.392218
Mo	0.710730	0.713590	0.709300	0.632288

* Kα₁ は Kα₂ の 2 倍の重みをつけ, Kα₂ と平均した.

による散乱は, 散乱角が決まれば, ほぼ原子番号に比例すると考えればよい. この f のことを原子散乱因子とよぶ. Ag, Fe および Al の原子散乱因子の様子を図 5.11 に示す.

また, 波である X 線の数式による表現も様々であるが, ここでは単純な正弦波で, 時間変化を省略した次の表式を用いる.

$$F = f \exp(i\Delta\phi) = f(\cos\Delta\phi + i\sin\Delta\phi) \tag{5.5}$$

ただし, $\Delta\phi$ は原子から散乱された X 線の位相のずれを表す.

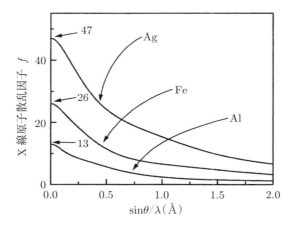

図 5.11 Ag, Fe および Al の原子散乱因子 (X 線構造解析 (1998)[3]).

（2） ブラッグの式

　原子の集合である結晶による X 線の干渉は，1912 年にラウエ (M. T. F. von Laue) によって，回折線はブラッグ親子 (W. H. Bragg and W. L. Bragg) により 1913 年に見出された．複数の原子からの散乱は，原子の相対位置によって，X 線の光路の長さ (光路長) が変化するので，散乱される X 線の位相が変わってしまう．したがって散乱される X 線の振幅は，単純に原子散乱因子を原子数倍したものにはならず，また X 線の結晶への入射や散乱角度に依存することになる．

　そこで，まずは議論を単純にするため，ある結晶面にすべての原子が並んでいると仮定しよう．その模式図を**図 5.12** に示す．

　まず，同じ結晶面上の原子 (例えば同じ面 A 上の K, P 位置にある原子) からの散乱は，入射角と散乱角が等しい場合 (図中 θ)，X 線が通過する距離 (光路長) が同一であることに注意しよう．これは，同じ面上からの X 線がすべて同位相で重ね合って強め合うことを意味しており，鏡面による光の反射に対応する．以降は常に入射角と散乱角が等しいものとする．

　次に，異なる面からの X 線の散乱を考えよう．図 5.12 において，面 A 上の K，および面 B 上の L 位置の原子による散乱を例にとろう．この 2 つの散乱において，$1 \to 1'$ の X 線よりも図中で M–L–N の長さだけ $2 \to 2'$ の X 線が長く走ってい

5.3 結晶面による回折とブラッグの式

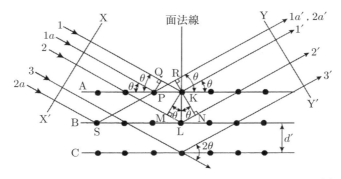

図 5.12 結晶面からの X 線回折の様子 (X 線構造解析 (1998)[3]).

る. この M–L–N の長さが 2 つの X 線の光路長の差, すなわち光路差 Δl であり, 面間隔 d および角度 θ を用いて表すと,

$$\Delta l = 2d \sin \theta \tag{5.6}$$

となる. よって, X 線の波長を λ とすると, この 2 つの散乱において $\Delta \phi = 2\pi \Delta l / \lambda$ だけ X 線の位相がずれることになる. 2→2′ と 3→3′ も同じ $\Delta \phi$ だけ位相がずれる.

この位相のずれ $\Delta \phi$ が, 2π の整数倍であれば, すべての結晶面からの回折が位相が揃って強め合うことになる. 一方, 2π の整数倍から少しでもずれると, K 位置の原子 (面 A) からの散乱は, 面 B, C, ... と無数にある結晶面からのいずれかの散乱と, 逆位相となることが予想される. したがって, 結晶全体からの X 線の散乱はすべて打ち消し合うことになる. 言い換えると, 位相のずれがちょうど 2π の整数倍になるような角度 θ における散乱のみ, 観測されることになる. よって, X 線の散乱が観測されるためには, 入射角と散乱角を等しくするのに加えて, 次の条件を満たす必要がある.

$$\Delta \phi = 2\pi n$$
$$\therefore \quad 2d \sin \theta = n\lambda \tag{5.7}$$

ただし n は整数である. 式 (5.7) は, ブラッグにより見出されたので, **ブラッグ (Bragg) の式**とよぶ. また, 結晶により X 線が特定の角度においてのみ散乱される現象を特に**回折** (diffraction) とよぶ. さらに, ブラッグの式における n を回折次数といい, n の値に応じて 1 次回折, 2 次回折などとよぶ.

110　第5章　固体の結晶構造と構造因子

（3）　回折次数とミラー指数

　面間隔 d は，表 5.1 に示されるように，格子定数 (単位格子の外形) とミラー指数 (hkl) で表される．立方晶系を例にとると，

$$\frac{1}{d^2} = \frac{h^2 + k^2 + l^2}{a^2} \tag{5.8}$$

であるが，これをブラッグの式 (5.7) に代入すると

$$2\frac{a}{\sqrt{h^2 + k^2 + l^2}}\sin\theta = n\lambda \tag{5.9}$$

$$2\frac{a}{\sqrt{(nh)^2 + (nk)^2 + (nl)^2}}\sin\theta = \lambda \tag{5.10}$$

が得られる．この両式を見ると，(hkl)面の n 次回折と，$(nh\ nk\ nl)$面の 1 次回折が同等であることがわかる．したがって，ミラー指数の定義において，h, k, l を互いに素な整数としたが，指数をすべての整数に拡張し，そのかわりに $n = 1$ としてもよい．例えば，(100)面の 2 次回折と (200)面の 1 次回折は同じ回折角 θ で観測される同等な回折である．ただし，(200)面の面間隔 d_{200} は (100)面の面間隔 d_{200} の半分，つまり，$d_{200} = d_{100}/2$ であることに注意しよう．以上は立方晶系の例であるが，他の晶系も全く同様である．

　多結晶粉末試料の場合の一般的な X 線回折測定の模式図を**図 5.13** に示す．多結晶粉末では，無数にある結晶粒のうち，入射・散乱角が同一となるものが多数含まれているので，入射 X 線の位置を固定し，散乱 X 線の検出器のみを動かして測定する方法が一般的である．

　図 5.13 からわかるように，面指数 h, k, l に対応した特定の角度 2θ のところで，回折線が観測されることになる．Cu をターゲットとした特性 X 線による，カチオンとアニオンが 1 : 1 である MX 型の多結晶粉末についての X 線回折の結果 (シミュレーション) を**図 5.14** に示す．このようなスペクトルを粉末 X 線回折パターンとよぶ．図 5.14 からもわかるように，結晶構造や構成元素が異なると，回折線の位置や強度が異なるので，結晶の持つ特有の回折パターンを利用して試料の同定が可能となる．近年は多数の結晶の回折パターンがデータベース化されて

5.3 結晶面による回折とブラッグの式　111

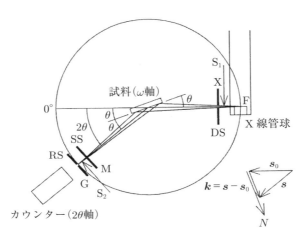

図 5.13　一般的な粉末 X 線回折実験の模式図 (X 線構造解析 (1998)[3]).

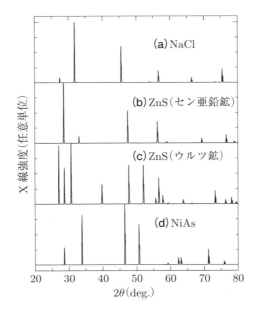

図 5.14　MX 型化合物の粉末 X 線回折パターン (シミュレーション).

112 第 5 章 固体の結晶構造と構造因子

おり，PC などで容易に同定や検索が可能である[*2]．さらに，次節で述べるように，回折線の強度は単位格子内の原子配置と密接に関連するので，結晶内の精密な原子位置などを求めることができる．

以上述べたような X 線を用いる回折のほか，電子の波としての性質を利用して回折を行う電子線回折，さらに，原子炉から得られる中性子を用いた中性子線回折がある．電子線回折では，X 線と違って電子線は磁場で軌道を曲げることができる．その磁気レンズ効果を利用し，回折したものを結像して，結晶の微細構造を観察するのが電子顕微鏡である．電子線の運動エネルギー $T = p^2/2m$ (m, p はそれぞれ電子の質量と運動量) は，電子顕微鏡内における電子の加速電圧 V で決まり，$T = eV$ である (e は電気素量)．したがってド・ブロイ波の関係式 $\lambda = h/p$ を用いれば，

$$\lambda = h/\sqrt{2meV} \tag{5.11}$$

が得られる[*3]．つまり，加速電圧が大きいほど波長が短く，顕微鏡としての空間分解能が上がることになる．

中性子線による回折も同様であり，中性子の波としての性質を利用する．中性子は電気的には中性の核子の 1 つで，実験用の原子炉などで得られる．原子炉から出てくる中性子は，大体数 MeV の運動エネルギーを持つが，それを**高速中性子** (fast neutron，速い中性子) とよぶ．物質中で減速され運動エネルギーが 1 keV 以下になったものを**低速中性子** (slow neutron，遅い中性子) という．特に重水などの媒質中の分子の熱運動と平衡に達したものを熱中性子 (常温では 0.025 eV 程度) とよび，波長が 1 Å 程度になるので，結晶の回折現象に用いることができる．さらに中性子はスピン 1/2 のフェルミ粒子であり，磁気モーメントを有する．したがって，結晶の持つ磁気的な配列に対応した回折実験も行うことができる．

[*2] 既知物質のデータベースとして最大のものが，ICDD (International Centre for Diffraction Data) によってまとめられている PDF (Powder Diffraction File) であり，2018 年現在，無機化合物だけで 40 万件以上登録されている．

[*3] 加速電圧が 10 kV を超えるような場合，電子の速度が光速 c に近くなるので，相対論的補正がなされた値 $\lambda = h/\sqrt{meV\left(2 + eV/mc^2\right)}$ を用いる必要がある．

5.4 逆格子と構造因子

ブラッグの式を導いた議論は，結晶面上にすべての原子があると仮定していたが，面上にない原子からの散乱と干渉はどうなるであろうか．このことを考えるにあたり，構造解析において重要な概念である逆格子についてまとめておこう．

いま，図 5.15 のような，基本格子ベクトル $\boldsymbol{a}, \boldsymbol{b}, \boldsymbol{c}$ で表される単位格子と，それを横切る (hkl) 面を考える．

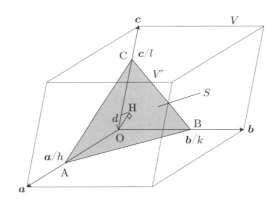

図 5.15 原子座標 (x_j, y_j, z_j) 位置にある原子からの散乱．

この (hkl) 面は，5.2 節でも述べたように，基本格子ベクトル $\boldsymbol{a}, \boldsymbol{b}, \boldsymbol{c}$ をそれぞれ，$1/h, 1/k, 1/l$ で切ったところ（図 5.15 の A, B, C）を結んだ平面である．通常は，h, k, l は互いに素な整数とし，この面 ABC を含む平面だけではなく，任意の格子点を通る，面 ABC に平行な面すべてを (hkl) 面とよぶ．

さらに，この面 ABC に最も近い 2 枚の (hkl) 面のうち，一方は必ず原点 O を通る．言い換えると，原点 O を通る (hkl) 面と，面 ABC の間に存在する (hkl) 面は存在しない．したがって，図 5.15 で表される (hkl) 面同士の面間隔は，図中の OH の距離 d に対応する．様々な晶系の d とミラー指数の関係はすでに，表 5.1 に示した通りである．

さて，このような単位格子の基本格子ベクトルに対し，次のような基本逆格子

114　第5章　固体の結晶構造と構造因子

ベクトル a^*, b^*, c^* を定義する[*4].

$$a^* = \frac{b \times c}{V}, \quad b^* = \frac{c \times a}{V}, \quad c^* = \frac{a \times b}{V} \tag{5.12}$$

ここで，V は単位格子の体積 (基本格子ベクトルで張られる空間の体積，格子体積ともいう) であり，a, b, c を用いると，

$$V = a \cdot (b \times c) = b \cdot (c \times a) = c \cdot (a \times b) \tag{5.13}$$

と書ける．また，式 (5.12) および (5.13) の定義から，次の関係が成立する．

$$a \cdot a^* = b \cdot b^* = c \cdot c^* = 1 \tag{5.14}$$

$$a \cdot b^* = b \cdot a^* = b \cdot c^* = c \cdot b^* = c \cdot a^* = a \cdot c^* = 0 \tag{5.15}$$

この基本逆格子ベクトルを用いて，ミラー指数 (hkl) を係数に持つベクトル K を次のように定義する．

$$K = ha^* + kb^* + lc^* \tag{5.16}$$

このベクトル K を逆格子ベクトルとよび，実空間での格子ベクトルと同様に周期性があり，構造解析や固体の電子の振る舞いを記述する際に非常に重要な概念となる．また，実際に電子線回折等を用いて，逆格子そのものを観測することも可能である．ここでは，特に構造解析に重要な次の性質に注意しておこう．

1.　逆格子ベクトル K は，(hkl)面に垂直である (法線ベクトル).

2.　逆格子ベクトル K の大きさ $|K|$ は，(hkl)面の面間隔の逆数 $1/d$ に等しい.

まず，性質1は，次のように考えればよい．いま，面 ABC 上にある，任意のベクトル L は，ある2つの実数 p, q を使って，

$$L = p\overrightarrow{AB} + q\overrightarrow{AC} = p(b/k - a/h) + q(c/l - a/h)$$

と表すことができる．この L と K の内積 $L \cdot K$ をとると，式 (5.14) および (5.15) の関係に注意すれば，任意の p, q に対して

$$L \cdot K = \{p(b/k - a/h) + q(c/l - a/h)\} \cdot (ha^* + kb^* + lc^*)$$
$$= 0 \tag{5.17}$$

[*4]　物理学ではそれぞれ 2π 倍したものを基本逆格子ベクトルとして定義するが，ここでは結晶学の慣例に従う．

5.4 逆格子と構造因子

となることがわかる．すなわち，K は (hkl) 面の法線ベクトルである．

さらに，性質 2 は次のように証明できる．まず，図 5.15 の四面体 OABC の体積を V' とすると，格子体積 V を用いて，$V' = V/6hkl$ となる．また，三角形 ABC の面積を S とすると，$V' = Sd/3$ である．したがって，

$$1/d = S/3V' = S \cdot 2hkl/V \tag{5.18}$$

となる．一方，ABC の面積 S についてベクトル $\overrightarrow{AB}$，$\overrightarrow{AC}$ を用いれば，式 (5.12) の関係より

$$\begin{aligned}
S &= \frac{1}{2} \left| \overrightarrow{AB} \times \overrightarrow{AC} \right| \\
&= \frac{1}{2} |(\boldsymbol{b}/k - \boldsymbol{a}/h) \times (\boldsymbol{c}/l - \boldsymbol{a}/h)| \\
&= \frac{1}{2hkl} |h(\boldsymbol{b} \times \boldsymbol{c}) + k(\boldsymbol{c} \times \boldsymbol{a}) + l(\boldsymbol{a} \times \boldsymbol{b})| \\
&= \frac{V}{2hkl} |\boldsymbol{K}|
\end{aligned} \tag{5.19}$$

の関係式が得られる．この関係を，式 (5.18) に代入すれば

$$\frac{1}{d} = |\boldsymbol{K}| \tag{5.20}$$

となることがわかる．

さて，結晶面上にない原子からの散乱と干渉について，上で述べた逆格子の性質をふまえて考えてみよう．まず図 5.16 のような状況における (hkl) 面による回折を考える．X 線の入射角，散乱角 θ と面間隔 d の間にはブラッグの式 (5.7) が

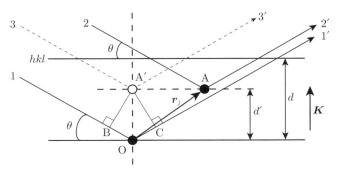

図 5.16 原子座標 (x_j, y_j, z_j) 位置にある原子からの散乱．

116　第5章　固体の結晶構造と構造因子

成り立っているものとする．ただし，簡単のため，回折次数 n は 1 (h, k, l は任意の整数) とする．

　ある格子点 O に対して，単位格子内の j 番目の原子が $\boldsymbol{r}_j = x_j\boldsymbol{a} + y_j\boldsymbol{b} + z_j\boldsymbol{c}$ の位置 A にあるとする．要点は位置 $\boldsymbol{r}_j$ の原子による回折 (散乱) の位相のずれ $\Delta\phi_j$ を求めることである．この原子を (hkl) 面に平行移動しても 2→2′ と 3→3′ の光路差は変わらないので[*5]，ちょうど O から (hkl) 面に垂直になる A′ 位置にこの原子をずらして考えよう．この OA′ の長さを d' とすると，1→1′ と 3→3′ の光路差 Δl は図の BOC の長さであるから，

$$\Delta l = 2d' \sin\theta \tag{5.21}$$

である．これが X 線の波長 λ と等しいときに，位相が 2π ずれることになるので，ブラッグの関係式と合わせれば

$$\Delta\phi_j = 2\pi\Delta l/\lambda = 4\pi d' \sin\theta/\lambda = 2\pi d'/d \tag{5.22}$$

となる．

　ここで，上で述べた逆格子の性質 2 より，

$$\frac{1}{d} = |\boldsymbol{K}| \tag{5.23}$$

であり，さらに性質 1 より，d' は $\boldsymbol{r}_j$ の $\boldsymbol{K}$ 方向成分であるから，

$$d' = \frac{\boldsymbol{r}_j \cdot \boldsymbol{K}}{|\boldsymbol{K}|} \tag{5.24}$$

となる．したがって，これらを式 (5.22) に代入し，式 (5.14) および (5.15) の関係に注意すれば，単位格子内 j 番目の原子によって散乱された X 線の位相差は

$$\begin{aligned}
\Delta\phi_j &= 2\pi\boldsymbol{r}_j \cdot \boldsymbol{K} \\
&= 2\pi(x_j\boldsymbol{a} + y_j\boldsymbol{b} + z_j\boldsymbol{c}) \cdot (h\boldsymbol{a}^* + k\boldsymbol{b}^* + l\boldsymbol{c}^*) \\
&= 2\pi(hx_j + ky_j + lz_j)
\end{aligned}$$

となる．

　よって，図 5.16 の A 位置の原子からの X 線の散乱振幅は式 (5.5) と同様，その原子の散乱因子を f_j とすれば，

[*5]　入射角と散乱角が等しいとしているため．

$$F_j = f_j \exp(i\Delta\phi_j)$$
$$= f_j \exp\{2\pi i(hx_j + ky_j + lz_j)\} \tag{5.25}$$

となる．さらにこの式から，A位置と異なる単位格子にあり，同一の原子座標を持つ原子からの散乱は，すべて同位相で強め合うこともわかるであろう．

したがって，結晶全体からのX線の散乱は，1つの単位格子内にあるすべての原子からの散乱を重ね合わせたものに比例する．それを F_{hkl} とおくと，

$$F_{hkl} \equiv \sum_{j=1}^{N} F_j$$
$$= \sum_{j=1}^{N} f_j \exp(2\pi i \boldsymbol{r}_j \cdot \boldsymbol{K}) \tag{5.26}$$
$$= \sum_{j=1}^{N} f_j \exp\{2\pi i(hx_j + ky_j + lz_j)\} \tag{5.27}$$

が得られる．この F_{hkl} を構造因子という．F_{hkl} は一般に複素数であり，(hkl)面からのX線の回折強度を I_{hkl} とすると，

$$I_{hkl} \propto |F_{hkl}|^2 \tag{5.28}$$

となることが知られている．

式 (5.27) の関係は，数学的には個々の原子散乱因子 f_j と構造因子 F_{hkl} が，互いにフーリエ変換の関係にあることを示しており，一方が求まれば他方が求められる．原子散乱因子 f_j は，(x_j, y_j, z_j) 位置の電子密度に関連しているので，構造因子 F_{hkl} が決まれば，結晶内の電子密度，すなわちどの原子がどの座標にいるかを決定することができる．一方，実験的には個々の hkl に対して，X線の回折強度，つまり構造因子の2乗 $|F_{hkl}|^2$ が直接決められるものの，F_{hkl} そのものは決められない．これを位相問題とよび，X線の回折強度から一義的に結晶構造を決められるわけではない．結晶構造解析において，この位相問題を解決するために種々の方法がとられるが，近年の計算機能力の向上により，多くの場合は機械的に行われるようになってきているため，無機化合物だけではなく，複雑な構造のタンパク質や高分子などにも，X線回折を用いた構造解析が適用されている．詳しくはより高度な専門書を参照してほしい．

118　第5章　固体の結晶構造と構造因子

5.5　構造因子の計算例と消滅則

例5.5　体心立方格子

体心立方格子の独立な原子座標は $(0, 0, 0)$, $(1/2, 1/2, 1/2)$ であるので,

$$F_{hkl} = f\left(e^0 + e^{2\pi i(h/2+k/2+l/2)}\right)$$
$$= f\left(1 + e^{\pi i(h+k+l)}\right) \tag{5.29}$$

である. ここで, $e^{\pi i m}$ は m が偶数のとき 1, 奇数のとき -1 である. よって, $h+k+l$ が偶数のとき

$$F_{hkl} = 2f \tag{5.30}$$

となり, $h+k+l$ が奇数のとき

$$F_{hkl} = 0 \tag{5.31}$$

となる. 構造因子が 0 であれば, X 線の強度も 0, つまり, $h+k+l$ が奇数の面指数については, たとえブラッグの条件を満たしていても, 体心立方格子では回折が観測されないことを示す. このように, あるミラー指数において, 構造因子が 0 で, 回折が消えてしまうような条件を, **消滅則**とよぶ. 体心立方格子の消滅則は $h+k+l$ が奇数, という条件になる.

例5.6　面心立方格子

面心立方格子の独立な原子座標は $(0, 0, 0)$, $(1/2, 1/2, 0)$, $(1/2, 0, 1/2)$, $(0, 1/2, 1/2)$ であるので,

$$F_{hkl} = f\left(1 + e^{\pi i(h+k)} + e^{\pi i(k+l)} + e^{\pi i(l+h)}\right) \tag{5.32}$$

となる. したがって, すべて偶数またはすべて奇数のときは $F_{hkl} = 4f$ である. また, h, k, l のうち 2 つ奇数で 1 つ偶数か, その逆のときは, 上式のかっこ内の 2 つが -1 となるので, $F_{hkl} = 0$ となる. つまり, 消滅則は, 奇数と偶数が混在する場合, となる.

5.5 構造因子の計算例と消滅則 119

例 5.7 CsCl型構造

独立な原子座標を Cl(0, 0, 0), Cs(1/2, 1/2, 1/2) とし, それぞれの原子散乱因子を f_{Cl}, f_{Cs} とすると,

$$F_{hkl} = f_{Cl}e^0 + f_{Cs}e^{2\pi i(h/2+k/2+l/2)}$$
$$= f_{Cl} + f_{Cs}e^{\pi i(h+k+l)} \tag{5.33}$$

よって, $h+k+l$ が偶数のとき

$$F_{hkl} = f_{Cl} + f_{Cs} \tag{5.34}$$

となり, $h+k+l$ が奇数のとき

$$F_{hkl} = f_{Cl} - f_{Cs} \tag{5.35}$$

となる. 体心立方格子と違うのは, どちらの場合も $F_{hkl} \neq 0$ で, 消滅則はないが, X線の強度は $(f_{Cl} + f_{Cs})^2 > (f_{Cl} - f_{Cs})^2$ より, $h+k+l$ が偶数のときのほうが奇数のときよりも相対的に大きくなることがわかる.

例 5.8 NaCl型構造

独立な原子座標は Cl(0, 0, 0), (1/2, 1/2, 0), (1/2, 0, 1/2), (0, 1/2, 1/2), Na(1/2, 1/2, 1/2), (1/2, 0, 0), (0, 1/2, 0), (0, 0, 1/2) となり, それぞれの原子散乱因子を f_{Cl}, f_{Na} とすると,

$$F_{hkl} = f_{Cl}\left(1 + e^{\pi i(h+k)} + e^{\pi i(k+l)} + e^{\pi i(l+h)}\right)$$
$$+ f_{Na}\left(e^{\pi i(h+k+l)} + e^{\pi ih} + e^{\pi ik} + e^{\pi il}\right) \tag{5.36}$$

となる. 奇数と偶数が混在する場合は 0 となり, 消滅則は面心立方格子と同じである. またすべて偶数のときは $F_{hkl} = 4(f_{Cl} + f_{Na})$, すべて奇数の場合は $F_{hkl} = 4(f_{Cl} - f_{Na})$ となるので, 前者のほうが相対的に X線の強度が大きくなる.

5章　参考文献

[1]　ウエスト固体化学–基礎と応用–，ウエスト，講談社サイエンティフィク (2016).

[2]　無機ファイン材料の化学，中西典彦，坂東尚周編著，三共出版 (1988).

[3]　X 線構造解析，早稲田嘉夫，松原英一郎，内田老鶴圃 (1998, 2019).

[4]　結晶学と構造物性，野田幸男，内田老鶴圃 (2017).

[5]　X 線結晶解析，桜井敏雄，裳華房 (1967).

[6]　X 線結晶解析の手引き，桜井敏雄，裳華房 (1983).

[7]　粉末 X 線回折による材料分析，山中高光，講談社 (1993).

[8]　物質の対称性と群論，今野豊彦，共立出版 (2001).

[9]　物性物理/物性化学のための群論入門，小野寺嘉孝，裳華房 (1996).

[10]　物性物理学のための群論入門，G. バーンズ著，中村輝太郎，沢田昭勝訳，培風館 (1983).

6

第6章

結晶の構造化学

　本章では，種々の結晶構造について，組成比ごとに重要な特徴をまとめる．もちろんすべての結晶構造を網羅することはできないが，アニオンの最密充填構造とそれが作る空隙にカチオンがどのように配置されるか，という観点で整理していく．

6.1　単体の構造

（1）　体心立方構造

　立方体の中心 (体心) と各頂点に原子が配列する構造が**体心立方構造** (body centerd cubic structure, bcc) である．その模式図を**図 6.1** に示す．Cr, Fe, Mo などの単体金属がこの構造をとる．独立な原子座標 (原子座標 (x, y, z) に対して，$0 \leq x, y, z < 1$ となるもの) は $(0, 0, 0)$，$(1/2, 1/2, 1/2)$ であるので，単位格子内には 2 原子存在する．各サイトに配位する原子数は 8 つ (8 配位) である．

　単位格子内の原子数を $Z(= 2)$，原子半径を r，格子定数を a とすると図のように単位格子の対角線の長さがちょうど原子半径の 4 倍に相当するので，充填率 $f(\%)$ (空間内で原子が占める体積の割合) は

$$4r = \sqrt{3}a$$
$$\therefore r = \frac{\sqrt{3}}{4}a$$
$$f = \frac{\frac{4}{3}\pi r^3 Z}{a^3} \times 100$$
$$= \frac{\sqrt{3}\pi}{8} \times 100 \fallingdotseq 68.01 \cdots (\%)$$

のように計算される．

121

122　第6章　結晶の構造化学

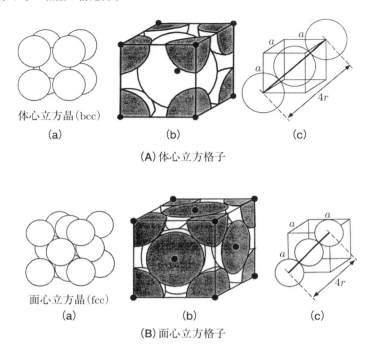

図 6.1　(A) 体心立方格子と (B) 面心立方格子の模式図 (X 線構造解析 (1998)[1]).

(2)　面心立方構造

立方体の各面の中心 (面心) と各頂点に原子が配列する構造が**面心立方構造** (face centerd cubic structure, fcc) である．その模式図を図 6.1(B) に示す．Ag, Al, Au, Cu などがこの構造をとる．独立な原子座標は $(0,0,0)$, $(1/2,1/2,0)$, $(1/2,0,1/2)$, $(0,1/2,1/2)$ であるので，単位格子内には 4 原子存在する．各サイトは 12 配位である．

体心立方格子と同様に，単位格子内の原子数を $Z(=4)$，原子半径を r，格子定数を a とすると，単位格子を構成する面の対角線の長さがちょうど原子半径の 4 倍となる．したがって充填率 $f(\%)$ は下記のように計算される．

$$4r = \sqrt{2}a$$

$$\therefore r = \frac{\sqrt{2}}{4}a$$
$$f = \frac{\frac{4}{3}\pi r^3 Z}{a^3} \times 100$$
$$= \frac{\sqrt{2}\pi}{6} \times 100 \fallingdotseq 74.04\cdots(\%)$$

この面心立方格子における充填率は,同一の球を空間内に配置した際の最も高い充填密度となっている.したがって次に述べる六方最密充填構造と対比させて,**立方最密充填構造** (cubic closed packing structure, ccp) ともよばれる.

平面上に球をすきまなく並べると,三角状に互いに 6 つの球と接する.このような面を最密充填面とよぶが,面心立方格子における最密充填面は (111) 面に相当する.この面心立方格子と六方最密充填構造は,主なイオン性結晶におけるアニオンの配列となっており,それについては 6.2 節で詳しく述べる.

(3) 六方最密充填構造

面心立方格子と並んで最も高い充填密度を持つ単体の構造が,**六方最密充填構造** (hexagonal closed packing structure, hcp) である.Mg, Ti, Ni, Zn などの単体がこの構造をとる.図 6.2 に示すように,(001) 面が最密充填面となっており,図中,太い実線で囲まれた立体を単位格子とする.したがって,独立な原子座標は (0,0,0),(1/3, 2/3, 1/2) である.面心立方格子と同様に,12 配位の構造である.

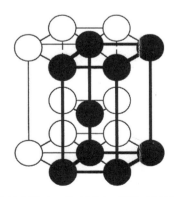

図 6.2 六方最密構造の模式図 (X 線構造解析 (1998)[1]).

124　第6章　結晶の構造化学

　この構造についても充填率 $f(\%)$ を計算してみよう．単位格子内の原子数を $Z(=2)$，原子半径を r，格子定数を a, c とすると，まず $(1/3, 2/3, 1/2)$ 位置の原子は，真上または真下にある単位格子の頂点位置の3つの原子に対して正四面体を形成するので，a, c の間には，

$$c = 2 \times \sqrt{\frac{2}{3}} a = \frac{2\sqrt{6}}{3} a$$

の関係がある．また，ちょうど格子定数 a は原子半径 r の2倍に等しい．よって充填率 $f(\%)$ は，

$$\therefore f = \frac{\frac{4}{3}\pi r^3 Z}{\frac{\sqrt{3}}{2}a^2 c} \times 100$$
$$= \frac{\frac{4}{3}\pi(\frac{1}{2})^3 \times 2}{\sqrt{2}} \times 100$$
$$= \frac{\sqrt{2}\pi}{6} \times 100 \fallingdotseq 74.04 \cdots (\%)$$

となり，面心立方格子のそれと等しいことがわかる．

（4）　ダイヤモンド構造

　ダイヤモンド型構造はすでに図1.1に示している．ダイヤモンドの他，Si, Ge などの単体がこの構造をとる．独立な原子座標は $(0,0,0)$，$(1/2, 1/2, 0)$，$(1/2, 0, 1/2)$，$(0, 1/2, 1/2)$，$(1/4, 1/4, 1/4)$，$(3/4, 3/4, 1/4)$，$(3/4, 1/4, 3/4)$，$(1/4, 3/4, 3/4)$ であるので，単位格子内には8原子存在する．各サイトは4配位の構造である．

　面心立方格子と比較すると，ちょうど2つの面心立方格子を $(1/4, 1/4, 1/4)$ だけずらして重ねた構造となっている．したがって，例えば，原点位置と $(1/4, 1/4, 1/4)$ 位置の原子が最近接であるので，対角線の $1/4$ の長さが原子半径 r の2倍に相当する．格子定数を a とすると，

$$2r = \frac{\sqrt{3}}{4} a$$
$$\therefore r = \frac{\sqrt{3}}{8} a$$

となる．したがって，単位格子内の原子数を $Z(=8)$ とすると，充填率 $f(\%)$ は

$$f = \frac{\frac{4}{3}\pi r^3 Z}{a^3} \times 100$$

$$= \frac{\sqrt{3}\pi}{16} \times 100 \fallingdotseq 34.00\cdots (\%)$$

となり，体心立方格子のちょうど半分の値となることがわかる．

6.2 最密充填構造とその空隙

　前節で述べた2つの最密充填構造，すなわち，面心立方格子と六方最密充填構造の構造上の関係を整理しておこう．まず面心立方格子について，前節で述べた最密充填面である(111)面の配置と単位格子の関係を示したのが，図 6.3 である．図の左にある A, B, C の記号は，(111)面に垂直な[111]方向から見たときの，最密充填面の位置の種類を示している．つまり面心立方格子は3種の最密充填面が繰り返された構造になっている．

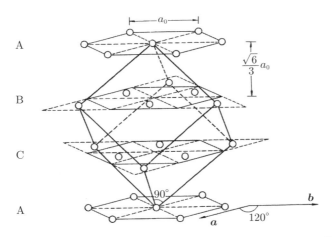

図 6.3　面心立方格子の六方表示 (無機ファイン材料の化学 (1988)[2]).

　最密充填面の上下の位置関係を示したのが，図 6.4 である．実線で描かれた最密充填面を A 位置とし，その下にくる B 位置を点線で示している．その次の層の位置，つまり B 位置にある球の作るくぼみの位置は，図にあるように黒で描かれた位置，もしくは灰色で描かれた位置の2種類ある．黒位置はちょうど A 位置の真下であるので，これも A と表記することにしよう．一方，灰色位置は，A や B

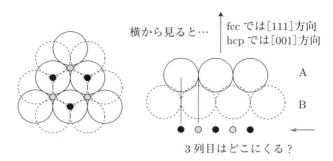

図 6.4 最密充填面の積層のしかた．

位置とは異なるので C と表そう．上で述べたように，面心立方格子ではこの灰色位置である C 位置に第 3 層がくる．つまり [111] 方向には A–B–C–A–B–C–⋯ の繰り返しとなる．一方，六方最密充填構造では，B 位置の次は A 位置がくるので，[001] 方向に A–B–A–B–⋯ の繰り返しとなる．したがって，面心立方格子と六方最密充填構造は，ともに最密充填面の繰り返しであり，すでに述べたように充填率も同一であるが，その面の積層のしかたが異なるといえる．

さらに，これらの最密充填面の間のすきま (空隙とよぶ) は，図 6.5 に示すように 2 種類のものが存在する．1 つは，A 位置の 3 つの原子と B 位置の 1 つ (またはその逆) で作られる正四面体の中の空隙であり，四面体空隙 (T-site) とよぶ．空隙の中心は図 6.5 に示すように，A 位置または B 位置にある．以降，これらの位置にある四面体空隙を T_a (A 位置)，T_b (B 位置) などと表すことにする．A 位置を上面，B 位置を下面とし，AB 層間の距離を 1 とすると，T_a は 1/4 の高さ，

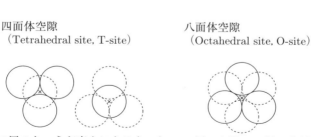

図 6.5 最密充填面の間の 2 種類の空隙．

T_b は 3/4 の高さの位置に相当する．

　もう一方は，A 位置および B 位置それぞれ 3 つずつの計 6 原子で作られる正八面体の中の空隙であり，八面体空隙 (O-site) とよぶ．空隙の中心は図 6.5 にあるように，A 位置でも B 位置でもなく，ちょうど C 位置に相当する．四面体空隙同様，C 位置にある八面体空隙を O_c と表すことにしよう．同じく AB 層間の距離を 1 とすると，O_c はちょうど中間の 1/2 の高さの位置にくる．これらの様子を示したものが**図 6.6** である．T_a，T_b や O_c 層における層内の空隙位置の数は，いずれも A, B 面内の原子数と同一であることに注意しよう．

図 6.6　最密充填層 AB 間の空隙の位置．

6.3　MX 型構造

　本節以降，化合物の結晶構造の主要なもののうち，カチオンとアニオンの位置関係を 6.2 節で述べた最密充填構造内の空隙位置の観点から，組成比ごとにまとめて示す．まずはカチオン M，アニオン X が 1 対 1 の MX 型構造から見ていこう．

(1)　岩塩 (NaCl) 型構造

　1 対 1 の MX 型構造のうち，NaCl，KCl，MgO，CaO など多くの化合物に見られる典型的な結晶構造であり，立方晶系の構造である．その模式図を**図 6.7** に示す．

128　第 6 章　結晶の構造化学

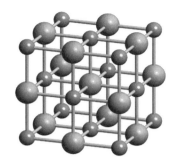

図 6.7　岩塩型結晶構造の模式図.

単位格子の原点 $(0, 0, 0)$ にアニオン X (NaCl では Cl) をとると，独立な原子座標は原点の他に，アニオンは，$(1/2, 1/2, 0)$，$(1/2, 0, 1/2)$，$(0, 1/2, 1/2)$，カチオン M (NaCl では Na) は，$(1/2, 0, 0)$，$(0, 1/2, 0)$，$(0, 0, 1/2)$，$(1/2, 1/2, 1/2)$ の計 8 つ存在する.

図 6.7 からわかるように，X のみを見ると面心立方格子を形成する．結晶構造のうち，特定の構成要素からなる格子を**副格子** (sublattice) という．つまり，岩塩型構造における X の副格子は面心立方格子である．

M は，X からなる面心立方格子における O-site をすべて満たす．したがって，[111]方向の層関係は次のようになる．

　　A–O_c–B–O_a–C–O_b–A–$\cdots$

6.2 節で述べたように，A, B, C 層や O-site 層内の原子数は同一であるので，M と X が 1 対 1 の組成比であることも改めて確認できる．

また O-site の添字を見るとわかるように，M の副格子も A–B–C–A$\cdots$ となり，面心立方格子である．したがって，M と X をそっくり入れ換えても (逆構造という)，同一の岩塩型構造となる．

(2)　閃亜鉛鉱 (ZnS) 型構造

天然に産出される ZnS や CuCl, GaAs, CdSe などに見られる結晶構造であり，立方晶系の構造である．模式図を図 6.8 に示す．

岩塩型と同様に，アニオン X (ZnS では S) を原点 $(0, 0, 0)$ にとると，他の X は，$(1/2, 1/2, 0)$，$(1/2, 0, 1/2)$，$(0, 1/2, 1/2)$，カチオン M (ZnS では Zn) は，

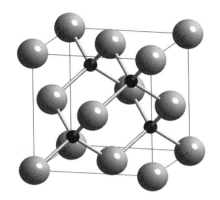

図 6.8 閃亜鉛鉱型構造の模式図.

(1/4, 1/4, 1/4), (3/4, 3/4, 1/4), (3/4, 1/4, 3/4), (1/4, 3/4, 3/4) 位置にくる．図 6.8 や原子座標からわかるように，もし，カチオンとアニオンが同一の原子であれば，ダイヤモンド型の構造に等しい．

この閃亜鉛鉱型における X の副格子は面心立方格子である．M は，X の面心立方格子における T-site のうちちょうど半分 (図 6.6 に示す 2 つの T-site のうち，片方の層だけ) を占有する．したがって単位格子の [111] 方向の層関係は次のようになる．

$A–T_b–B–T_c–C–T_a–A–\cdots$

T-site の添字を見るとわかるように，M の副格子も A–B–C–A ··· となり，面心立方格子である．この閃亜鉛鉱型においても，M と X を入れ換えた逆構造は，もとの構造と同一である．したがって，岩塩型構造とは M, X の両副格子とも面心立方格子という点で共通しており，そのずれ方が異なるだけ (岩塩型は互いに O-site，閃亜鉛鉱型は互いに T-site に入る) であるといえる．

(3) ウルツ鉱 (ZnS) 型構造

ZnS の高温での安定構造であり，ZnO，AlN，GaN などがこの構造を示し，六方晶系に属する．ウルツ鉱型の結晶構造の模式図を**図 6.9** に示す．

アニオン X (ZnS では S) を単位格子の原点 (0, 0, 0) にとると，他のアニオンは (1/3, 2/3, 1/2)，カチオン M (ZnS では Zn) は (0, 0, 3/8)，(1/3, 2/3, 7/8) 位置

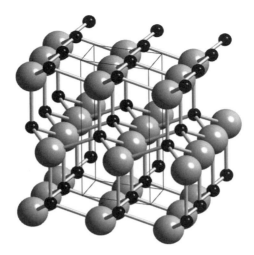

図 6.9 ウルツ鉱型構造の模式図.

にとれる[*1].

ウルツ鉱型における X の副格子は六方最密充填構造である．カチオン M は，X の六方最密充填構造における T-site を半分 (閃亜鉛鉱型と同様に T-site のうち片方だけ) 満たす．したがって，[001]方向の層関係は次のようになる．

$A–T_b–B–T_a–A–T_b–B–\cdots$

T-site の添字を見るとわかるように，M の副格子も A–B–A–B $\cdots$ となるので，六方最密充填構造となることがわかるであろう．この構造においても，逆構造は同一のウルツ鉱型構造となる．また，閃亜鉛鉱型構造と比較すると，互いに T-site を占めるのは共通であり，立方最密構造が六方最密充填構造となった構造である．

また，このウルツ鉱型および閃亜鉛鉱型が 4 配位構造であり，6 配位構造である岩塩型に比較して配位数が少ないことから，図 3.5 に示したように，岩塩型と比較してカチオンのアニオンに対する半径比が小さいか，あるいは共有結合性のより大きい化合物が，これらの構造をとるものと考えられる．

[*1] 単位格子の取り方はこれだけではなく，a, b 軸を入れ換えたり，c 軸の向きを逆にとると原子座標の値は変わる．

(4) ヒ化ニッケル (NiAs) 型構造

天然の NiAs (紅ニッケル鉱とよばれる) や，FeS，CoTe，NiSb などの化合物がこの構造をとり，ウルツ鉱と同じく六方晶系に属する．構造の模式図を図 6.10 に示す．

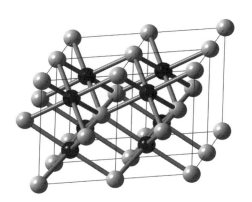

図 6.10　ヒ化ニッケル型構造の模式図．

アニオン X (NiAs では As) を単位格子の原点 $(0,0,0)$ にとると，他のアニオンは $(1/3, 2/3, 1/2)$，カチオン M (NiAs では Ni) は $(2/3, 1/3, 1/4)$，$(2/3, 1/3, 3/4)$ の位置に入る．ウルツ鉱型と同様に X の副格子は六方最密充填構造であり，M は，X の六方最密充填構造における O-site をすべて満たす．したがって，[001]方向の層関係は次のようになる．

$$A-O_c-B-O_c-A-O_c-B-\cdots$$

O-site の添字を見るとわかるように，M の副格子は面心立方格子でも六方最密充填構造でもない (三角柱構造，または単純六方構造)．したがって，先に述べた 3 つの MX 型構造では，その逆構造はもとの構造と同一であったが，このヒ化ニッケル型構造は逆構造が同一ではない．したがって，アニオンの副格子が六方最密充填構造となるものを正ヒ化ニッケル型構造，カチオンとアニオンが入れ換わって，カチオンの副格子が六方最密充填構造となるものを逆ヒ化ニッケル型構造として区別されることがある．例えばウスタイト (FeO) は超高圧下において逆ヒ化ニッケル型構造に転移することが知られている．

(5) 塩化セシウム (CsCl) 型構造

塩化セシウム型構造は図 6.11 に示すように立方晶系に属し，CsCl など，カチオンのアニオン対するの半径比 α が比較的大きい化合物がこの構造をとる場合が多い．

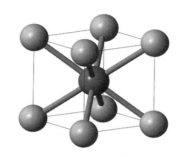

図 6.11 塩化セシウム型構造の模式図．

アニオン X を原点 $(0,0,0)$ にとると，カチオン M は $(1/2, 1/2, 1/2)$ に位置し，X，M ともに副格子は単純立方格子であり，逆構造も同一である．図 6.11 からもわかるように，8 配位の構造であり，岩塩型よりも半径比 α が大きく，よりイオン結合性の高い化合物がこの構造をとる．

この塩化セシウム型構造において，単位格子の頂点位置と体心位置の原子が異なるので，対応するブラベー格子は体心立方格子ではないことに注意しよう (5.5 節で述べたように，塩化セシウム型構造に X 線回折の消滅則が存在しないことからもわかる)．

6.4　MX_2 型構造

カチオンとアニオンの組成比が 1 : 2 である MX_2 型構造についても，MX 型と同様に整理してみよう．

(1) 蛍石 (CaF_2) 型構造

CaF_2 や SrF_2 などのフッ化物，CeO_2 などがこの構造をとる．通常の蛍石型構

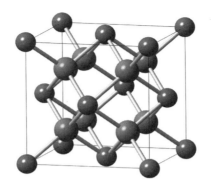

図 6.12 蛍石型構造の模式図.

造は，図 6.12 に示すように，カチオン M の副格子が最密充填構造 (面心立方格子) となる．それに対して，Li_2O，Na_2S など，アニオン X の副格子が面心立方格子をとるものを逆蛍石型構造とよぶ．

カチオン M (CaF_2 では Ca) の面心立方格子に対し，アニオン X (CaF_2 では F) は，M の T-site をすべて満たす．X から見て，M は 8 配位となっている．したがって，[111]方向の層関係は次のようになる.

$A–T_b–T_a–B–T_c–T_b–C–T_a–T_c–A–\cdots$

T-site の添字は，BACBAC と，一見面心立方格子と同様の配列であるが，図 6.12 を見るとわかるように，X の副格子は単純立方格子である．これは，X の副格子が，面心立方格子から [111]方向に半分の大きさにつぶされた構造となっているためである．図 5.4 に示した面心立方格子における最小の単位格子である菱面体格子が対角線方向に縮められると，ちょうど単純立方格子となる．

(2) ルチル (TiO_2) 型構造

TiO_2 の多形の 1 つであるルチルが示す構造 (図 6.13) であり，MnO_2，VO_2，CeO_2 など多数の酸化物，MgF_2，NiF_2，CoF_2 などのフッ化物がこの構造をとる．

理想的なルチル型構造では，アニオン X (TiO_2 では O) の副格子は六方最密充填構造であり，カチオン M (TiO_2 では Ti) は，X の六方最密充填構造における O-site のうち O-site 層内から規則的に半分欠損した構造を占める．すなわち，ヒ化ニッケル型構造から，カチオンが半分欠損した構造である．O-site 内 ((001)面

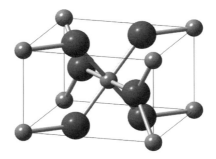

図 6.13 ルチル型構造の模式図．単位格子の頂点と体心に Ti があり，Ti の周りの O は 6 配位である．晶系は正方晶であり，TiO_6 は正八面体から 1 方向に歪んでいる．

内) における M の配列は，**図 6.14**(c) に示す．これを O[1/2] ([ ] 内は原子の占有率) と表記すると，[001]方向の層関係は次のようになる．

  A–O_c[1/2]–B–O_c[1/2]–A–O_c[1/2]–B–···

M の配列は図 6.13 に示すように，体心正方格子となる．

(3) ヨウ化カドミウム (CdI_2) 型構造

CaI_2, $CoBr_2$ などの 2 価の金属ハロゲン化物がこの構造をとる．模式図を**図 6.15** に示す．

アニオン X (CdI_2 における I) の副格子は六方最密充填構造，カチオン M (CdI_2 では Cd) は，X の六方最密充填構造における O-site の半分を占める．ルチル型構造では，O-site 層内から規則的に原子が欠損していたが，ヨウ化カドミウム型構造では，1 つの O-site 層内における欠損はなく，一層おきに O-site 層が存在する．したがって，[001]方向の層関係は次のようになる．

  A–B–O_c–A–B–O_c–A–···

この層関係からわかるように，アニオン X の層同士がカチオン M を介さずに面しているところがあり，その間の結合力は非常に弱く，結果この構造をとる化合物は劈開性を示す．

(4) 塩化カドミウム ($CdCl_2$) 型構造

$FeCl_2$, $MgCl_2$ などの 2 価金属の塩化物に塩化カドミウム型構造が見られる．

6.4 MX₂ 型構造　135

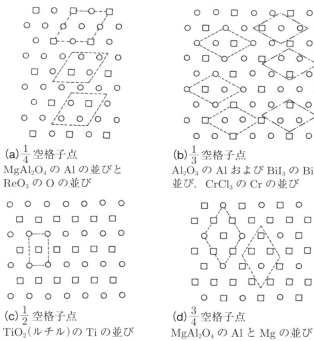

(a) $\frac{1}{4}$ 空格子点
MgAl₂O₄ の Al の並びと
ReO₃ の O の並び

(b) $\frac{1}{3}$ 空格子点
Al₂O₃ の Al および BiI₃ の Bi の
並び．CrCl₃ の Cr の並び

(c) $\frac{1}{2}$ 空格子点
TiO₂(ルチル) の Ti の並び

(d) $\frac{3}{4}$ 空格子点
MgAl₂O₄ の Al と Mg の並び

図 6.14 最密充填構造における種々の規則的な格子欠陥 (無機ファイン材料の化学 (1988)[2]).

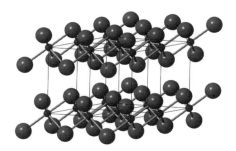

図 6.15 ヨウ化カドミウム型構造の模式図．Cd を単位格子の頂点としている．

その結晶構造を**図 6.16** に示す．

アニオン X (CdCl₂ では Cl) の副格子は面心立方格子であり，カチオン M (CdI₂

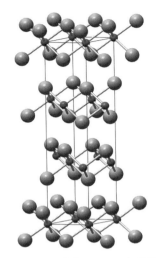

図 6.16 塩化カドミウム型構造の模式図．Cd を単位格子の頂点としている．Cl の面心立方格子と図中の単位格子は異なるので注意．

では Cd) は，X の面心立方格子における O-site を，ヨウ化カドミウム型構造と同様に一層おきに占める．したがって，面心立方格子 [111] 方向の層関係は次のようになる．

A–O_c–B–C–O_b–A–B–O_a–C–A–O_c–B–⋯

また，ヨウ化カドミウム型構造と同様にアニオン同士が面しているところで，劈開性がある．

(5) 六方最密充填構造の T-site を占める MX_2 型

以上見たように，4 つの典型的な MX_2 型構造のうち，最密充填構造が面心立方格子の場合は T-site および O-site を占める両方のタイプ (蛍石型構造, 塩化カドミウム型構造) があるが，六方最密充填構造の場合には O-site を占めるものしかなく (ルチル型構造，ヨウ化カドミウム型構造)，T-site を占める構造が存在しない．仮に六方最密充填構造の T-site をすべて占有するパターンを記すと

A–T_b–T_a–B–T_a–T_b–A–T_b–T_a–B–⋯

となる．蛍石型構造と比較すると，–T_a–B–T_a–⋯ など，T-site 同士が真上真下にくる配列の中間位置に X が入らなければならなくなる．つまり，六方最密充填

構造を維持しようとすると，非常に窮屈な構造になると考えられ，現実にこの構造をとる物質は見つかっていない．

6.5 MX₃型，M₂X₃型構造

次に，カチオンとアニオンの組成比が 1:3 および 2:3 となる MX₃ 型，M₂X₃ 型構造についても，同様に整理してみよう．

(1) ヨウ化ビスマス (BiI₃) 型構造

TiCl₃，FeCl₃ など 3 価の金属のハロゲン化物の一部がこの構造をとる．模式図を図 6.17 に示す．

アニオン X (BiI₃ では I) の副格子は六方最密充填構造，カチオン M (BiI₃ では Bi) は，X の六方最密充填構造における O-site から 1/3 抜けた O[2/3] 層が，さ

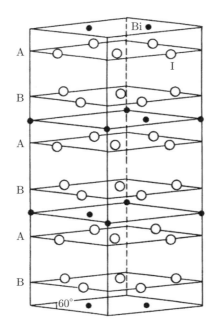

図 6.17 ヨウ化ビスマス型構造の模式図 (無機ファイン材料の化学 (1988)[2]).

らに一層おきに配列する．O-site からの欠損の様子は，図 6.14(b) に示す．したがって，六方最密充填構造 [001] 方向の層関係は次のようになる．

　　A–B–O$_c$[2/3]–A–B–O$_c$[2/3]–A–···

(2) 塩化クロム (CrCl$_3$) 型構造

TiI$_3$，YCl$_3$ など同じく 3 価の金属のハロゲン化物の一部がこの構造をとる．模式図を図 6.18 に示す．

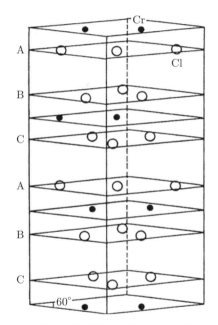

図 6.18 塩化クロム型構造の模式図 (無機ファイン材料の化学 (1988)[2])．

ヨウ化ビスマス型構造から，アニオン X (CrCl$_3$ では Cl) の副格子が面心立方格子へと変化した構造で，同様にカチオン M (CrCl$_3$ では Cr) は，X の面心立方格子における一層おきの O[2/3] として配列する．O-site 内の欠損の様子もヨウ化ビスマス型構造と同様である．したがって，面心立方格子 [111] 方向の層関係は次のようになる．

　　A–O$_c$[2/3]–B–C–O$_b$[2/3]–A–B–O$_a$[2/3]–C–A–O$_c$[2/3]–B–···

（3） 酸化レニウム (ReO_3) 型構造

ReO_3, WO_3 などがこの構造をとる．ReO_3 は非常に電気伝導度の高い酸化物として知られている．

アニオン X (ReO_3 では O) の副格子は面心立方格子から 1/4 欠損している．アニオン欠損の様子は，図 6.14(a) に示す通りである．カチオン M (ReO_3 では Re) は，X の面心立方格子における O-site が 3/4 欠損する (同じく欠損の様子は，図 6.14(d))．したがって，[111]方向の層関係は次のようになる．

A[3/4]–O_c[1/4]–B[3/4]–O_a[1/4]–C[3/4]–O_b[1/4]–A[3/4]
–O_c[1/4]–B[3/4]–$\cdots$

M, X 両方のサイトが両方欠損するので，最密充填面の表記ではかえってわかりづらいかもしれない．図 6.19 に示すように，立方晶表記では，ReO_6 八面体が，頂点を共有して 3 次元的に配列している．2.2 節でも述べたペロブスカイト型構造 (図 2.4) の A サイトがすべて欠損した構造である．

（4） コランダム (Al_2O_3) 型構造

Ti_2O_3, Cr_2O_3, α-Fe_2O_3 など 2：3 の組成式を持つ多くの酸化物がこの構造をとる．結晶構造の模式図を図 6.20 に示す．

アニオン X (Al_2O_3 では O) の副格子は六方最密充填構造，カチオン M (Al_2O_3 では Al) は，X の六方最密充填構造における O-site から 1/3 抜けて O[2/3] 層となる．すなわち，ヒ化ニッケル型構造から，カチオン M が欠損した構造である．したがって，[001]方向の層関係は次のようになる．

A–O_c[2/3]–B–O_c[2/3]–A–O_c[2/3]–B–$\cdots$

宝石の一種であるルビーは，コランダム Al_2O_3 の Al サイトに数%Cr が置換されたものであり，同じく Ti, Fe が置換されたものがサファイアである．これらの宝石類が安定な化合物として存在するのは，それぞれの金属イオンの酸化物の結晶構造が同じコランダム型なので，安定な置換型固溶体が形成されるためである．

（5） 三酸化二マンガン (Mn_2O_3) 型構造

Y_2O_3, Tl_2O_3 などの 3 価の金属の酸化物に見られる構造である (図 6.21)．

カチオン M (Mn_2O_3 では Mn) の副格子は面心立方格子，アニオン X (Mn_2O_3

140 第6章 結晶の構造化学

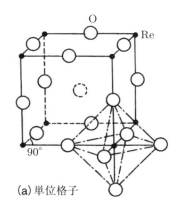

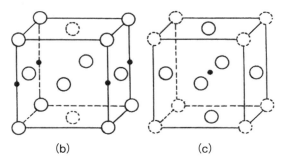

(b), (c)は(a)より位相をずらせた単位格子
(◌は, 欠けたアニオンサイト)

図 6.19 酸化レニウム型構造の模式図 (無機ファイン材料の化学 (1988)[2]).

では O) は, M の面心立方格子における T-site から 1/4 欠損する (図 6.14(a)).
すなわち, 逆蛍石型構造からカチオンが欠損した構造である. したがって, [111]
方向の層関係は次のようになる.

A–T_b[3/4]–T_a[3/4]–B–T_c[3/4]–T_b[3/4]–C–T_a[3/4]–T_c[3/4]–A–・・・

6.6 複合化合物

以上, 様々な組成比の主な結晶構造を見てきたが, 本節ではカチオンが2種類
以上存在する, いわゆる複合化合物の代表的な結晶構造を取り上げる.

6.6 複合化合物　141

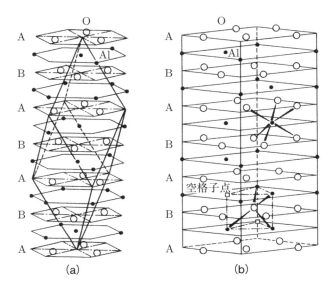

図 6.20 コランダム型構造の模式図 (無機ファイン材料の化学 (1988)[2]).

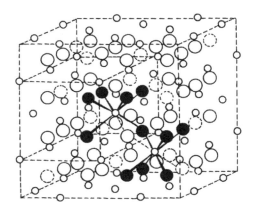

図 6.21 三酸化二マンガン型構造の模式図 (無機ファイン材料の化学 (1988)[2]).

(1) **ペロブスカイト (CaTiO$_3$) 型構造**

別名灰チタン石とよばれるペロブスカイト CaTiO$_3$ がとる構造で，2 種類のカ

142 第6章 結晶の構造化学

チオン M，M′ が 1：1 で存在し，MM′X$_3$ の一般組成式を持つ．CaTiO$_3$ の他，
BaTiO$_3$，SrMnO$_3$ など複合化合物の代表的な構造で，超伝導体である YBa$_2$Cu$_3$O$_7$
など，2種以上カチオンの組み合わせや，アニオンサイトの不定比性により，膨
大な物質群が存在する．結晶構造はすでに 2.2 節や 6.5 節 (3) の酸化レニウム型
構造でも述べたように，ReO$_3$ の O が抜けたサイトに Ca が入る．2 つのカチオ
ンサイトのうち，Ca サイトを A サイト，Ti サイトを B サイトともよぶ．配位数
は，Ca の周りに酸素 12 配位，Ti の周りに酸素 6 配位，酸素の周りは 2 つの Ti
と 4 つの Ca に配位されている．

　多彩な価数の組み合わせ (1 価–5 価，2 価–4 価，3 価–3 価など) や，酸素サイ
トの不定比性により，電気的，磁気的に優れた性質を示す物質も多数知られてい
る．以下いくつかの例を示そう．

(2)　ペロブスカイト型構造の示す様々な物性

1. 強誘電体 BaTiO$_3$
   結晶構造内で，Ba の原子位置が偏るので自発的に分極する (強誘電体)．圧
   力を掛けると，格子が歪み，分極度合が異なる (圧電効果)．
2. 巨大磁気抵抗効果 (La,Sr)MnO$_3$
   La と Sr の比を変えることにより，Mn の平均価数が 3～4 価に変化する．磁
   場をかけると Mn のスピンが揃い，電気が流れやすくなる (磁気抵抗効果)．
3. 超伝導体 YBa$_2$Cu$_3$O$_7$
   A サイトに Y，Ba が規則配列し，さらに O が規則的に抜ける．立方晶表
   記で，[001] 方向は次のように並ぶ．

   　　　CuO–BaO–CuO$_2$–Y–CuO$_2$–BaO–CuO–· · ·

   図のように平面的な CuO$_2$ 面が形成され，そこに伝導を担うホール (正孔，
   電子の抜けた穴が動くと正の電荷を持った粒子が動くと見なせる) が配置
   し，約 90 K 以下で超伝導を示す．この YBa$_2$Cu$_3$O$_7$ の他，**図 6.22** に示す
   ような (La, Ba)$_2$CuO$_4$ や Bi$_2$Sr$_2$CaCu$_2$O$_8$，TlBa$_2$Ca$_2$Cu$_3$O$_9$ など，これ
   らの現在までに知られている銅の酸化物で高温超伝導を示すものは，必ず
   この CuO$_2$ を結晶構造内に有することが知られている．

6.6 複合化合物 143

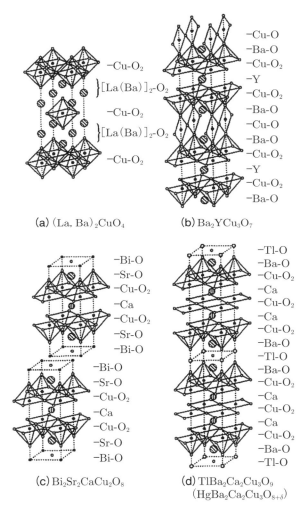

図 6.22 種々の銅酸化物高温超伝導体の構造 (高温超伝導の材料科学 (1999)[3]).

(3) イルメナイト (FeTiO₃) 型，LiNbO₃ 型構造

$MgTiO_3$, $NiTiO_3$ などはイルメナイト ($FeTiO_3$) 型とよばれ，図 6.23(b) に示すようにコランダム型の Al サイトに複数のカチオンが規則的に配列した構造で

144　第6章　結晶の構造化学

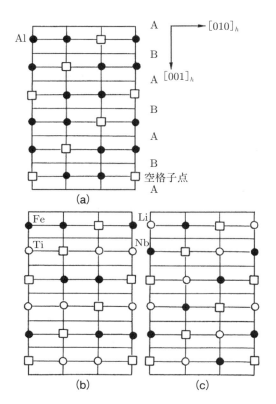

図 6.23 コランダム型 (a), イルメナイト型 (b), LiNbO$_3$ 型 (c) の結晶構造の関係 (無機ファイン材料の化学 (1988)[2]).

ある．また，LiTaO$_3$ などの LiNbO$_3$ 型も同様で，イルメナイト型とは配列の仕方が異なる (図 6.23(c))．

(4) スピネル (MgAl$_2$O$_4$) 型構造

スピネル (MgAl$_2$O$_4$) に代表される，MM$'_2$X$_4$ 型の構造で，MgFe$_2$O$_4$, Fe$_3$O$_4$, CuV$_2$S$_4$, K$_2$Zn(CN)$_4$ など，ペロブスカイト型構造と同様に多くの化合物に見られる構造である．ペロブスカイト型構造と同様に，すでに 2.2 節，図 2.5 に構造を示したが，アニオンの最密充填構造との関係を示したのが**図 6.24** である．アニオンは面心立方格子で，O-site の 1/4，および 3/4 占めた層が交互に Al, T-site

6.6 複合化合物　145

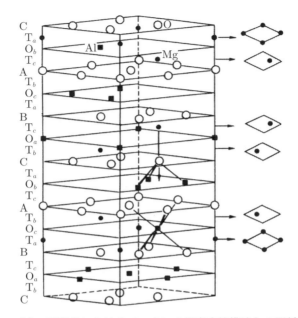

図 6.24　スピネル型構造におけるアニオンの最密充填構造との関係 (無機ファイン材料の化学 (1988)[2]).

の 1/4 を占めた層が二層おきに Mg が占める.

A–$T_b[1/4]O_c[1/4]T_a[1/4]$–B–$O_a[3/4]$–C–$T_a[1/4]O_b[1/4]T_c[1/4]$–A–$O_c[3/4]$–B–$T_c[1/4]O_a[1/4]T_b[1/4]$–C–$O_b[3/4]$–A–$\cdots$

Mg が入る T-site を A サイト,Al が入る O-site を B サイトとも表記する.立方晶の単位格子を図 2.5 に示したように 8 つのブロックに分けることができ,T-site のカチオンと O-site のカチオンが入るブロックが交互に配列する.

アニオン X を中心に見ると 3 つの O-site カチオンと 1 つの T-site カチオンに配位されている.

また,通常は 2 価のイオンが T-site,3 価のイオンが O-site に入るが,3 価のイオンが T-site,O-site には 2 価と 3 価が 1:1 で入る,いわゆる逆スピネル型構造をとる化合物も多数存在する.

(5) フェライトの磁性

2.1 節で述べたように，マグネタイトは逆スピネル型となり，A サイトに Fe^{3+}，B サイトに Fe^{2+}，Fe^{3+} が入る．マグネタイトは地中に広く分布する砂鉄の主成分であり，外から磁場をかけなくても磁性を帯びる (自発磁化)．このような物質を総称して強磁性体とよぶ．特に，マグネタイトと同様に，スピネル構造で Fe を含む化合物を**スピネル型フェライト** (ferrite) とよぶ．

一般に，A サイトと B サイトの磁気モーメントは逆向きで，Fe_3O_4 では Fe^{3+} ($S = 5/2$) 同士が打ち消し合って，結果的に Fe^{2+} ($S = 2$) のモーメントだけ残るため，フェリ磁性ともよばれる．

この Fe_3O_4 の A サイトを Mg や Zn などの磁性を持たない (非磁性) 元素で置換すると，元来打ち消されていた B サイトの Fe^{3+} のモーメントが復活しより大きな磁化を示す (図 6.25)．現在の電気的磁気的デバイスになくてはならないフェライト材料として，色々な元素を様々な比で置換した材料が開発されている．

磁性については，電子状態の相転移としての観点から 10 章に詳しく述べる．

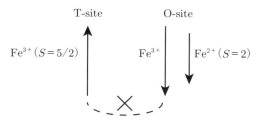

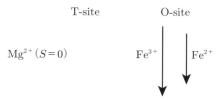

図 6.25　マグネシウムフェライトにおける磁化増大の模式図．

6章　参考文献

[1]　X 線構造解析，早稲田嘉夫，松原英一郎，内田老鶴圃 (1998, 2019).

[2]　無機ファイン材料の化学，中西典彦，坂東尚周編著，三共出版 (1988).

[3]　高温超伝導の材料科学，村上雅人，内田老鶴圃 (1999).

[4]　ウエスト固体化学-基礎と応用-，ウエスト，講談社サイエンティフィク (2016).

[5]　結晶学と構造物性，野田幸男，内田老鶴圃 (2017).

[6]　構造無機化学 I，II，III，桐山良一，桐山秀子，共立出版 (1978, 1979, 1981).

第7章

格子欠陥 – 静的な格子欠陥 –

格子欠陥は，物性科学 (化学) において，避けては通れない大問題である．それには大きく分けて静的 (static) な格子欠陥と動的 (dynamical) な格子欠陥がある．それらは，物性に大きな影響を及ぼす．どんなに完璧な単結晶を合成しようとしても，熱力学的に必ず格子欠陥が入ってしまうのである．また，結晶 (材料) を変形させるときには，転位という，二次元的な格子欠陥が多数導入されることが知られている．材料の堅さやもろさ (脆性) も転位の濃度に依存している．さらに，有限温度では必ず原子・イオンの熱振動 (格子振動) があり，それが物性に影響を及ぼす．例えば，格子振動は金属の電気抵抗の主たる原因である．また，格子振動を媒介として電子間に引力が働いて電子対が形成され，その電子対がボーズ–アインシュタイン凝縮を起こすという機構は，超伝導の本質である．すなわち超伝導の起源としての格子振動という側面もある．したがって，格子欠陥の議論をせずに物性は語れないのである．この章では，まずは静的な格子欠陥についてまず見ていこう．動的な格子欠陥である格子振動については，8 章で説明しよう．

7.1 ゼロ次元的な静的格子欠陥

（1） 点欠陥

点欠陥 (point defect) とは，原子 (場合によってはイオン) がいるべき場所 (結晶学的サイト) に原子がいなかったり，いるべきではない場所に原子がいる，という状況のことである．前者は**原子空孔** (vacancy)，後者は**侵入型原子** (interstitial atom) とよばれ，主要な点欠陥である．4 章で説明したような熱力学的な議論は，このような静的な格子欠陥を議論する上でも有用である．固体の平衡状態は，ギブスの自由エネルギー $G = H - TS$ が最小になる形で与えられ，その中に格子欠陥も繰り込まれるのである．

まず，系に格子欠陥が導入されたときを熱力学的に考察してみよう．ここで，エンタルピー変化 ΔH （〜内部エネルギーの変化 ΔE）は，格子欠陥形成に必要な

150 第 7 章 格子欠陥 – 静的な格子欠陥 –

エネルギーと，格子欠陥の周囲の原子の振動エネルギーの変化の両者の和で表される．一方，その際のエントロピー変化としては，熱エントロピーの変化 (振動数の変化) および配置のエントロピー項の変化の 2 種類が考えられる．

立方晶で単原子格子中のショットキー (Schottky) 欠陥を考える．ショットキー欠陥とは，単独で原子空孔または侵入型原子が存在している格子欠陥のことである．いま，結晶中の N 個の格子点 (site) に n 個のショットキー空孔が存在するとして，そのときの内部エネルギーの変化 ΔE について考えよう．1 つの原子空孔の形成エネルギー E_S は，原子 1 個当たりの格子エネルギー E_{lattice} とその原子を結晶の外に取り出すエネルギー E_H の差で表される．

$$E_S = -(E_{\text{lattice}} - E_H) = E_H - E_{\text{lattice}} \tag{7.1}$$

いま，n 個のショットキー空孔が導入された結晶の内部エネルギー E は

$$E = E_P + nE_S \tag{7.2}$$

と表せる．ここで，E_P は完全結晶の内部エネルギーである．結晶中の各原子は全く独立に同一の振動数で振動しているという格子振動のアインシュタインモデル (8 章参照) を用いる．熱エントロピー (振動エントロピー) S は，高温近似を用いて

$$S = -3Nk_B \ln\left(\frac{h\nu}{k_B T}\right) \tag{7.3}$$

と表せる．ちなみに，定容比熱は $C_V = T\dfrac{\partial S}{\partial T}$ なので，これに式 (7.3) を適用すると $C_V = 3Nk_B = 3R$ となって，古典論 (デュロン–プティの法則) に一致する (8 章参照).

いま，$3N$ 個の調和振動子を考え，そのうち nz 個 (z：配位数) が ν' で振動する (空孔の隣は化学結合が切れているので復元力が小さいと考えられる) ので，$\nu' < \nu$ であり，残りの $(3N - nz)$ 個はもとのままの振動数 ν で振動していると考える．一方，配置のエントロピーは，以下のボルツマン方程式を用いて (4 章参照)

$$S = k_B \ln W = k_B \ln \frac{(N+n)!}{N!n!} \tag{7.4}$$

と表される．したがって，不完全結晶のギブスの自由エネルギー G は

$$G = E_P + nE_S + (3N - nz)k_B T \ln\left(\frac{h\nu}{k_B T}\right)$$

$$+ nzk_\mathrm{B}T \ln \left(\frac{h\nu'}{k_\mathrm{B}T} \right) - k_\mathrm{B}T \ln \frac{(N+n)!}{N!n!} \tag{7.5}$$

となる．第3項はアインシュタイン振動数 ν の原子の振動のエントロピー項，第4項は隣に空孔がきたためにアインシュタイン振動数が ν' となった原子の振動のエントロピー項である．最後の項の配置のエントロピーに対しては，スターリングの近似公式 $(\ln N! \approx N \ln N - N)$ を使ってショットキー空孔の数 n について自由エネルギーを最小にするための条件である $\left. \dfrac{\partial G}{\partial n} \right|_T = 0$ を計算する．

$$\left. \frac{\partial G}{\partial n} \right|_T = E_\mathrm{S} - zk_\mathrm{B}T \ln \left(\frac{h\nu}{k_\mathrm{B}T} \right) + zk_\mathrm{B}T \ln \left(\frac{h\nu'}{k_\mathrm{B}T} \right) + k_\mathrm{B}T \ln \frac{n}{N+n} = 0 \tag{7.6}$$

が求まり，整理すると，

$$E_\mathrm{S} = -k_\mathrm{B}T \left\{ \ln \left(\frac{\nu'}{\nu} \right)^z + \ln \frac{n}{N+n} \right\} \tag{7.7}$$

となるので，逆に $\ln$ を解いて $\exp$ に換えると，ショットキー型の空孔に対して，

$$\left(\frac{\nu'}{\nu} \right)^z \left(\frac{n}{N+n} \right) = \exp \left(-\frac{E_\mathrm{S}}{k_\mathrm{B}T} \right) \quad \Rightarrow \quad \frac{n}{N+n} = \left(\frac{\nu}{\nu'} \right)^z \exp \left(-\frac{E_\mathrm{S}}{k_\mathrm{B}T} \right) \tag{7.8}$$

と求まる．したがって，原子空孔が隣にきたために振動数が変化し，その比 $\dfrac{\nu}{\nu'}$ の z 乗がボルツマン因子 $\exp \left(-\dfrac{E_\mathrm{S}}{k_\mathrm{B}T} \right)$ の前に係数として掛かっていて，ショットキー型空孔の濃度 $(n/N \sim n/(N+n))$ を決めていることがわかる．

ショットキー型の他に**フレンケル・ペア** (Frenkel pair) という原子空孔と侵入型原子のペアも結晶中にはよく見られる．例えば，粒子線を結晶に打ち込んだときに，原子が粒子線にはじき飛ばされ，結晶の外に飛び出してしまえば，ショットキー型の空孔だけが残るが，もし，結晶外に飛び出さず，結晶内に残ってしまった場合はフレンケル・ペアになる．フレンケル・ペアについては，上記のショットキー型の議論のように単純ではないので，ここでは，結果のみを示そう．フレンケル・ペアについては，適当な仮定の下で，

$$\frac{n}{\sqrt{NN_i}} = \gamma \exp \left(\frac{-E_\mathrm{FP}}{2k_\mathrm{B}T} \right), \quad \text{ただし } \gamma^2 = \left(\frac{\nu}{\nu'} \right)^z \frac{\nu^{y+1}}{\nu_i \nu_i'^y} \tag{7.9}$$

と求まる．ここで，E_FP：フレンケル・ペアの形成エネルギー，N_i：格子間位置

152 第7章 格子欠陥－静的な格子欠陥－

の数，y：格子間位置の配位数，ν_i：格子間原子の振動数，ν_i'：それに隣り合う原子の振動数であり，やや複雑な関係となる．

ここでショットキー型とフレンケル・ペアの格子欠陥の安定性を見てみよう．

- ショットキー型の原子空孔に対して $\nu' = \dfrac{1}{2}\nu$ だと仮定し，また例えば bcc 構造を考えて $z = 8$ と仮定してみると，$\gamma = \left(\dfrac{\nu}{\nu'}\right)^z = 256 \gg 1$ となって，ショットキー型空孔は充分安定に存在すると考えられる．

- フレンケル・ペアの場合には，$\nu' = \dfrac{1}{2}\nu$ としても，侵入型原子が隣にくると固有振動数は上がると考えられるので，ν_i, $\nu_i' \gg \nu$ となり，$\gamma < 1$ となるので，熱エントロピー変化から考えて，フレンケル・ペアは不安定なのか安定に存在するのか，何ともいえないことがわかる．これらの議論は非常に一般的であることが明らかになっている．

（2） 原子空孔の濃度と複空孔の形成

原子空孔の形成エネルギーは約 1 eV 程度であり，侵入型原子の形成エネルギーは約 4 eV 程度であるといわれていて，点欠陥としては，原子空孔の方ができやすく，侵入型原子は導入しにくいことが知られている．いま，融点近傍における純金属の Au，Al の原子空孔の濃度を求めてみよう．ここで，原子空孔の形成エネルギー E_f と原子空孔形成エントロピーは既存のデータを用いてみよう．

$$\begin{cases} E_f = 0.96\,\text{eV (Au)}, \quad 0.70\,\text{eV (Al)} \\ S_f = 1.2 k_B\,\text{(Au)}, \quad 1.7 k_B\,\text{(Al)} \end{cases} \tag{7.10}$$

これを，空孔の組成を示す以下の簡単な目安の式（ボルツマン因子）に代入してみよう．

$$C = \exp\left(-\frac{E_f - T S_f}{k_B T}\right) \tag{7.11}$$

以下のように，計算を実行してみると，

$$\begin{cases} \text{Au}: T_m = 1063°\text{C} = 1336\,\text{K} \quad \therefore C = 7.9 \times 10^{-4} = 0.079\,\text{at}\% \\ \text{Al}: T_m = 660°\text{C} = 933\,\text{K} \quad \therefore C = 9.1 \times 10^{-4} = 0.091\,\text{at}\% \end{cases} \tag{7.12}$$

と求まる．したがって，原子空孔は熱力学的に 0.1% 程度は必然的に導入されることになる．

(3) 単一空孔と複空孔の化学平衡

次に単一の原子空孔 V_1 が2つ合体し,複空孔 V_2 を形成する場合を考えてみよう.その際に,以下の平衡反応を考え,その平衡定数 K_1, K_2 が以下のように与えられるとしよう.

$$V_1 + V_1 \underset{K_2}{\overset{K_1}{\rightleftharpoons}} V_2 \quad (K_1, K_2 : 反応速度係数) \tag{7.13}$$

このとき,時刻 t における空孔濃度を単一空孔濃度 C_1,複空孔濃度 C_2 とする.したがって,式 (7.13) の平衡状態について,以下の化学反応速度論を考える.

$$\begin{cases} \dfrac{dC_1}{dt} = -2K_1 C_1^2 + 2K_2 C_2 \\ \dfrac{dC_2}{dt} = K_1 C_1^2 - K_2 C_2 \end{cases} \tag{7.14}$$

単一空孔の移動エネルギーを E_m,複空孔の結合エネルギーを B とすると,

$$\begin{cases} K_1 = \alpha \nu \exp(-E_\mathrm{m}/k_\mathrm{B} T) \\ K_2 = \beta \nu \exp(-(E_\mathrm{m} + B)/k_\mathrm{B} T) \end{cases} \tag{7.15}$$

と書ける.複空孔の結合エネルギー B は,0.1〜0.4 eV 程度であることが知られている.いま,結晶構造が fcc であるとする.式 (7.13) の化学反応が起こる状況

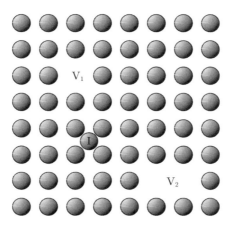

図 7.1 格子欠陥:点欠陥.V_1 は単原子空孔,I は侵入型原子,V_2 は複空孔を示している.

154 第7章 格子欠陥 – 静的な格子欠陥 –

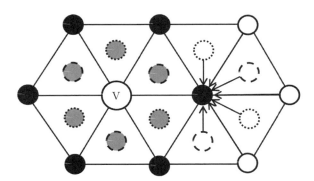

図 7.2 複空孔の形成のモデル．配位数 (最近接原子数) $z = 12$ の fcc 構造を想定している．実線で表した原子の層に対して，破線の原子は 1 層上にあり，点線で表した原子は 1 層下にある．

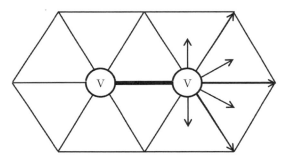

図 7.3 複空孔の分解のモデル．複空孔の 1 つの空孔が最近接 12 サイトのうち，矢印で表した 7 つのサイトに移った場合，この複空孔は分解することになる．

を，**図 7.1** (右向き反応) と**図 7.2** (左向き反応) に示す．図 7.1 では，注目する単一空孔 V_1 の周りの最近接サイトは 12 個で，その 1 つの最近接サイトに注目すると図 7.2 の 7 つのサイトに空孔がきて，後 1 回のジャンプでその最近接サイトに空孔がくる (矢印) と複空孔となる．また，複空孔 V_2 が分解する場合は，**図 7.3** の複空孔中の 1 つの空孔が図の矢印のように 7 つのサイトにジャンプして複空孔が壊れ，2 つの単一空孔に分解する．この状況を考え，α と β は，

$$\begin{cases} \alpha = 7 \times 12 = 84 \\ \beta = 7 \times 2 = 14 \end{cases} \quad (7.16)$$

と与えられる．熱平衡状態では，式 (7.14) において，$\dfrac{dC_1}{dt} = \dfrac{dC_2}{dt} = 0$ なので，$K_1 C_1^2 = K_2 C_2$ となり，したがって式 (7.15)，(7.16) より，

$$\frac{C_2}{C_1} = \frac{K_1}{K_2} C_1 = \frac{\alpha}{\beta} C_1 \exp\left(\frac{B}{k_{\mathrm{B}}T}\right) = 6C_1 \exp\left(\frac{B}{k_{\mathrm{B}}T}\right) \tag{7.17}$$

と求まる．ここで，結晶内の全空孔濃度 C_0 は $C_1 + 2C_2$ に等しいとして，式 (7.11) を用いるなどして，熱平衡状態における空孔濃度を議論することができる．また，原子空孔が存在する，9 章で扱う拡散現象は促進されることになり大変重要である．原子空孔が存在しなければ，拡散は 2 つまたは複数の原子が同時に (例えばループ状に) ジャンプして位置を交換するしかなくなり，非常に大変であり，拡散現象は起こりにくくなるのである．

7.2 転位 – 一次元的格子欠陥 –

転位 (dislocation) は格子変形などによって結晶に導入される．転位はよく焼鈍した材料で，1 cc 中に $10^5 \sim 10^8$ cm 程度存在している．塑性変形させた材料では，1 cc 中に 10^{12} cm 程度存在し，その濃度が大幅に増大しており，塑性変形と転位の存在 (濃度) は密接な関係にあることがわかる．ここでは，「転位とは何か」，「どのように表され」，そして「どのように結晶中を運動するのか」，また，「転位同士はどのように反応するのか」，「金属はなぜ**加工硬化** (work hardening) するのか？」，などについて見ていこう．

（1） 塑性変形の転位モデル

塑性変形は力学物性や材料工学における大問題であった．**図 7.4** に応力 (stress, σ)–歪み (strain, ε) 曲線を示す．あまり応力が大きくなく，すなわち図 7.4 の ε–σ 曲線の原点近傍においては，応力に比例して歪み，応力は可逆的にゼロになり，原点に戻る．ここで応力 σ と歪み ε の間の係数は，剛性率 G とよばれる．

$$\sigma = G\varepsilon \tag{7.18}$$

そのような可逆的変形を**弾性変形** (elastic deformation) といい，弾性変形を起こす図 7.4 の原点近傍の領域を**弾性** (elastic) **領域**とよぶ．さらに応力が増大すると，ある閾 (しきい) 値 (**降伏点** (yield point)，点 Y) を超え，図 7.4 において歪みが

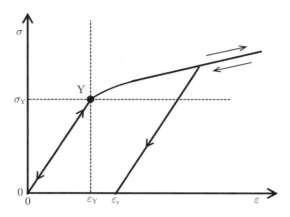

図 7.4 応力 (σ)-歪み (ε) 曲線．Y は降伏点，σ_Y および ε_Y は降伏応力とそのときの歪み，ε_r は残留歪みを表す．

増大され，弾性領域を超えて，塑性 (plastic) 領域に入る．塑性領域では，図中の点線のように，応力をゼロにしても歪みはゼロに戻らず，図に示したように一定の残留歪み ε_r が残る．塑性領域の変形を**塑性変形** (plastic deformation) という．ここで，問題だったのは，降伏点の応力の大きさ，降伏応力 σ_Y である．金属の降伏応力 σ_Y は $10^{-4}G$ 程度であることが，実験から明らかになっているが，一方，化学結合を全部切って塑性変形を起こすという理論的考察による σ_Y の値は $10^{-1}G$ となり，実験と理論の間に 10^3 倍の差異が生じ大問題となったのである．

例えば，Cu の場合，$G = 4500 \,\text{kg mm}^{-2}$ 程度であり，

$$\sigma_Y = 450 \,\text{kg mm}^{-2} \quad \text{(理論)}$$
$$\sigma_Y = 0.1 \,\text{kg mm}^{-2} \quad \text{(実験)} \quad (7.19)$$

となって，実験値と理論値が 5 千倍程度食い違っていることがわかる．多くの読者も，銅線を曲げようとすると非常に小さな力で簡単に変形 (塑性変形) してしまうことを知っているであろう．この問題を解決したのが，1934 年にテイラー等によって独立に発表された転位による塑性変形の理論・概念であり (G. I. Taylor, "The Mechanism of Plastic Deformation of Crystals. Part I. -Theoretical", Proc. Roy. Soc. A **145**, 362 (1934); E. Orowan, Z. Phys. **89**, 605 (1934); M. Polanyi, Z. Phys. **89**, 660 (1934))，1956 年の電子顕微鏡での「転位の発見」である

(P. B. Hirsch, R. W. Horne and M. J. Whelan, Philos. Mag. **1**, 667 (1956)).

　図 7.5(a) に完全な結晶の模式図を示す．完全結晶である**ひげ結晶** (whisker) は，格子欠陥が全く入っておらず，完全結晶の例としてよく引き合いに出されるが，非常に堅く強固であることが知られている．図 7.5(b) には，結晶上部に応力が引加され結晶が塑性変形する過程で，転位が 1 つ導入された場合の模式図を示す．このように，結晶の左の表面から化学結合の腕 (ボンド) が，次々に切れては次のボンドに繋がり，といった具合に転位が図の，左から右に向かって動いていく．その際の途中の瞬間写真を模式的に表したのが，図 7.5(b) である．このように考えると，結晶の左端から右端まですべてのボンドを一気に切る必要はなく，次々に「ボンドを切っては繋ぐ」，ということを玉突き現象の如く繰り返していけば，そんなに大きな応力でなくとも，結晶は塑性変形していくと考えられ，このアイデアが転位による塑性変形のモデルである．例えれば，大きな部屋の床に敷き詰めた絨毯を全体に少し (10 cm 程度) ずらすのに，全体を一斉にずらすのには大きな力がいるが，絨毯の端に少し撓み (たわみ) を作り，それを少しずつ手で押していって移動していき，反対の端まで移動させると，手間は掛かるが力はさして必要ない，ということと，塑性変形の転位モデルは似ている．このモデルによって，金属材料の小さな降伏応力 σ_Y と塑性変形の機構が容易に説明できることとなっ

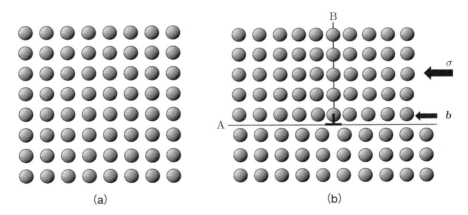

図 7.5　(a) 完全結晶，(b) 完全転位．B は余分な原子面，A の線は滑り面を表す．b はバーガース・ベクトル，σ は応力である．また，転位は「⊥」のマークで表される．

(2) 転位とバーガース・ベクトル

転位が結晶中を移動する状況は，**剪断**(せんだん)**応力** (shear stress) が図 7.5(b) のように掛かったとき，余分な原子面 B の下端 (⊥ のマークで表され，これを転位という) が面 A を左から右に向かって滑っていくように見える．この図は二次元的に書かれているが，もちろん実際には紙面に垂直方向に同様の原子面が結晶の反対側の側面まで連なっているので，転位 (⊥) は点ではなく，理想的には結晶の端から端まで続いている一次元的な線状の**格子欠陥** (line defect) になっているのである．これを**転位線** (dislocation line) という．図 7.5(b) のように転位は**滑り面** (slip plane) A を滑っていくが，その際，転位による結晶の変形の最小単位 (つまり，格子間隔) を持ち，変形の方向 (滑りの方向) を表すベクトルを**バーガース・ベクトル** (Burgers vector) b とよび，その転位と転位の運動を特徴付ける重要な物理量になっている．バーガース・ベクトルは滑りベクトルともよばれる．その際，滑り面は結晶の最密面であり，転位の**滑り方向** (slip direction, バーガース・ベクトルの方向) は結晶の最密方向であることが知られている．最密面でない面を最密方向でない方向に転位が滑ろうとすると余分にエネルギーが必要になることは，想像に難くないと思う．ここで，fcc 構造と bcc 構造におけるバーガース・ベ

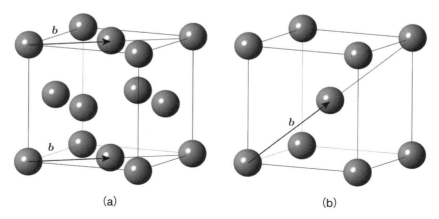

図 7.6 (a) fcc 結晶でのバーガース・ベクトル，(b) bcc 結晶でのバーガース・ベクトル．

クトルの例を，図 7.6(a) と (b) にそれぞれ示す．ここで，**滑りベクトル** (Burgers vector, b) は，fcc では，$b = \dfrac{a}{2}[110]$，bcc では，$b = \dfrac{a}{2}[111]$ と最密方向の最小単位のベクトルであり，滑り面は，fcc では (111)面 (総称 {111}面) であり，bcc では (110)面 (総称 {110}面) であって，転位は最密面で最密方向に滑るのである．単位格子を考えたとき，図 7.6(a) と (b) のバーガース・ベクトルからわかるように，滑り方向は fcc では立方体の角の位置から面心に向かう方向であり，bcc では体心位置に向かう方向である

（3） 刃状転位とらせん転位

転位には，図 7.7，図 7.8 に示すように，大きく分類して，2 種類の転位が存在する．図 7.7 に示した転位は，**刃状** (はじょう，またはじんじょうと読む) **転位** (edge dislocation) であり，剪断応力が結晶面上部を一様に押し，塑性変形させるように働く場合に見られる．一方，図 7.8 に示した転位は，**らせん転位** (screw dislocation) とよばれ，剪断応力が，結晶をまさに引きちぎるように働いて現れる転位である．これらの図を見て，それぞれの大きな特徴 (違い) は，刃状転位では，転位線に対して，バーガース・ベクトルが垂直であるのに対し，らせん転位では，転位線に対して，バーガース・ベクトルが平行であることである．このことが，後で説明する「交叉滑り」という現象において大きな違いとなる．実際の材料の塑性変形では，刃状転位とらせん転位が混じった**複合 (混合) 転位**となっているのが多く見られる．図 7.9(a) および (b) に混合転位の模式図を示す．図 (a) は塑性変形の途中で，転位線が結晶の端から端まで抜けておらず，刃状転位の部分 (A 側) とらせん転位の部分 (B 側) が存在し，混合転位となっているのが見てとれる．図 (b) はそれを上方向から眺め，原子の変位も含めて，二次元的に表したものとなっており，混合転位の状況がよく見てとれる．

転位線がループ状になった転位ループも存在する．転位ループの模式図を図 7.10(a)〜(c) に示す．プリズム状 (レンズ状) に余剰の原子面が入っている (図 7.10(b))，または抜け落ちている (図 7.10(c)) ので，**プリズム状転位ループ** (prismatic dislocation loop) ともいわれる．(a) は三次元的な図，(b)，(c) は転位ループを横から見た図となっている．転位ループの図 7.10(a)〜(c) に対して転位ループが最密面に乗っており，上下方向が最密方向となっている場合，この上

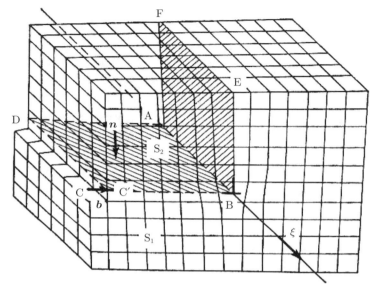

図 7.7 刃状転位の模式図．結晶の上側に左から右に応力が掛かっている．面 ABEF は余分な原子面であり，刃状転位である．面 ABCD は転位の滑り面，n は滑り面の法線ベクトルである．刃状転位の特徴は転位線 ξ とバーガース・ベクトル b が垂直となっていることである (金属物性基礎講座 7 (1979)[6]).

下方向に応力が働けば，転位ループは上下方向に自由に動けることになる．

(4) 転位に蓄えられている歪みエネルギー

転位に蓄えられている歪みエネルギーを，らせん転位のモデルを用い，弾性力学的に議論し求めてみよう．塑性変形の考察であるのに弾性力学を用いるというのは一見矛盾しているように思えるが，バーガース・ベクトル 1 つ分の小さな塑性変形を想定しているので近似的には有効である．図 7.11 にこの考察の元になる，円筒型のらせん転位のモデルを示す．ここで，**剪断歪み** (shear strain) を ε，および剪断応力を σ として，図 7.11 より，

$$\varepsilon = \frac{|b|}{2\pi r}, \quad \therefore \sigma = G\varepsilon = G\frac{|b|}{2\pi r} \tag{7.20}$$

7.2 転位 – 一次元的格子欠陥 –

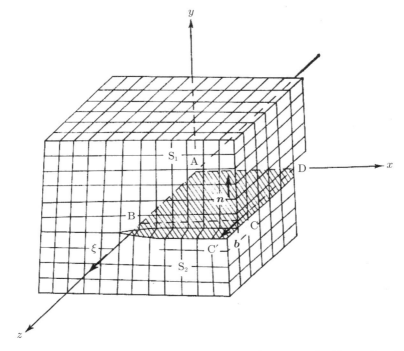

図 7.8 らせん転位の模式図. らせん転位では応力が結晶を剪断するように働き, バーガース・ベクトル $\boldsymbol{b}$ が転位線 ξ と同じ方向となっていることが特徴である (金属物性基礎講座 7 (1979)[6]).

となる. この円筒中の厚さ dr, 体積 dV の薄い殻に蓄えられる歪みエネルギー dU は,

$$dU = \frac{1}{2}\varepsilon\sigma dV \quad \text{ただし} \quad dV = 2\pi lr dr \tag{7.21}$$

と表され (ここで, l は転位線の長さ), 歪みエネルギー U は, これを半径 r_0 から r_1 まで積分して,

$$U = \int_{r_0}^{r_1} \frac{G|\boldsymbol{b}|^2 l}{4\pi} \frac{dr}{r} = \frac{G|\boldsymbol{b}|^2 l}{4\pi} \ln\left(\frac{r_1}{r_0}\right) \tag{7.22}$$

と求まる. ここで, r_1, r_0 をどうとるかなどは, 現実の転位と比較して現実的であるかわからないが, $G|\boldsymbol{b}|^2 l$ は定積分の部分とは関係ないので,

162　第7章　格子欠陥 – 静的な格子欠陥 –

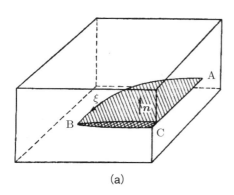 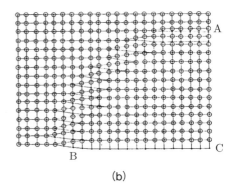

(a)　　　　　　　　　　　　　　(b)

図 7.9　(a) 刃状転位とらせん転位が混合している混合転位の模式図．変形が不完全なため，刃状転位とらせん転位が混じることになる．(b) 刃状転位とらせん転位が混合している混合転位を上から見た場合の模式図．転位線のうち，A 側は刃状転位，B 側はらせん転位になっていることがわかる (金属物性基礎講座 7 (1979)[6])．

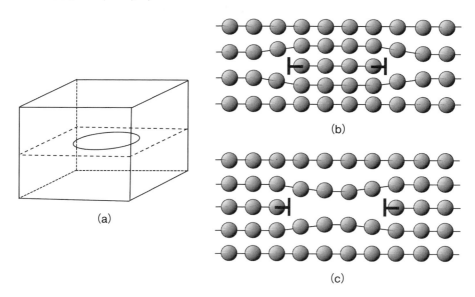

図 7.10　(a) 転位ループ．(b) 転位ループを横から見た図．余剰な原子面が挿入され転位ループが形成されている．(c) 転位ループを横から見た図．円盤状に原子面が抜け落ちて，転位ループが形成されている．

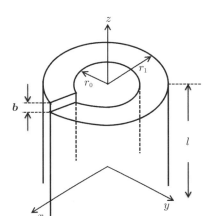

図 7.11 転位の歪みエネルギーを考える際の「らせん転位のモデル」．半径 r_0 から r_1 までが結晶で，$r < r_0$ は空洞 (真空) になっているモデルである．

$$U \propto |\boldsymbol{b}|^2 l \tag{7.23}$$

となり，転位に蓄えられた歪みエネルギーは転位線の長さ l と $|\boldsymbol{b}|^2$ に比例するという結論が得られる．歪みエネルギーが転位線の長さ l に比例するのは当たり前だが，バーガース・ベクトルの大きさの二乗に比例することは自明ではなく，この考察の大きな結論である．ここでの議論はらせん転位のモデルであるが，刃状転位についても同様の議論が成り立つことが知られている．

(5) ショックレーの部分転位

ショックレー (Shockley) は完全転位が 2 つの部分転位 (**ショックレーの部分転位** (Shockley's partial dislocation) とよばれる) に分かれて運動する (滑る) 方が，エネルギーに安定であることを提案した．例えば，fcc における完全転位 (バーガース・ベクトル $\boldsymbol{b} = \frac{a}{2}[110]$) が以下のように $(1\bar{1}1)$ 面上を 2 つの部分転位に分裂して滑ることを考えよう．

$$\begin{array}{ccc} \frac{a}{2}[110] \to & \frac{a}{6}[121] + & \frac{a}{6}[21\bar{1}] \\ \boldsymbol{b} \quad \to & \boldsymbol{b}_\alpha \quad + & \boldsymbol{b}_\beta \end{array} \tag{7.24}$$

164　第 7 章　格子欠陥 − 静的な格子欠陥 −

ここで，滑り面の法線ベクトル $\boldsymbol{n} = [1\bar{1}1]$ であり，バーガース・ベクトルと内積をとると，

$$\begin{cases} \boldsymbol{b} \cdot \boldsymbol{n} \propto 1 \times 1 + 1 \times (-1) + 0 \times 1 = 0 \\ \boldsymbol{b}_\alpha \cdot \boldsymbol{n} \propto 1 \times 1 + 2 \times (-1) + 1 \times 1 = 0 \\ \boldsymbol{b}_\beta \cdot \boldsymbol{n} \propto 2 \times 1 + 1 \times (-1) + (-1) \times 1 = 0 \end{cases} \qquad (7.25)$$

となって，これら 3 つの転位のバーガース・ベクトルがすべて法線ベクトルに直交していて，すなわち滑り面上にあることがわかる．このように，これら 2 つのショックレーの部分転位も滑り面上にあることが確かめられた．さらに，

$$|\boldsymbol{b}|^2 > |\boldsymbol{b}_\alpha|^2 + |\boldsymbol{b}_\beta|^2 \qquad (7.26)$$

が成立すれば，完全転位でいるよりも，2 つの部分転位に分裂する方が安定であることになる．これを**フランク** (Frank) **の法則**という．ここで，式 (7.24) がフランクの法則を満たしていることを示そう．まず，完全転位では，$|\boldsymbol{b}|^2 = \dfrac{a^2}{4} \times (1^2 + 1^2) = \dfrac{a^2}{2}$ となり，式 (7.26) の左辺は $\dfrac{a^2}{2}$ となることがわかる．一方，式 (7.24) の右辺のショックレーの部分転位については，$|\boldsymbol{b}_\alpha|^2 = |\boldsymbol{b}_\beta|^2 = \dfrac{a^2}{36} \times (1^2 + 1^2 + 2^2) = \dfrac{a^2}{6}$ となって，式 (7.26) の右辺は $\dfrac{a^2}{6} \times 2 = \dfrac{a^2}{3}$ となるので，式 (7.26) に当てはめると，$\dfrac{a^2}{2} > \dfrac{a^2}{3}$ となり，式 (7.26) が満たされ，フランクの法則が成立していることがわかる．したがって，式 (7.24) のように，完全転位は，2 つのショックレー部分転位に分裂する方が安定であることになる．この状況を**図 7.12** に示す．

（6）　**不動転位と完全転位同士の反応**

　フランクは，最密構造の fcc と hcp における最密面の積層を考え (2 章参照)，部分的に積層の欠陥が入った場合を考えて，fcc の積層 (原子面の積層が ABCABC···) の中に hcp の積層 (ABABAB···) が一部入り混じるとこの積層欠陥は不完全転位になることを示し，これが動けない転位，**不動転位** (sessile dislocation) になっていると提案した．これを**フランクの不動転位** (Frank sessile dislocation) という．この状況を，2 種類の場合を例にとって，**図 7.13**(a) と (b) に示す．このような積層欠陥は，7.3 節で説明する二次元的な格子欠陥とも見なせる．次に，この積層欠陥が，部分転位であり，不動転位となっていることを示そう．

7.2 転位 – 一次元的格子欠陥 – 165

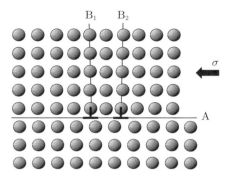

図 7.12 不完全転位．完全転位が，不完全転位である部分転位 B_1 と B_2 に分かれて進む様子である．A は滑り面を表す．

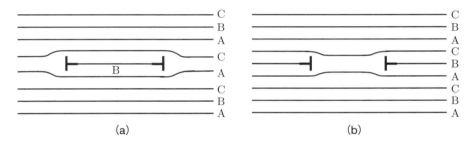

図 7.13 (a) 積層欠陥 1．最密面が ABC··· と積み重なった fcc 構造の中に一部 (両端) が抜け落ちた (または中に余剰の原子面が入った) 格子欠陥になっている．その両端の部分は hcp 的積層となっている．(b) 積層欠陥 2．最密面が ABC··· と積み重なった fcc 構造の中に一部 (中心部) が抜け落ちた格子欠陥になっている．原子面が抜け落ちた部分は上から ACAC となっていて hcp 的になっている．

fcc 結晶におけるフランクの不動転位のバーガース・ベクトルは，最密面の積層方向なので，fcc 構造を参照して，$\bm{b}_\mathrm{F} = \dfrac{a}{3}[111]$ となっている．これは最密面である (111) 面に垂直なので，最密面に沿って動くことはできない．したがって不動転位である．また，その絶対値は $|\bm{b}_\mathrm{F}| = a/\sqrt{3} < |\bm{b}_\mathrm{fcc}| = a/\sqrt{2}$ なので，fcc の完全転位のバーガース・ベクトルより短く，部分転位であることがわかる．

上のフランクの不動転位の考察から，バーガース・ベクトルが最密方向にない場合は，その転位は不動転位となってしまうことがわかった．そのような不動転

166　第 7 章　格子欠陥−静的な格子欠陥−

位はさらに提案されていて確認されている．ここでは，まず，様々な転位が走ってきて (滑ってきて) ぶつかった場合の (化学) 反応について見ていこう．

　まず，fcc 構造を考え，最密面である同一の (111)面上に存在する 2 個の転位 (完全転位) の反応を見てみよう．(111)面上の 3 つの転位を考え，それらのバーガース・ベクトルを $b_1 = \frac{a}{2}[01\bar{1}]$，$b_2 = \frac{a}{2}[\bar{1}01]$，$b_3 = \frac{a}{2}[\bar{1}10]$ である場合を考えよう．

　まず，過剰の原子面が上下反対に入っている転位が合体 (衝突) すると転位が消失して，完全な結晶に戻ることは明らかであるが，そのような場合，バーガース・ベクトルの符号を換えて表し，

$$b_1 - b_1 = 0 \tag{7.27}$$

と表す．

　次に異なる 2 つの転位 b_1 と b_2 が合体する場合を考えよう．その状況をバーガース・ベクトルで表すと，

$$b_1 + b_2 = \frac{a}{2}[\bar{1}10] = b_3 \tag{7.28}$$

となって，2 つの完全転位の衝突 (合体) によって，完全転位である b_3 となり，明らかにフランクの法則を満たし，この右向きの反応 (衝突，合体) はエネルギー的に安定であることがわかる．このように 2 つの完全転位が合わさって，1 つの完全転位になる反応は促進される．次に符号が逆の 2 つの完全転位 b_1 と $-b_2$ が衝突する場合を考える．この場合は，

$$b_1 - b_2 = \frac{a}{2}[11\bar{2}] \tag{7.29}$$

となる．この反応でのフランクの法則を考えると，左辺は $2 \times |b|^2 = \frac{a^2}{2} \times 2 = a^2$ となるが，右辺は $\frac{a^2}{4} \times (1 + 1 + 4) = \frac{3}{2}a^2$ となり，フランクの法則を満たさない．したがって，このような反応は起きず，b_1 と $-b_2$ が衝突しても反応せず，互いにすり抜けるか跳ね返されることになる．

　次に，異なる (111)面上にある 2 個の完全転位の衝突を考えよう．いま，上の状況に加えて (11$\bar{1}$)面上に，$b_4 = \frac{a}{2}[\bar{1}10]$，$b_5 = \frac{a}{2}[101]$，$b_6 = \frac{a}{2}[011]$ の 3 つの完全転位を考える．ここで，b_3 と b_4 とは同じバーガース・ベクトルを持つが，前者が (111)面上にあり，後者が (11$\bar{1}$)面上にあって，(111)面と (11$\bar{1}$)面との交線で

b_3 と b_4 とが出会うと,完全転位のらせん転位になる (しかしエネルギー的に不安定) か,逆符号なら消滅する.

次に,全エネルギーを減少させられるもう 1 つの結合を考えよう.それは,b_3 と b_5 との反応 (結合) で,

$$b_1 + b_5 = \frac{a}{2}[01\bar{1}] + \frac{a}{2}[101] = \frac{a}{2}[110] \tag{7.30}$$

となって,この反応はフランクの法則を明らかに満たしていて,結合反応が起こる.ここで,この右辺のバーガース・ベクトルは,(111)面と $(11\bar{1})$ 面のどちらの滑り面上にもない (どちらの法線ベクトル n と内積をとってもゼロにならない).すなわち,どちらの滑り面上も走る (滑る) ことができず不動転位となってしまう.このような機構の不動転位の形成は,**ローマー固着** (Lomer lock) とよばれ,式 (7.30) の結合で生成された右辺の完全転位は,**ローマーの不動転位** (Lomer sessile dislocation) といわれる.この状況を図 7.14 に示す.

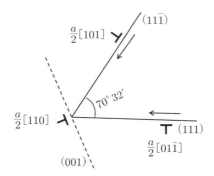

図 7.14 転位のローマー固着 (ローマー・ロック).2 つの転位が 2 つの (111) 面上を走ってきて,その 2 つの滑り面の交線でぶつかり,バーガース・ベクトルが $\frac{a}{2}[110]$ の完全転位となるが,この転位は (001) 面上にあるため,合成されたこの転位はこれ以上動けない,すなわち固着 (ロック) されるのである (ローマー固着).

(7) 完全転位と不完全転位 (部分転位) を含む反応

次に完全転位と不完全転位 (部分転位) を含む反応を見てみよう.完全転位が,2 つのショックレーの部分転位に分かれる反応は,7.2 節 (5) で見た (式 (7.24) 参照).その他に,以下のような様々な反応が考えられる.

168 第7章 格子欠陥 − 静的な格子欠陥 −

● 完全転位 → ショックレーの部分転位 + フランクの不動転位：

$$\frac{a}{2}[01\bar{1}] \rightarrow \frac{a}{6}[\bar{2}1\bar{1}] + \frac{a}{3}[11\bar{1}] \qquad \left(\frac{a^2}{2} = \frac{a^2}{6} + \frac{a^2}{3}\right) \tag{7.31}$$

この反応では，左辺と右辺のエネルギーは等しく，右向きの反応と，逆に左向きの反応のいずれの反応も起こり得る．左辺の完全転位は (111) 面上にあり，右辺のショックレーの部分転位は (11$\bar{1}$) 面上にあるので，それぞれの転位線が (111) 面と (11$\bar{1}$) 面の交線に平行な場合にこの反応は起こる．

● 完全転位 + ショックレーの部分転位 → フランクの不動転位：

$$\frac{a}{2}[01\bar{1}] + \frac{a}{6}[2\bar{1}1] \rightarrow \frac{a}{3}[11\bar{1}] \qquad \left(\frac{a^2}{2} + \frac{a^2}{6} > \frac{a^2}{3}\right) \tag{7.32}$$

この反応は，フランクの法則を満たし安定に起こる．

● 完全転位 + ショックレーの部分転位 → ショックレーの部分転位：

$$\frac{a}{2}[01\bar{1}] + \frac{a}{6}[1\bar{2}1] \rightarrow \frac{a}{6}[11\bar{2}] \tag{7.33}$$

この反応は，明白にフランクの法則を満たし安定であり，すべての完全転位，部分転位が (111) 面上にあり，スムーズに反応が起こると考えられる．

● 完全転位 + フランクの不動転位 → ショックレーの部分転位：

$$\frac{a}{2}[01\bar{1}] + \frac{a}{3}[\bar{1}11] \rightarrow \frac{a}{6}[\bar{2}1\bar{1}] \tag{7.34}$$

この反応も，明白にフランクの法則を満たしており安定に起こる．

さらに異なる (111) 面上にある 2 個の部分転位の反応を見てみよう．いま，(111) 面上と (11$\bar{1}$) 面上にある部分転位を考える．このような反応の組み合わせは $6 \times 6 = 36$ 通り考えられるが，そのうち 18 通りがフランクの法則を満たし，エネルギーが減少する反応である．そのうち，以下に主たる 4 通りのパターンを記す．

$$\begin{cases} \dfrac{a}{6}[11\bar{2}] + \dfrac{a}{6}[112] \rightarrow \dfrac{a}{6}[110] \\[2mm] \dfrac{a}{6}[11\bar{2}] + \dfrac{a}{6}[\bar{1}21] \rightarrow \dfrac{a}{6}[03\bar{1}] \\[2mm] \dfrac{a}{6}[1\bar{2}1] + \dfrac{a}{6}[\bar{1}21] \rightarrow \dfrac{a}{3}[001] \\[2mm] \dfrac{a}{6}[1\bar{2}1] + \dfrac{a}{6}[\bar{2}1\bar{1}] \rightarrow \dfrac{a}{6}[\bar{1}\bar{1}0] \end{cases} \tag{7.35}$$

これらはすべて不動転位となることがわかる．2つの部分転位が2つの滑り面の交線のところで出会うと不動転位になってしまい，あたかも階段のステップの角で動けなくなった棒のようなので，**ステア・ロッド** (stair rod) とよばれる．このような不動転位の発生過程は，**ローマー–コットレル固着** (Lomer–Cottrell lock) とよばれる．この不動転位，**ローマー–コットレルの不動転位** (Lomer–Cottrell sessile) は，ローマーの不動転位よりも安定に存在すると考えられている．

(8) 不動転位と加工硬化，転位の交叉滑り

7.2節 (6) および 7.2節 (7) で説明したローマー・ロックやローマー–コットレル・ロックが起こると，不動転位が増加することとなって，剪断応力が掛かっていても，転位が滑れない状況になる．このような状況は材料の加工硬化に繋がる．また，材料の中に不純物が分散固溶していると，その不純物が，やはり転位をロック (固着) する原因となる (**図 7.15**)．不純物原子のところでロックされ動けなくなった転位が，どんどんたまっていく様子を表している．このように，転位が不動転位化されてロックされ，または不純物原子の部位でロックされ，そこに滑ってきた転位がまたロックされるということが，どんどん起き，材料は加工硬化という現象を起こすことになる．したがって，材料を堅くするためには，不動転位やロックされた転位の密度を上げることが有効であると考えられる．読者も，針金を曲げて，また逆に曲げてということを繰り返していくと，針金が，だんだん堅くなっていく経験があると思う．まさにその変形の過程で，多くの転位が導入され，動き回り，転位密度が急激に上昇し，ロックされ不動転位になって，さらに密度が増大するということが起こっていると考えられ，これが加工硬化のメカニズムである．結晶を堅くするには2つの方法があり，その1つは格子欠陥を極

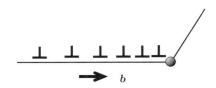

図 7.15 転位が滑り面上を走っていくときに不純物原子があると，不純物原子にトラップされ先に進めず，トラップされた転位がたまる状況が生じる．右上は別の滑り面を示している．

端に少なくして、完全結晶に近い状態にすることであるが、完全結晶であるひげ結晶は非常に堅いが、ひげ結晶で構造材料を作ることは非現実的である。もう1つの材料を堅く強固にする方法は、それとは全く逆であり、ここで説明したように、結晶に転位を多数導入し、その密度を上昇させ、それらを有効にロックするという方向の方法論である。しかしながら、この過程が行き過ぎると、最終的には、材料は破断に至るので非常に注意を要する事項でもある。多くの読者が、折り曲げていた針金が、ある回数を超したところで急に折れてしまう(破断する)ということを経験していると思う。構造材料を如何に設計するかということにおいて必要不可欠な重要課題なのである。

さて、ここでもう1つ、転位の重要な性質について議論しておこう。不純物によって転位がロックされる状況を図 7.15 に示したが、その際、転位は「交叉滑り」という現象を起こし、不純物を回避して滑っていくことができる。これは、らせん転位の大きな特徴である。図 7.16(a) にその状況を示す。各格子点では、必ずいくつかの最密面が交叉している。不純物があり、そのまま進めなくなった場合、らせん転位は別の最密面に滑り面を乗り移って(交叉滑り)、不純物を回避して滑っていくことができるのである。このような交叉滑りができるのは、図 7.16(a) に示したように、らせん転位は転位線に平行にバーガース・ベクトルが存在するので、図のように隣の最密面に乗り移っていけるのである。刃状転位の場合には、交叉滑りを起こすことができない。図 7.16(b) に刃状転位の場合について示す。刃状転位の

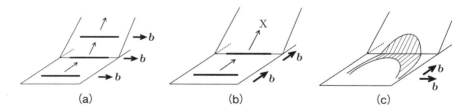

図 7.16 (a) らせん転位の交叉滑り。らせん転位は滑り面 (最密面) 上を走っていくとき、交叉している滑り面に乗り移って進むことができる。(b) 刃状転位は交叉滑りを起こすことができない。刃状転位では、バーガース・ベクトル b が転位線 (太線) と垂直であることが原因である。(c) 複合転位と交叉滑り。らせん転位と刃状転位の混じった複合転位では、らせん転位の成分のみが交叉滑りを起こす。

場合には転位線に対してバーガース・ベクトルが垂直であるため，図7.16(b) に示したように，刃状転位は，最密面を交叉滑りで乗り換えていくことができないのである．一般の複合転位では，らせん転位の成分のみが，交叉滑りを起こし，滑り面を乗り換えていくことができる．複合転位の交叉滑りの状況を，図7.16(c) に示す．

(9) **転位のジョグ，フランク–リード源**

　転位線は直線のままとは限らず，階段状に折れ曲がり，**ジョグ** (jog) といわれる転位線のステップを形成することが知られている．図7.17(a) および (b) に転位のジョグを示す．図7.17(b) に示すように，ここで示した転位は刃状転位である．転位線がステップ状になっている部分がジョグである．ジョグを伴った転位が走り，長くなったり短くなったりすれば，原子空孔を発生したり，消滅させたりすることができる．したがって，転位のジョグは，原子空孔の**湧源** (source) となったり，**滅源** (sink) となったりすることができるのである．

　また，転位を増殖するには，フランク–リード (Frank–Read) 源が転位の湧源となる．図7.18(a)〜(d) にはフランク–リード源の模式図と転位ループが生まれる過程を図示している．まず，図7.18(a) はフランクの不動転位を表している．そ

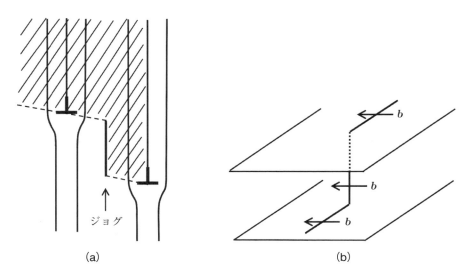

図 7.17 (a) 転位のジョグ．(b) 転位のジョグとバーガース・ベクトル．

172　第 7 章　格子欠陥 - 静的な格子欠陥 -

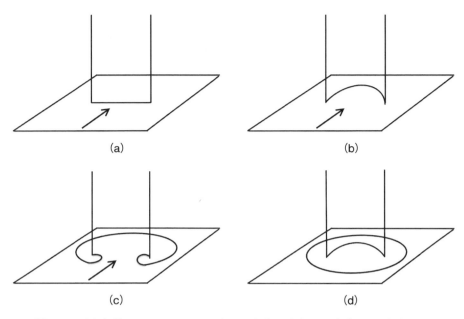

図 7.18　(a) 転位のフランク–リード源 1，矢印は応力 σ の方向．(b) 転位のフランク–リード源 2，矢印は応力 σ の方向．(c) 転位のフランク–リード源 3，矢印は応力 σ の方向．(d) 転位のフランク–リード源 4．

こに応力が加わると，図 7.18(b)，(c) のように，不動転位の転位線が撓み，最終的に図 7.18(d) のように転位ループが発生する．この過程が次々と繰り返され，転位ループが何重にも生成される．この機構で，フランクの不動転位から転位ループをいくらでも自由に湧き出させることができるのである．これが転位のフランク–リード源である．

本節では転位について説明したが，ここで説明したように，結晶に応力が加わり降伏応力を超えると，転位が多数結晶に導入され，それが反応し合い，ロックされ，また多数湧き出し，転位密度が急激に上昇し，結晶 (材料) はどんどん加工硬化していくが，最後には破断 (破壊) に至るのである．したがって，ここで説明した転位論における数々の議論は材料 (結晶) の力学物性に大変重要なものである．

7.3 積層欠陥 – 二次元的面欠陥 –, 結晶粒界・ボイド – 三次元的欠陥 –

　格子欠陥には，点欠陥，転位の他に，二次元的な格子欠陥である積層欠陥や三次元的な格子欠陥であるボイドが存在する．fcc ↔ hcp などの二次元的な積層欠陥は，フランクの不動転位と見なせることを，7.2 節 (6) で説明した．すなわち二次元的面欠陥である積層欠陥は，不動転位 (不完全転位) を伴うことになる．複空孔の形成機構を 7.1 節 (2) で説明したが，それをさらに繰り返していくと三次元的格子欠陥であるボイドが形成される．格子変形・塑性変形が進行していく際には，まず一次元的な格子欠陥である転位の運動・増殖・ロックが活発に起こり，徐々に二次元的格子欠陥や三次元的格子欠陥といった高次の格子欠陥が支配的になって，最終的に破断に至るのである．

　この 7 章で説明したゼロ次元的，一次元的，二次元的，そして三次元的な格子欠陥が，結晶の力学物性はじめ物性化学に大きな影響を及ぼしているのである．電気抵抗における残留抵抗は，この章で説明した格子欠陥が主たる原因であり，その一例である．

7章　参考文献

[1]　転位論入門，鈴木秀次，アグネ (1967).
[2]　材料強度の基礎 (POD 版)，高村仁一，京都大学学術出版会 (2003).
[3]　金属の力学的性質–その転位論的アプローチ–，W. J. McGregor Tegart 著，高村仁一，三浦精，岸洋子訳，丸善 (1975).
[4]　丸善固体物性シリーズ 1. 格子欠陥，B. ヘンダーソン (B. Henderson) 著，堂山昌男訳，丸善 (1975).
[5]　基礎相転移論，J. Weertman and J. R. Weertman 著，中村訳，丸善 (1968).
[6]　日本金属学会編　金属物性基礎講座 (竹内栄編集委員長) 第 7 巻格子欠陥 (木村宏編)，丸善 (1979).
[7]　新教科書シリーズ 入門転位論，加藤雅治，裳華房 (1999).
[8]　結晶塑性論，竹内伸，内田老鶴圃 (2013).

第8章

動的な格子欠陥としての格子振動

　結晶中に生じた格子欠陥は，有限温度において原子の熱運動や拡散を促す．拡散については次の9章で述べるとし，この章では原子の熱運動によってもたらされる様々な側面について考えてみよう．

8.1　原子の熱運動：格子振動

　たとえ格子欠陥がなくとも，有限温度において，原子は結晶内における平均位置から常に振動している．5章において回折現象や構造因子を考察した際に，原子はある特定の原子位置に静止したものとして考えた．熱的な振動はこのような回折現象にどのように影響を及ぼすであろうか．

　ある時刻 t に，単位格子内の j 番目の原子がその熱平衡位置 $\boldsymbol{r}_j$ から $\boldsymbol{u}_j(t)$ だけ微小変化したとする．

$$\boldsymbol{r}_j(t) = \boldsymbol{r}_j + \boldsymbol{u}_j(t) \tag{8.1}$$

このとき，式 (5.27) で表される結晶構造因子は，

$$
\begin{aligned}
F_{hkl} &= \sum_j f_j \exp\left\{2\pi i\left(\boldsymbol{r}_j + \boldsymbol{u}_j(t)\right) \cdot \boldsymbol{K}\right\} \\
&= \sum_j f_j \exp\left(2\pi i \boldsymbol{r}_j \cdot \boldsymbol{K}\right)\left\{1 + 2\pi i \boldsymbol{K} \cdot \boldsymbol{u}_j - 2\pi^2\left(\boldsymbol{K} \cdot \boldsymbol{u}_j\right)^2 + \cdots\right\}
\end{aligned}
\tag{8.2}
$$

と書ける．式 (8.2) の時間平均をとると，構造因子の平均値 $\langle F_{hkl} \rangle$ が求まる．

　ここで，原子の変異が等方的で三次元的な正規分布に従うものとし，さらに原子の振動は互いに独立であると仮定すると，式 (8.2) の奇数次のべきの項は 0 となる．したがって，式 (8.2) の 2 次までの項をとると

$$\langle F_{hkl} \rangle = \sum_j f_j \exp\left(2\pi i \boldsymbol{r}_j \cdot \boldsymbol{K}\right)\left\{1 - 2\pi^2 \left\langle \left(\boldsymbol{K} \cdot \boldsymbol{u}_j\right)^2 \right\rangle\right\}$$

175

$$\fallingdotseq \sum_j f_j \exp\left(2\pi i \boldsymbol{r}_j \cdot \boldsymbol{K}\right) \exp\left\{-2\pi^2 \left\langle (\boldsymbol{K} \cdot \boldsymbol{u}_j)^2 \right\rangle\right\} \tag{8.3}$$

となる．この $\exp\left\{-2\pi^2\left\langle(\boldsymbol{K}\cdot\boldsymbol{u}_j)^2\right\rangle\right\} = \exp\left(-M_j\right)$ の項，または M_j を**デバイーワラー因子** (Debye–Waller factor) とよぶ．式 (8.3) からわかるように，X 線などの散乱振幅は熱的な振動によってデバイーワラー因子分減衰されることになる．

原子変位 $\boldsymbol{u}_j(t)$ の散乱ベクトル方向，つまり回折面である hkl 面と垂直な方向の成分を $u_{j\perp}$ とおくと，

$$\boldsymbol{K} \cdot \boldsymbol{u}_j = \left(\frac{2\pi}{\lambda} \sin\theta\right) u_{j\perp} \tag{8.4}$$

である．ただし，λ は回折に用いる電磁波の波長，θ は回折角度である．これを用いれば

$$M_j = 2\pi^2 \left\langle (\boldsymbol{K} \cdot \boldsymbol{u}_j)^2 \right\rangle = 8\pi^2 \left\langle u_{j\perp}^2 \right\rangle \frac{\sin^2\theta}{\lambda^2} \tag{8.5}$$

となる．式 (8.5) 内の $8\pi^2\left\langle u_{j\perp}^2\right\rangle = B_j$ は各原子固有の値であり，この B_j を等方性温度因子とよぶ．等方性温度因子は，回折実験などで原子の熱振動やその影響による回折強度を解析する上で重要なパラメーターである．

8.2 固体中の弾性波としての格子振動

物質において熱エネルギーは主に原子の振動によって伝わる．この結晶内の原子の集団的な振動を格子振動とよぶ．ここでは簡単のため，**図 8.1** のように直線状に同一の原子が等間隔 a で並んだ一次元単純格子で考えよう．

原子の質量を m とし，端から順番に原子に番号がつけられている．いま，s 番目の原子に着目すると，この原子には，隣接する $s-1$，または $s+1$ 番目の原

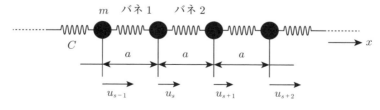

図 8.1 一次元単純格子の模式図．

子からのみの相互作用が働くとする．さらにこの相互作用は，図 8.1 に示すように，ちょうどバネのように働く力であるとする．バネのように働く力とは，いわゆる復元力である．バネの自然長 (a に等しい) からバネが縮むとバネを伸ばす方向に，バネが伸びると縮む方向に働き，その復元力の大きさは，自然長からの伸び縮みに比例するものとする．これをフック (Hooke) の法則とよぶので，原子間にはフックの法則に基づく相互作用が働くともいえる．この自然長からの伸び縮みに対する比例係数を C (バネ定数という) とする．

ここで，ある時刻 t における s 番目の原子位置の平均位置 (バネがすべて自然長 a である状態) からのずれを原子変位とよび，これを $u_s(t)$ としよう．図 8.1 において，s 番目の原子の右側のバネ 2 の伸び ($u_{s+1} - u_s$) は，その原子を x 軸の正の方向に引っ張る力となり，反対に左側のバネ 1 の伸び ($u_s - u_{s-1}$) は負の方向に引っ張る力となる．したがって，s 番目の原子に作用する，左右のバネからの力の総和 F_s は次のように書ける．

$$F_s = m\frac{d^2 u_s}{dt^2} = C\left(u_{s+1} - u_s\right) - C\left(u_s - u_{s-1}\right)$$
$$= C\left(u_{s+1} + u_{s-1} - 2u_s\right) \tag{8.6}$$

ここで，u_s の解として，$\exp\left(-i\omega t\right)$ (ω は周波数) に比例する，次のような波の解を仮定する．

$$u_s = u_0 e^{-i(\omega t - ska)} \tag{8.7}$$

ここで，$k = 2\pi/\lambda$ はこの波の波数である (λ は波長)．式 (8.7) から，

$$\frac{d^2 u_s}{dt^2} = -\omega^2 u_s, \ u_{s+1} = e^{ika}u_s, \ u_{s-1} = e^{-ika}u_s \tag{8.8}$$

が得られるので，これらを式 (8.6) に代入すると

$$-m\omega^2 = C\left(e^{ika} + e^{-ika} - 2\right)$$
$$= C\left(2\cos ka - 2\right) \tag{8.9}$$
$$\omega^2 = \frac{4C}{m}\left(\sin^2\frac{ka}{2}\right)$$
$$\therefore \omega = \sqrt{\frac{4C}{m}}\left|\sin\frac{ka}{2}\right| \tag{8.10}$$

となる．この ω と k の関係を分散関係とよぶ．図 8.2 に示すように，ω は周期

178　第8章　動的な格子欠陥としての格子振動

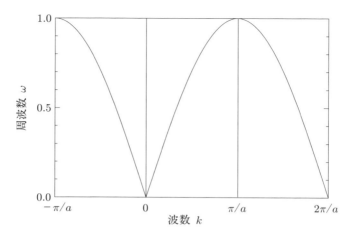

図 8.2　一次元単純格子における分散関係．ただし縦軸の周波数は $\sqrt{4C/m}$ 単位である．

図 8.3　格子振動としては同等な 2 つの波の様子 (実線：波数 k，破線：波数 $k' = k + (2\pi/a)$) の模式図．

$2\pi/a$ の関数となる．

ここで，波数 k と個々の原子変位 u_s の関係を考えよう．**図 8.3** に模式的に示すように，波数 k の大きい (波長の短い) 破線で示された波は，k の小さい実線で示された波と全く同じ原子変位 u_s を与える．つまり，格子振動としては，これらは物理的に同等な波を与えるものと考えられる．

実際に，波数 k の波における s 番と $s+1$ 番目の原子の変位の比は
$$\frac{u_{s+1}}{u_s} = e^{ika}$$
であり，$k' = k + (2\pi/a)n$ (n は整数) の波数の波に対する変位の比も
$$\frac{u_{s+1}}{u_s} = e^{ik'a} = e^{ika}e^{2\pi in} = e^{ika}$$

となる。つまり、k を $2\pi/a$ の整数倍だけずらした波は、元の波数 k のものと同等である。したがって、波数 k の取り得る範囲として次のように制限してもよいであろう。

$$-\frac{\pi}{a} \leq k \leq \frac{\pi}{a} \tag{8.11}$$

この式 (8.11) の範囲を第 1 ブリルアンゾーンとよぶ。格子振動が通常の連続体の振動と違うのは、まさに波数 k の取り得る範囲を第 1 ブリルアンゾーンにすることができる点にある。つまり、連続体は原子間距離 a を限りなく 0 に近づけた極限と見なすこともでき、いくらでも大きい波数 k をとることができるのに対し、格子振動は $2\pi/a$ だけずれた波が実質的な意味を持たない。

さらに格子振動において、波数がちょうど $k = \pm\pi/a$、つまりブリルアンゾーンの境界に当たる波数のとき、

$$u_s = ue^{-i\omega t}(-1)^s$$

となり、原子位置によらない波、すなわち定在波となることがわかる。実際に、$k = \pm\pi/a$ という値は、一次元単純格子の逆格子ベクトル $\boldsymbol{K}$ (一次元なので、単に $(2\pi n/a)$ という値) の中点に対応する。ここでは詳しくは述べないが、一般にブリルアンゾーンは逆格子ベクトルの垂直二等分面に囲まれた領域に対応し、X線回折におけるブラッグの条件は、X線の散乱ベクトルがブリルアンゾーンの境界上にあるとするのと同等である。つまり X線回折についていえば、ブラッグの条件を満たしたとき、上記の格子振動と同様に、X線が結晶内で定在波となるので物質内を伝搬することができず、その結果弾性散乱されると見なすことができる。

格子振動の波束が伝わる速度は群速度 v_g とよばれ、一次元の場合は次式で与えられる。

$$v_g = \frac{d\omega}{dk} \tag{8.12}$$

したがって、ブリルアンゾーンの境界において、$v_g = 0$ となり、正味の伝搬速度がゼロとなることがわかる。

次に 2 種類の原子 (質量 m, M $(m < M)$) が交互に間隔 a で並んだ一次元格子 (一次元交代鎖格子) を考えよう (図 8.4)。

x 方向への繰り返しの単位 (格子定数) は $2a$ となる。同一原子の場合と同様に、バネ定数 C は一定であるとする。また、s 番目の単位格子内の質量 m および M

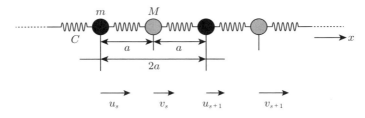

図 8.4 2種類の原子が交互に並ぶ一次元交代鎖格子.

の原子の平均位置からのずれを，それぞれ u_s および v_s とすると，次のように運動方程式が立てられる．

$$m\frac{d^2 u_s}{dt^2} = C(v_s + v_{s-1} - 2u_s) \tag{8.13}$$

$$M\frac{d^2 v_s}{dt^2} = C(u_{s+1} + u_s - 2v_s) \tag{8.14}$$

同様に，u_s, v_s の解として次のような形を仮定しよう．

$$u_s = u_0 e^{-i(\omega t - ska)} \tag{8.15}$$

$$v_s = v_0 e^{-i(\omega t - ska)} \tag{8.16}$$

この式 (8.15), (8.16) を，運動方程式 (8.13), (8.14) に代入すると，

$$-m\omega^2 u = C\{v(1 + e^{-ika}) - 2u\}$$
$$-M\omega^2 v = C\{u(1 + e^{-ika}) - 2v\} \tag{8.17}$$

となる．u, v がともにゼロでない解を持つためには，u, v の連立方程式の係数からなる行列式が 0 にならなければならない．

$$\begin{vmatrix} 2C - m\omega^2 & -C(1 + e^{-ika}) \\ -C(1 + e^{ika}) & 2C - M\omega^2 \end{vmatrix} = 0 \tag{8.18}$$

したがって，ω の方程式として次の式が得られる．

$$mM\omega^4 - 2C(m+M)\omega^2 + 2C^2(1 - \cos ka) = 0 \tag{8.19}$$

式 (8.19) の ω^2 に対する 2 次方程式は正確に解くことができ，

$$\omega_\pm^2 = C\left(\frac{1}{m} + \frac{1}{M}\right) \pm C\sqrt{\left(\frac{1}{m} + \frac{1}{M}\right)^2 - \frac{4\sin^2\frac{ka}{2}}{Mm}} \tag{8.20}$$

となる．それぞれの振動の様子は，分岐またはモードともいうので，ω_+^2 の解は格

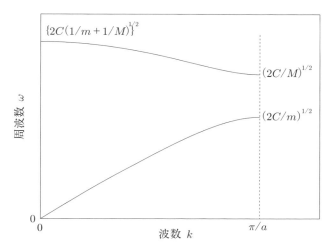

図 8.5 一次元交代鎖格子における分散関係 (固体物理学入門 (上)(2005)[1]).

子振動の弾性波の**光学的分岐**または**光学的モード** (optical mode), ω_-^2 は**音響学的分岐**または**音響学的モード** (acoustic mode) とよばれる. これを図示したものが**図 8.5** である.

さらに, $ka \ll 1$ の場合は, $\cos ka \simeq 1 - k^2a^2/2$ と近似できるので, 式 (8.19) の解として

$$\omega_+^2 = 2C\left(\frac{1}{m} + \frac{1}{M}\right), \quad \omega_-^2 = \frac{Ck^2a^2}{2(m+M)} \tag{8.21}$$

が得られる. 光学的モードの場合, 特に $k=0$ とすればわかるように, 式 (8.17) から $u/v = -M/m$ となるので, 2 つの原子が互いに逆向きに振動することがわかる. $k=0$ なので波は伝搬しないが, 原子が異なる電荷を持つと, ちょうど 2 原子の双極子モーメントが大きさを変えて振動することに対応する. 一方, 音響学的モードは ω が k に比例し, 同様に $k=0$ のときに $u=v$ となる. つまり, 同一方向への原子の振動に対応することがわかるであろう (**図 8.6**).

さらに, これまでは波の伝搬方向に対して原子変位 u_s も同方向であったが, 伝搬に対して u_s が垂直な場合もある. 前者を**縦波** (longitudinal wave), 後者を**横波** (transverse wave) という. したがって固体においては, **音響学的縦波** (longitudinal acoustical mode, **LA**) と**音響学的横波** (transverse acoustical mode, **TA**), **光学**

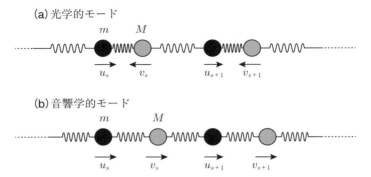

図 8.6 $k = 0$ およびその近傍における光学的モードおよび音響学的モードの原子変位の様子.

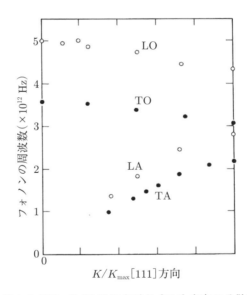

図 8.7 臭化カリウム KBr の 90 K における [111] 方向の分散関係 (固体物理学入門 (上)(2005)[1]).

的縦波 (optical acoustical mode, **LO**) と**光学的横波** (transverse optical mode, **TO**) の 4 種類のモードが存在する．実際の例を図 8.7 に示す．

8.3 固体中の素励起としての格子欠陥 (フォノン)

8.1，8.2 節で述べた格子振動は原子間にバネの復元力が働くという，ある種の簡単化されたモデルであるが，以下に示すようにこれを量子化したフォノンという概念を用いると，結晶の持つ熱容量や比熱をよく説明することができる．このフォノンの性質を議論する前に，古典論におけるエネルギーと格子振動の関係を考えよう．

振動数 ν の一次元調和振動子は，1 個当たり次のような運動エネルギー K と振動のエネルギー V を持つ．

$$E = K + V = \frac{p^2}{2m} + 2\pi^2 m\nu^2 q^2 \tag{8.22}$$

ここで，m は振動子の質量，p は運動量，q は変位である．上で述べた結晶の格子振動において，各原子の振動をこのような調和振動子の集まりであるとする．もちろん個々の原子は様々に運動するが，古典的な統計論によれば，多数の原子について平均をとると，それぞれの運動の自由度につき，$k_B T/2$ だけエネルギーが分配される，すなわちエネルギーの等分配則が成り立つことが知られている．したがって一次元調和振動子の温度 T における平均エネルギーは

$$\langle E \rangle = \langle K \rangle + \langle V \rangle = k_B T \tag{8.23}$$

である．三次元であれば運動の自由度は 3 倍になるので，1 mol 当たりの $\langle E \rangle$ の総和を結晶のモル当たりの内部エネルギーと見なせば，

$$U = 3N\langle E \rangle = 3Nk_B T = 3RT \tag{8.24}$$

となる．$R = Nk_B$ は気体定数である．さらに結晶の定積比熱 C_v は U の温度変化率であるので，式 (8.24) を微分して

$$C_v = \frac{\partial U}{\partial T} = 3R \tag{8.25}$$

となる．式 (8.25) の結果は物質のモル当たりの比熱が物質によらず一定であることを示している．実際に室温付近で単体が固体となる多くの元素について，比熱は元素によらずほぼ $3R$ となり，**デュロン–プティの法則**として知られている．しかし，実際には物質の比熱は温度変化し，デュロン–プティの法則は狭い温度範囲でしか成り立たない．これは上で述べたエネルギーの等分配則が成り立たないこ

184　第 8 章　動的な格子欠陥としての格子振動

とを示している．空洞中の黒体放射の問題と同様に，このことはアインシュタイン (A. Einstein) やデバイ (P. Debye) らによって，量子論を用いるとうまく説明できることが明らかにされた．以下，簡単に彼らの考え方を見てみよう．

（1）　格子振動の量子化

　上で述べたように格子振動を量子化したものをフォノンとよぶ．格子振動の量子化は初学者には難しい概念かもしれないが，ある振動数を持った波を疑似的な粒子の集まりであると捉えることにより，各原子の個別の振動を考えずとも固体の様々な性質を説明することができる．ちょうど，光による光電効果が，光を波ではなくエネルギー $h\nu$ (ν は光の振動数) を持った粒子 (フォトン) と考えてうまく説明されるように，格子振動の波をエネルギーを持った粒子と考えたものがフォノンであると当面は理解しておこう．この疑似的な粒子は素励起ともよばれる．この粒子もしくは素励起は，振動数 ω のときに $\hbar\omega$ のエネルギーを持ち，それらは 1 つ 1 つ数えることができるものとし，n 個集まった場合のエネルギーは次式で与えられるものとする．

$$E = \left(n + \frac{1}{2}\right)\hbar\omega \tag{8.26}$$

式 (8.26) の 1/2 は零点エネルギーに由来するもので，振動が完全に停止できないという量子論的な性質に対応する．

　この量子化されたフォノンのエネルギーと元の格子振動のエネルギーの関係を導こう．ここでは式 (8.7) の格子振動の式の代わりに次のような定在波のモードを考える．

$$u = u_0 \cos ksa \cos \omega t \tag{8.27}$$

原子間の間隔は十分に小さいとして，基準となる原子からの位置座標を $x = sa$ とする．この定在波の運動エネルギー K は，各原子の運動エネルギーの和 $\sum (1/2)m(du/dt)^2$ であるが，物質の体積を V，密度を ρ とし，物質全体の平均値を $\langle\ \rangle$ で表すとすると，運動エネルギーの平均 $\langle K \rangle$ は

$$\langle K \rangle = \frac{1}{2}\rho V \left\langle \left(\frac{du}{dt}\right)^2 \right\rangle \tag{8.28}$$

となるであろう．さらに式 (8.28) の時間平均を求めるために，ある時刻 $t = 0$ から $t = T$ までの運動エネルギーの和をとり，T が十分に大きいものとして，その

8.3 固体中の素励起としての格子欠陥 (フォノン) 185

和を T で割ったものをエネルギーの時間平均 $\langle K \rangle_T$ としよう. すなわち,

$$\langle K \rangle_T = \frac{1}{T} \int_0^T \langle K \rangle \, dt$$

$$= \frac{V \rho u_0^2 \omega^2}{2T} \left\langle \int_0^T \cos^2 kx \sin^2 \omega t dt \right\rangle \tag{8.29}$$

ここで, T が十分に大きければ

$$\frac{1}{T} \int_0^T \sin^2 \omega t dt = \frac{1}{T} \int_0^T \frac{1 - \cos 2\omega t}{2} dt = \frac{1}{2}$$

であるから, 式 (8.29) は,

$$\langle K \rangle_T = \frac{V \rho u_0^2 \omega^2}{4} \left\langle \cos^2 kx \right\rangle \tag{8.30}$$

となる. 式 (8.30) の $\langle \cos^2 kx \rangle$ についても, 十分に大きい範囲で平均をとれば (例えば $0 \le x \le X$ として $X \to \infty$ とする), 時間平均と全く同様に 1/2 になることは容易にわかるであろう. したがって

$$\langle K \rangle_T = \frac{V \rho u_0^2 \omega^2}{8} \tag{8.31}$$

が得られる.

格子振動のエネルギー E は, このような運動エネルギー K とポテンシャルエネルギー V の和であるが, 振動が調和振動子の集合と見なせる場合, 十分長い時間で平均すれば両者が同じ値になることが知られている. したがって $E = \langle K \rangle_T + \langle V \rangle_T = 2 \langle K \rangle_T$ より, 格子振動のエネルギーの平均値は

$$E = \frac{V \rho u_0^2 \omega^2}{4} \tag{8.32}$$

で与えられる. これと式 (8.26) のフォノンのエネルギーを等しいとおくと

$$\frac{V \rho u_0^2 \omega^2}{4} = \left(n + \frac{1}{2} \right) \hbar \omega$$

$$u_0^2 = 4 \left(n + \frac{1}{2} \right) \frac{\hbar}{V \rho \omega} \tag{8.33}$$

が得られる. つまり, 元の格子振動の振幅の 2 乗とフォノンの個数が式 (8.33) の関係で結ばれることが理解されよう.

186 第8章 動的な格子欠陥としての格子振動

（2） フォノンの状態密度

有限温度においてこのようなフォノンがいくつあるかを数え上げれば，物質全体のフォノン，すなわち格子振動によるエネルギーを求めることができる．これを教室や会議室などに例えると，机が何人掛けであり，その机にどのような確率で人が座るかがわかれば，部屋全体の人数や分布が決まるのに似ている．フォノンの場合，ある周波数 $\omega \sim \omega + d\omega$ において ω の取り得る数，いわゆる状態数 $D(\omega)d\omega$ が，前者の何人掛けの机であるかに対応する．この $D(\omega)$ を状態密度という．また，有限温度 T で，周波数 ω である1つの状態を占有するフォノンの個数 $\langle n \rangle$ が，後者の確率に対応する．この $\langle n \rangle$ はプランク分布とよばれる．これらの量と，式 (8.26) で示したフォノンの個数とエネルギーの関係を用いると，1つの振動モードに対応するエネルギー U は

$$U = \int D(\omega) \left(\langle n \rangle + \frac{1}{2} \right) \hbar\omega d\omega \qquad (8.34)$$

と書ける.

まずは状態密度 $D(\omega)$ について考えてみよう．ある周波数 $\omega \sim \omega + d\omega$ において ω の取り得る数を求めるためには，どのような ω が許されるのかを調べる必要がある．古典的な振動とは異なり，許される振動数 ω にはある種の制限があるはずである．何故なら，もしどのような ω でも許容されてしまうと，$D(\omega)$ が無限に大きくなるので，結果として式 (8.34) におけるエネルギー U が発散してしまう．

さらに，ω と波数 k は分散関係によって結ばれているので，$\omega \sim \omega + d\omega$ における ω の取り得る数 $D(\omega)d\omega$ と，$k \sim k + dk$ における波数 k の取り得る数 $D(k)dk$ は同じとなる．したがって，波数 k も任意の値はとれないことを意味する．そこで，上で述べた一次元単純格子のモデルに戻り，格子振動を表す u_s が物質の端でどうなるかを考察することにより波数 k の取り得る値を求め，それから状態密度 $D(\omega)$ を求めよう．

計算を容易にするため，格子は周期境界条件 (ボルン–フォンカルマンの条件) を満たすものとする．これは格子振動を表す波が物質の一方の端まで伝わって出ていく際に，もう片方から同様に入ってくるという条件である．一次元の物質全体の長さを L とし，$L = Na$ とすると，周期境界条件は次のように表すことができる．

8.3 固体中の素励起としての格子欠陥 (フォノン)

$$u_{s+N} = ue^{-i(\omega t - k(s+N)a)} = e^{ikL}u_s = u_s \tag{8.35}$$

この式が成り立つためには，$e^{ikL} = 1$，すなわち，$k = (2\pi/L)m$ (m は整数) とならなければならない．したがって三次元の場合には，m_x, m_y, m_z を整数として

$$k_x = \frac{2\pi}{L}m_x, \ k_y = \frac{2\pi}{L}m_y, \ k_z = \frac{2\pi}{L}m_z \tag{8.36}$$

となる．ここで図 8.8 のように k_x, k_y, k_z を軸にとる空間を考えよう．

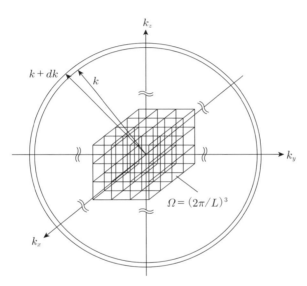

図 8.8 波数空間における k の取り得る値の様子．

このような空間を波数空間とよび，空間内の各点が許される波数 k の値に対応するものとする．各点は式 (8.36) を満たしているので，この空間内における体積 $\Omega = (2\pi/L)^3$ 当たりに 1 つの状態 k が存在することになる．したがって $k \sim k + dk$ の範囲にある状態数を $D(k)dk$ とおけば，図中の球殻内の点の数に等しいので

$$\begin{aligned} D(k)dk &= \frac{4\pi k^2 dk}{\Omega} \\ &= \frac{k^2 dk}{2\pi^2}V \end{aligned}$$

188　第8章　動的な格子欠陥としての格子振動

となる．$V = L^3$ は物質の体積 (簡単のため立方体を仮定) である．したがって，

$$D(k) = \frac{k^2}{2\pi^2}V \tag{8.37}$$

である．さらに分散関係が例えば $k = f(\omega)$ のような関数で与えられていれば，

$$D(\omega)d\omega = D(k)dk \tag{8.38}$$

より，周波数 ω の関数としての状態密度 $D(\omega)$ は

$$D(\omega) = \frac{(f(\omega))^2}{2\pi^2}\frac{df(\omega)}{d\omega}V \tag{8.39}$$

と求められる．

（3）　プランク分布

有限温度において，ある振動数 ω を持つ調和振動子の集まりを考えよう．式 (8.26) に示したように，格子振動のエネルギー E はフォノンの個数 n と結ばれている．あるエネルギーをとるフォノンの数に制限はないので，温度 T で ω の格子振動がエネルギー E をとる確率 $P(E)$ はボルツマン分布に従うと考えてよいだろう．したがって，

$$P(E) = P_0 e^{-E/k_\mathrm{B}T} \tag{8.40}$$

となる．式 (8.40) の定数 P_0 は確率の総和が 1 であるという条件から，$1/P_0 = \sum_{n=0}^{\infty} e^{-E/k_\mathrm{B}T}$ である．したがって，温度 T における調和振動子の個数の平均値 $\langle n \rangle$ は

$$\langle n \rangle = \sum_{n=0}^{\infty} nP(E) = \frac{\sum_{n=0}^{\infty} ne^{-E/k_\mathrm{B}T}}{\sum_{n=0}^{\infty} e^{-E/k_\mathrm{B}T}} \tag{8.41}$$

であり，式 (8.26) を代入すると，

$$\langle n \rangle = \frac{\sum_{n=0}^{\infty} n \exp\left\{-\left(n+\frac{1}{2}\right)\frac{\hbar\omega}{k_\mathrm{B}T}\right\}}{\sum_{n=0}^{\infty} \exp\left\{-\left(n+\frac{1}{2}\right)\frac{\hbar\omega}{k_\mathrm{B}T}\right\}}$$

8.3 固体中の素励起としての格子欠陥(フォノン) 189

$$= \frac{\sum_{n=0}^{\infty} n p^n}{\sum_{n=0}^{\infty} p^n}$$

と書ける．ここで，$p = \exp(-\hbar\omega/k_\mathrm{B}T)$ とおいた．公式

$$\sum_{n=0}^{\infty} p^n = \frac{1}{1-p}, \quad \sum_{n=0}^{\infty} n p^n = p \frac{d}{dp}\left(\sum_{n=0}^{\infty} p^n\right) = \frac{p}{(1-p)^2}$$

などを利用すると，

$$\langle n \rangle = \frac{1}{1/p - 1} = \frac{1}{\exp(\hbar\omega/k_\mathrm{B}T) - 1} \tag{8.42}$$

が得られる．この式 (8.42) はプランク分布とよばれ，上で述べたようにある周波数 ω をとるフォノンの平均数に対応する．図 8.9 に示すように，$k_\mathrm{B}T$ と同程度のエネルギーを持つフォノンは1つ程度であるが，それより小さいエネルギーを持つフォノンの数は指数関数的に増大する．

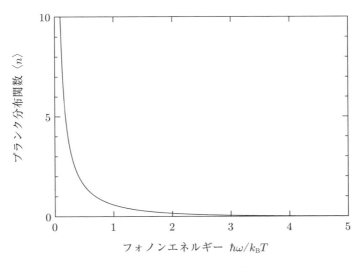

図 8.9 プランク分布関数の様子．

190　第 8 章　動的な格子欠陥としての格子振動

（4）　比熱のデバイモデル

　比熱とは単位量の物質を単位温度だけ上昇させるのに要する熱量のことであり，実験によって比熱を求めると，物質の熱的な性質に関する様々な知見を得ることができる．比熱には，温度上昇を物質の体積を保ったまま行う定積比熱 C_v と，一定圧力のもとで行う定圧比熱 C_p の 2 種類があり，気体など体積変化が大きい場合にはこれらの値は大きく異なるが，固体の場合はほとんど同じである．実際に，物質の体積膨張率を α，圧縮率を β，比体積を V とすると，熱力学から $C_p - C_v = \alpha^2 \beta V T$ の関係式が得られ，通常の圧力下では α や β は小さいので，C_v と C_p の差は小さい．さらに，定積比熱 C_v は物質の内部エネルギー U によって以下のように定義される．

$$C_v = \left(\frac{\partial U}{\partial T} \right)_V \tag{8.43}$$

したがって，格子振動による比熱を求めるにはエネルギーの総和 U を求めてその温度微分を求めればよい．

　格子振動の 1 つのモードにおけるエネルギーの総和は，式 (8.34) にすでに示したように，ある ω を取り得る状態数 $D(\omega)d\omega$ と，その状態をとるフォノン数の平均値 $\langle n \rangle$ で表される．式 (8.34) は 1 つの振動モードの平均値であるので，P を振動モードの数として改めて記すと，

$$U = P \int \left(\langle n \rangle + \frac{1}{2} \right) \hbar \omega D(\omega) d\omega \tag{8.44}$$

と書ける．1 つの単位格子における P の値は，音響学的モードの場合は 3，光学的モードの場合は $3(Z-1)$ になることが知られている．ただし Z は単位格子内の原子数である．

　次に，式 (8.44) の具体的な計算に移ろう．計算を進めるには，振動数 ω と波数 k の間の分散関係が必要であるが，デバイは各振動モードにおいて式 (8.12) で定義される群速度が一定であると仮定し，次のように近似した．

$$\omega = vk \tag{8.45}$$

このような近似は**デバイモデル**とよばれる．式 (8.45) を式 (8.37)，(8.39) に代入すると，ω の関数としての状態密度 $D(\omega)$ は

$$D(\omega) = \frac{(\omega/v)^2}{2\pi^2}\frac{1}{v}V$$
$$= \frac{\omega^2}{2\pi^2 v^3}V \tag{8.46}$$

となる．ただし，単に式 (8.46) を用いて式 (8.44) を計算しようとする際に，ω の積分範囲を 0 から ∞ とすると U は発散してしまう．図 8.2 の一次元格子の分散関係からも類推されるように，ω には上限を設けるのが自然である．デバイは分散関係は式 (8.45) のまま，積分範囲の上限を ω_{D} とした．この上限値 ω_{D} をデバイ周波数とよぶ．ここで，1 つの振動モード当たりの状態数は，物質に含まれる基本格子の数 N に等しいので，状態密度の和も N に等しくなる必要がある．すなわち，

$$N = \int_0^{\omega_{\mathrm{D}}} D(\omega)d\omega \tag{8.47}$$

である．これより，デバイ周波数 ω_{D} は

$$\omega_{\mathrm{D}} = v\left(\frac{6\pi^2 N}{V}\right)^{\frac{1}{3}} \tag{8.48}$$

と求められる．よって式 (8.48) を積分の上限とし，式 (8.46) の状態密度と，式 (8.42) のプランク分布を，式 (8.44) に代入して計算する．簡単のために音響学的モードのみを考えることにすると ($P = 3$)，格子振動によるエネルギーの総和 U は

$$U = 3\int_0^{\omega_{\mathrm{D}}}\left(\frac{1}{\exp\left(\hbar\omega/k_{\mathrm{B}}T\right)-1}+\frac{1}{2}\right)\hbar\omega\frac{\omega^2}{2\pi^2 v^3}Vd\omega$$
$$= \frac{3V\hbar}{2\pi^2 v^3}\int_0^{\omega_{\mathrm{D}}}\omega^3\left(\frac{1}{\exp\left(\hbar\omega/k_{\mathrm{B}}T\right)-1}+\frac{1}{2}\right)d\omega \tag{8.49}$$

となる．ここで，

$$x = \frac{\hbar\omega}{k_{\mathrm{B}}T} \tag{8.50}$$

とおき，さらにデバイ周波数 ω_{D} に対して，デバイ温度 θ_{D} および x_{D} を次のように定義する．

$$\frac{\hbar\omega_{\mathrm{D}}}{k_{\mathrm{B}}T} = \frac{\theta_{\mathrm{D}}}{T} = x_{\mathrm{D}} \tag{8.51}$$

またデバイ温度 θ_{D} は式 (8.48) から

192　第 8 章　動的な格子欠陥としての格子振動

$$\theta_{\mathrm{D}} = \frac{\hbar\omega_{\mathrm{D}}}{k_{\mathrm{B}}} = \frac{\hbar v}{k_{\mathrm{B}}}\left(\frac{6\pi^2 N}{V}\right)^{\frac{1}{3}} \tag{8.52}$$

である．これらを用いると，式 (8.49) は

$$\begin{aligned}
U &= \frac{3V\hbar}{2\pi^2 v^3}\int_0^{x_{\mathrm{D}}}\left(\frac{k_{\mathrm{B}}T}{\hbar}\right)^3 x^3\left(\frac{1}{e^x-1}+\frac{1}{2}\right)\left(\frac{k_{\mathrm{B}}T}{\hbar}dx\right) \\
&= \left(\frac{9N\hbar^4}{k_{\mathrm{B}}^3\theta_{\mathrm{D}}^3}\right)\left(\frac{k_{\mathrm{B}}T}{\hbar}\right)^4\int_0^{x_{\mathrm{D}}}\left(\frac{x^3}{e^x-1}+\frac{x^3}{2}\right)dx \\
&= 9Nk_{\mathrm{B}}T\left(\frac{T}{\theta_{\mathrm{D}}}\right)^3\int_0^{x_{\mathrm{D}}}\left(\frac{x^3}{e^x-1}+\frac{x^3}{2}\right)dx \\
&= 9Nk_{\mathrm{B}}T\left(\frac{T}{\theta_{\mathrm{D}}}\right)^3\int_0^{x_{\mathrm{D}}}\frac{x^3}{e^x-1}dx + \frac{9}{8}Nk_{\mathrm{B}}\theta_{\mathrm{D}}
\end{aligned} \tag{8.53}$$

となる．比熱 C_v について求めるには，式 (8.49) を直接微分した方がわかりやすいであろう．

$$\begin{aligned}
C_v &= \left(\frac{3V\hbar}{2\pi^2 v^3}\right)\int_0^{\omega_{\mathrm{D}}}\left(\frac{\hbar\omega}{k_{\mathrm{B}}T^2}\right)\frac{\omega^3\exp(\hbar\omega/k_{\mathrm{B}}T)}{(\exp(\hbar\omega/k_{\mathrm{B}}T)-1)^2}d\omega \\
&= \frac{9N\hbar^5}{k_{\mathrm{B}}^4\theta_{\mathrm{D}}^3 T^2}\int_0^{\omega_{\mathrm{D}}}\frac{\omega^4\exp(\hbar\omega/k_{\mathrm{B}}T)}{(\exp(\hbar\omega/k_{\mathrm{B}}T)-1)^2}d\omega \\
&= \frac{9N\hbar^5}{k_{\mathrm{B}}^4\theta_{\mathrm{D}}^3 T^2}\left(\frac{k_{\mathrm{B}}T}{\hbar}\right)^5\int_0^{x_{\mathrm{D}}}\frac{x^4 e^x}{(e^x-1)^2}dx \\
&= 9Nk_{\mathrm{B}}\left(\frac{T}{\theta_{\mathrm{D}}}\right)^3\int_0^{x_{\mathrm{D}}}\frac{x^4 e^x}{(e^x-1)^2}dx
\end{aligned} \tag{8.54}$$

この式 (8.54) がデバイモデルで得られた比熱の式である (図 8.10)．

高温の極限 $(T\to\infty)$ では，$x\to 0$ であるので，式 (8.54) の被積分関数の分母は $e^x-1\fallingdotseq x$，分子は $e^x\fallingdotseq 1$ と近似できるので

$$\begin{aligned}
C_v &\fallingdotseq 9Nk_{\mathrm{B}}\left(\frac{T}{\theta_{\mathrm{D}}}\right)^3\int_0^{x_{\mathrm{D}}}\frac{x^4}{x^2}dx \\
&= 9Nk_{\mathrm{B}}\left(\frac{T}{\theta_{\mathrm{D}}}\right)^3\left[\frac{1}{3}x^3\right]_0^{\theta_{\mathrm{D}}/T} \\
&= 3Nk_{\mathrm{B}}
\end{aligned}$$

となる．したがってモル当たりの比熱は $3R$ に等しく，式 (8.25) のデュロン－プティの法則に一致する．

8.3 固体中の素励起としての格子欠陥(フォノン) 193

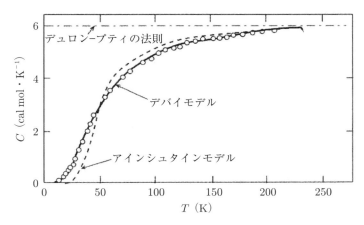

図 8.10 比熱のデバイモデルとアインシュタインモデルの比較 (材料科学者のための固体物理学入門 (2008)[2]).

低温の極限では積分の上限である x_D が無限大になる．したがってエネルギーの総和の式 (8.53) において，

$$\int_0^\infty \frac{x^3}{e^x - 1} dx = \int_0^\infty x^3 \sum_{k=1}^\infty e^{-kx} dx$$
$$= 6 \sum_{k=1}^\infty \frac{1}{k^4}$$
$$= \frac{\pi^4}{15}$$

となることを用いれば，

$$U = \frac{3\pi^4 N k_B T}{5} \left(\frac{T}{\theta_D}\right)^3 \tag{8.55}$$

となる．これを温度で微分すると

$$C_v = \frac{12\pi^4}{5} N k_B \left(\frac{T}{\theta_D}\right)^3 \tag{8.56}$$

が得られる．つまり，低温では比熱は温度の 3 乗に比例するという結果が得られる．この計算結果は**図 8.11** に示すように実験結果とよく一致することが知られている．

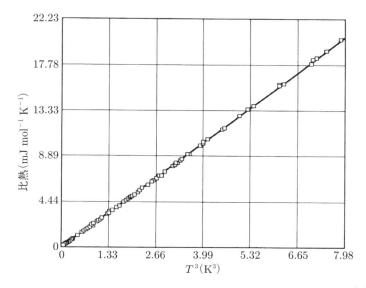

図 8.11 固体アルゴンの低温における比熱 (固体物理学入門 (上)(2005)[1]).

(5) 比熱のアインシュタインモデル

一方,相対性理論の生みの親であるアイシュタインもデバイに先立って固体の比熱のモデルを提案した.アインシュタインは格子振動の周波数 ω が一定値 ω_0 であるとし,周波数における状態密度をデルタ関数であるとした.すなわち

$$D(\omega) = N\delta(\omega - \omega_0) \tag{8.57}$$

とした.デルタ関数は任意の関数 $f(\omega)$ について

$$\int_0^\infty f(\omega)\delta(\omega - \omega_0) = f(\omega_0) \tag{8.58}$$

の性質を持つので,式 (8.57) で定義された状態密度は,式 (8.47) で示されたモード数との関係を満たすことがわかる.デバイモデルと同様に振動モードの数を 3 とし,便宜上 ω_0 を ω と表記すれば,エネルギーの総和は

$$U = 3\int_0^\infty \left(\langle n \rangle + \frac{1}{2}\right)\hbar\omega D(\omega)d\omega$$

$$= 3N\hbar\omega \left(\frac{1}{\exp\left(\hbar\omega/k_{\mathrm{B}}T\right) - 1} + \frac{1}{2} \right)$$

と求められる. したがって, アインシュタインモデルにおける比熱は

$$C_v = 3Nk_{\mathrm{B}} \left(\frac{\hbar\omega}{k_{\mathrm{B}}T} \right)^2 \frac{\exp\left(\hbar\omega/k_{\mathrm{B}}T\right)}{\left(\exp\left(\hbar\omega/k_{\mathrm{B}}T\right) - 1\right)^2} \tag{8.59}$$

で与えられる. 高温ではデバイモデルと同様に $C_v = 3R$, つまりデュロン–プティの法則に一致し, 低温では式 (8.59) は $\exp\left(-\hbar\omega/k_{\mathrm{B}}T\right)$ に比例して減少する. 図 8.11 に示すように, アインシュタインモデルでは, 温度の 3 乗に比例するという低温の音響学的モードの実験結果とは少しはずれており, その意味ではデバイモデルの方が実験によく合うが, 一方で光学的モードの場合は周波数 ω が波数 k に対してあまり変化しないので, このアインシュタインモデルを用いた近似がよく用いられる.

(6) 固体の熱膨張と比熱

ほとんどの固体は温度が上がると膨張する. 体積変化に対する膨張率を体積熱膨張率 α とよび, 次式で定義される.

$$\alpha = \frac{1}{V} \frac{\partial V}{\partial T} \tag{8.60}$$

この α も一般には温度変化し, 比熱の温度変化と同様の振る舞いを示す. 固体の体積弾性率を B (圧縮率 β の逆数) とすると, α と比熱 C_v には次のような比例関係がある.

$$\alpha = \gamma \cdot \frac{1}{V} \frac{C_v}{B} \tag{8.61}$$

この関係は**グルナイゼン** (Grüneisen) **の関係式**とよばれ, γ はグルナイゼン定数 (通常 1～2 程度の値) をとる. この γ はデバイモデルにおいて

$$\gamma = -\frac{\partial \ln \theta}{\partial \ln V} \tag{8.62}$$

のように, デバイ温度の体積依存性で表される. 詳しくは章末の参考文献を参照されたい.

(7) 固体における電子比熱

以上の議論は, 原子やイオンの格子振動に伴う比熱に関するものである. 一方,

196 第8章 動的な格子欠陥としての格子振動

金属や電気伝導性の化合物では，格子を構成する原子，イオンのほかに，物質中を移動する電子も熱エネルギーの担い手となり得る．この電子による比熱を**電子比熱**とよぶ．ただし，室温付近あるいはそれ以上の高温では，一般に電子比熱の寄与は格子比熱に比べるとかなり小さい．これは，熱的に励起され得る電子は，3章で触れた電子の最高被占有準位であるフェルミエネルギー (E_F) 近傍に限られており，ほとんどの電子が室温程度のエネルギーでは励起されないからである．フェルミエネルギー近傍の電子による比熱 C_el は次式で表されるように，絶対温度に比例することが知られている．

$$C_\mathrm{el} = \frac{\pi^2}{3} D(E_\mathrm{F}) k_\mathrm{B}^2 T \tag{8.63}$$

ここで，電子のエネルギー ε の関数である $D(\varepsilon)$ は状態密度とよばれ，フォノンの状態密度と同様に，$\varepsilon \sim \varepsilon + d\varepsilon$ のエネルギー範囲にある電子の取り得る状態数を $D(\varepsilon)d\varepsilon$ として定義される．したがって，式 (8.63) の $D(E_\mathrm{F})$ はフェルミエネルギーにおける電子の状態密度である．電子間に相互作用のない自由電子モデルにおいて，電子の状態密度は

$$D(\varepsilon) = \frac{V}{2\pi^2} \left(\frac{2m}{\hbar^2}\right)^{\frac{3}{2}} \sqrt{\varepsilon} \tag{8.64}$$

のように，$\varepsilon^{1/2}$ の関数となる．ここで，V は物質体積，m は電子の質量，$\hbar$ は換算プランク定数(プランク定数 h を 2π で割ったもの)である．絶対零度では，フェルミエネルギーまでの状態を電子が1つずつすべて占有するので，状態密度を E_F まで積分すると全電子数 N に等しくならなければならない[*1]．

$$N = \int_0^{E_\mathrm{F}} D(\varepsilon)d\varepsilon \tag{8.65}$$

式 (8.64) を式 (8.65) に代入すると $D(E_\mathrm{F}) = 3N/2E_\mathrm{F}$ が得られる．この関係を式 (8.63) に入れれば次式が得られる．

$$C_\mathrm{el} = \frac{1}{2}\pi^2 N k_\mathrm{B} \cdot \frac{k_\mathrm{B}T}{E_\mathrm{F}} \tag{8.66}$$

室温付近において $E_\mathrm{F} \gg k_\mathrm{B}T$ であるので，この式からも格子比熱 C_v に比べて電子比熱 C_el が小さいことがわかるであろう．この電子比熱は，しかしながら極低

[*1] パウリの排他原理から，1つの準位には上下2つのスピンの電子が占有するが，状態密度 $D(\varepsilon)$ にはそのスピン状態も含むものとする．したがって，スピンを含めた状態には1電子しか占有しない．

温においては顕著になる．これは，C_{el} が温度に比例するのに対し，デバイモデルで見たように C_v が温度の 3 乗に比例して小さくなるからである．C_{el} および C_v の温度のべきに対する比例定数をそれぞれ γ，A とおくと，物質全体の比熱はあらためて $C = \gamma T + AT^3$ と書ける．ここで，γ は**電子比熱係数**とよばれる．この両辺を絶対温度で割ると次式が得られる．

$$\frac{C}{T} = \gamma + AT^2 \tag{8.67}$$

つまり，C/T を温度の 2 乗に対してプロットすると直線関係が得られ，切片と傾きから γ と A の値が得られ，金属や電気伝導性を示す多くの物質でこの式 (8.67) が成り立つことが知られている．典型的な例を**図 8.12** に示す．このように式 (8.67) は実験で得られた比熱の温度変化を解析するのによく用いられる．

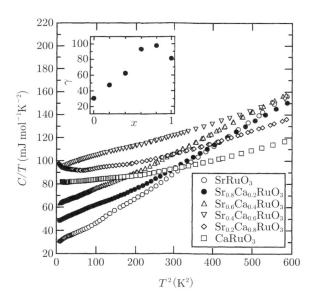

図 8.12 電気伝導性を示すルテニウム酸化物 $Sr_{1-x}Ca_xRuO_3$ における C/T と T^2 の関係 (T. Kiyama, K. Yoshimura, K. Koji, H. Michor and G. Hilsher, "Specific Heat of (Sr–Ca)RuO$_3$", J. Phys. Soc. Jpn. **67**, 307–311 (1998)).

8章　参考文献

[1]　固体物理学入門 (上)，C. キッテル，丸善出版 (2005).

[2]　材料科学者のための固体物理学入門，志賀正幸，内田老鶴圃 (2008).

[3]　固体物理入門，沼居貴陽，森北出版 (2007).

[4]　固体物性と電気伝導，鈴木実，森北出版 (2014).

[5]　固体物理学，川村肇，共立出版 (1968).

第9章

拡散 – 固体中の原子の運動 –

この章では,原子 (イオン) の拡散 (diffusion) 現象について説明する.4 章で説明したように平衡状態が実現するためには拡散は非常に重要な因子となる.拡散が非常に遅いと包晶反応は進まないし,相分離現象も起きないということがよく見られる.また,原子空孔などの格子欠陥が存在すれば拡散は非常に起こりやすくなる (活性化エネルギーが下がる) ので,7 章で説明した格子欠陥と原子 (イオン) の拡散とは密接に関係し合っている.拡散現象は,物質の合成や物性に対して重要な役割を担っているのである.

9.1 フィックの第 1 法則

拡散現象における基本的な法則を説明しよう.図 9.1 に示すように金属 A, B を接合し時間 t が経つと,A は B 側に,逆に B は A 側に浸透するように移動していき,A と B は混じり合う.こういった現象を A–B 間の拡散という.その際に,最初に接合の界面 ($x = x$) にマーカーを付けると,拡散後にマーカーが元の位置から少し移動する ($x = x'$),またはマーカーの間隔が変化する.例えば,銅 (Cu) と固溶しないモリブデン (Mo) 線をマーカーとして使用し,金属 Cu と Cu–Zn

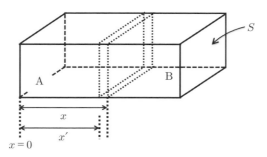

図 9.1 金属 A–B の接合の模式図.マーカー位置 x が拡散して x' に移動している.

合金である真鍮 (4 章参照) とを接合して Zn の拡散現象を調べる実験を行う．拡散実験の最初に界面にあった Mo マーカー間の距離が，拡散実験後に変化している現象が観測され (カーケンドール効果)，単純に Cu と Zn の位置交換で Zn の拡散が起こっているのではないことが明らかになった．そのような実験を通して，拡散現象について研究し議論することは，拡散機構を解明する上で大変重要である．

拡散が進行している際の結晶の X 面，Y 面を模式的に**図 9.2** に示す．ここで，X 面における A の濃度 (単位体積当たりの A 原子の個数) を n_A とし，そのとき，Y 面での A の濃度が $n_A + a(dn_A/dx)$ で表されるものとしよう (**図 9.3** 参照)．dn_A/dx は，A の濃度勾配である．いま，原子がジャンプする頻度を f (単位時間当たりのジャンプの回数) とし，最近接原子数 (配位数) を z とすると，単位時間当たり A が X 面から Y 面へジャンプする回数 $J_{X \to Y}$ は，

$$J_{X \to Y} = \frac{f}{z} n_A a S \tag{9.1}$$

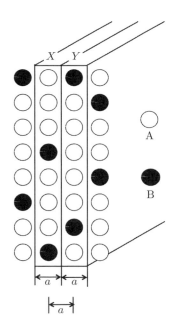

図 9.2 A–B 接合と拡散現象の模式図 1．X, Y 面での A, B 原子の分布の模式図．

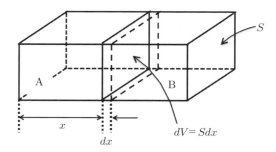

図 9.3 A–B 接合と拡散現象の模式図 2. 断面積 S を通して dx だけジャンプして拡散していく様子を表す.

と表せる．ここで，S は X 面，Y 面の面積 (断面積) である．また，f は 8 章で説明した格子振動 ν に比例している．逆に $J_{Y \to X}$ は，

$$J_{Y \to X} = \frac{f}{Z}\left(n_A + a\frac{dn_A}{dx}\right)aS \tag{9.2}$$

と書ける．A 原子が単位時間当たりに $X \to Y$ へとジャンプする正味の回数 J_A は，

$$J_A = J_{X \to Y} - J_{Y \to X} = -\frac{fa^2}{z}S\frac{dn_A}{dx} = -DS\frac{dn_A}{dx} \tag{9.3}$$

と表せる．ここで，

$$D = \frac{fa^2}{z} \tag{9.4}$$

であり，D は拡散係数とよばれる．

拡散現象において，式 (9.3) はフィック (Fick) の第 1 法則とよばれる基本的な法則である．すなわち，A 原子 (イオン) が $X \to Y$，$Y \to X$ とジャンプする回数の差は，その濃度勾配 (のマイナス) に比例し，その比例定数は断面積と拡散係数の積で表されるという法則であって，原子 (イオン) の拡散現象を考える上で基本的な法則である．

9.2 拡散の機構

格子位置を占める原子の拡散は**格子拡散** (lattice diffusion) という．格子拡散のメカニズム (機構) の種類について図 9.4 に示す．拡散が起こるためには，この図

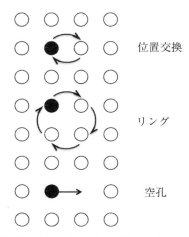

図 9.4 格子拡散の機構 (位置交換,リング状のジャンプ,原子空孔へのジャンプ).

に示したように,大きく分類して,原子同士の位置交換,リング的なジャンプと移動,原子空孔を用いた自己拡散,の 3 種類のプロセスが必要となる.また,拡散係数 D は,次節で示すように,活性化エネルギー Q を乗り越える形の次式で表される.

$$D = D_0 e^{-Q/k_\mathrm{B}T}$$
$$\therefore \ln D = \ln D_0 - \frac{Q}{k_\mathrm{B}T} \quad (9.5)$$

表 9.1 には,これらのプロセスでの標準的な活性化エネルギー Q が示してある.このように原子の位置交換では 10 eV とかなり大きなエネルギー障壁 (活性化エネルギー) を乗り越える必要がある.リング状のジャンプと移動でも 4 eV と,比較的大きなエネルギー障壁が存在する.原子空孔を利用して拡散するのが,一番起こりやすく,1.5〜3 eV 程度の活性化エネルギーで拡散できる.**図 9.5** には,fcc

表 9.1 格子拡散の活性化エネルギー.

機構	活性化エネルギー (eV)
位置交換	10
リング	4
空孔	1.5〜3

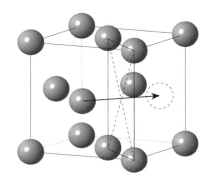

図 9.5 fcc 構造における最近接サイトの原子空孔へのジャンプ (拡散の原子空孔モデル).

構造において，最近接サイトに原子空孔があり，そこに向かってジャンプする場合を図示している．図中の破線で書かれた X で表される間隙をジャンプして乗り越えるのに，活性化エネルギーが必要なのである．なぜなら，X の上辺と下辺は最近接原子を結ぶ線であり，剛体球モデルだと剛体球同士は接しているわけで，X の中心部にはやや間隙はあるものの左右の最近接原子が迫ってきているため，それほど大きな空隙とはなっておらず，それを乗り越え近接の空孔サイトにジャンプするのに，それなりの活性化エネルギーが必要となるのである．

上で説明したような格子拡散以外に，Fe 中の C (鋼) のように，7 章で説明した侵入型の原子間位置を占める原子が次の格子間位置へ拡散する**格子間拡散** (interstitial diffusion) も存在する．また，拡散の経路としては，通常の結晶格子内の経路以外にも，「表面」，「結晶粒界」や 7 章で述べた「転位」に沿って起こる場合などがある．表面に沿って起こる拡散は**表面拡散** (surface diffusion)，結晶粒界に沿って起こる拡散は，**粒界拡散** (grain boundary diffusion) とよばれる．このような結晶表面や格子欠陥に沿って起こる拡散の活性化エネルギーは表 9.1 に示した結晶内の格子拡散に比べて非常に小さく，比較的低温において重要となることが知られている．高温では，通常の格子拡散や格子間拡散が重要で，律速になる．**図 9.6**には，銀 (Ag) の自己拡散の場合の拡散係数 D の温度の逆数 $(1/T)$ に対する依存性を示す．この図の実験は，単結晶と多結晶体の両方について行われた結果であるが，高温ではほとんど同じ値，同じ活性化エネルギーを示し，**アレニウス・プ**

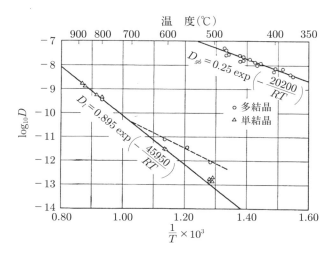

図 9.6 Ag の単結晶および多結晶体における自己拡散係数の温度依存性 (アレニウス・プロット) (金属材料基礎学 (1978)[1], R. E. Hoffman and D. Turnbull, "Lattice and Grain Boundary Self-Diffusion in Silver", J. Appl. Phys. **22**, 634 (1951) のデータをまとめてプロットし直している).

ロット (Arrhenius plot, 対数値と $1/T$ のプロット, 式 (9.5) の下式参照) が 1 つの傾きで決まっていて, 格子拡散が律速となっていると考えられる. 格子拡散の方も多結晶体の実験値に関しては, 温度の低下に伴って, アレニウス・プロットが枝分かれし, 別の機構の拡散が律速となっていることが見てとれる. さらに, 500°C 程度の低温 (図 9.6 の $1/T$ が大きい領域) では, 多結晶体に対する実験において, 粒界拡散が律速の活性化エネルギーを伴ったアレニウス・プロットに従っている, 桁違いに大きな拡散定数となっていることがわかる.

9.3 自己拡散および相互拡散

ここではまず, 自己拡散について考えよう. 原子空孔の濃度が $C_V = e^{-(E_f - TS_f)/k_B T} = e^{-F_f/k_B T}$ と表せることは, 7.1 節 (式 (7.11)) で説明した. C_V にさらに原子が移動する (位置交換する) ため F_m のボルツマン因子 (確率) が掛かり, それに格子振動の振動数 ν と配位数 z を掛けることによって, 以下のように f が表される.

9.3 自己拡散および相互拡散　205

$$f = z\nu e^{-F_\mathrm{m}/k_\mathrm{B}T}e^{-F_\mathrm{f}/k_\mathrm{B}T} = z\nu e^{-F_\mathrm{d}/k_\mathrm{B}T} \tag{9.6}$$

したがって，式 (9.4) と (9.5) によって，自己拡散の拡散定数 D^* は，

$$D^* = a^2\nu e^{-F_\mathrm{d}/k_\mathrm{B}T} = a^2\nu e^{-S_\mathrm{d}/k_\mathrm{B}}e^{-H_\mathrm{d}/k_\mathrm{B}T} = D_0^* e^{-Q/k_\mathrm{B}T} \tag{9.7}$$

と表すことができる．ここで，Q は自己拡散の活性化エネルギーであり，D_0^* は，

$$D_0^* = a^2\nu e^{-S_\mathrm{d}/k_\mathrm{B}} \tag{9.8}$$

である．S_d は自己拡散のエントロピーである．

　次に A, B の相互拡散を考えよう．図 9.1, 9.3 に示したように，純粋な A と B の棒を接触させ，界面にマーカーを付け，A, B の相互拡散の様子を見よう．この場合も式 (9.3) によって，A, B のジャンプする回数は，

$$\begin{cases} J_\mathrm{A} = -D_\mathrm{A}S\dfrac{dn_\mathrm{A}}{dx} \\[2mm] J_\mathrm{B} = -D_\mathrm{B}S\dfrac{dn_\mathrm{B}}{dx} \end{cases} \tag{9.9}$$

と表される．ただし，$n_\mathrm{A} + n_\mathrm{B}$ は単位体積当たりの全原子の数なので一定である．

　ここで，マーカーの移動速度 v は，$v = \dfrac{x - x'}{t}$ と表される．一方，マーカー部を通って毎秒移動した原子の数の和を J_net とすると $J_\mathrm{net} = J_\mathrm{A} + J_\mathrm{B}$ である．また 1 原子当たりの体積は定義から $1/(n_\mathrm{A} + n_\mathrm{B})$ となるので，マーカーの移動速度は，

$$v = -\frac{J_\mathrm{net}}{S} \cdot \frac{1}{n_\mathrm{A} + n_\mathrm{B}} = \frac{D_\mathrm{A}\dfrac{dn_\mathrm{A}}{dx} + D_\mathrm{B}\dfrac{dn_\mathrm{B}}{dx}}{n_\mathrm{A} + n_\mathrm{B}} \tag{9.10}$$

と表されることになる．ここで，

$$\begin{aligned} x_\mathrm{A} &= \frac{n_\mathrm{A}}{n_\mathrm{A} + n_\mathrm{B}} \\[2mm] x_\mathrm{B} &= \frac{n_\mathrm{B}}{n_\mathrm{A} + n_\mathrm{B}} = 1 - x_\mathrm{A} \end{aligned} \qquad \text{（原子分率，モル分率）} \tag{9.11}$$

と置き，以下のように書き直す．

$$v = (D_\mathrm{A} - D_\mathrm{B})\frac{dx_\mathrm{A}}{dx} \tag{9.12}$$

$$(J_\mathrm{A})_x = -D_\mathrm{A}S\frac{dn_\mathrm{A}}{dx} + n_\mathrm{A}vS \tag{9.13}$$

$$(J_\mathrm{A})_{x+dx} = (J_\mathrm{A})_x + \frac{d(J_\mathrm{A})_x}{dx}dx \tag{9.14}$$

206 第 9 章 拡散 −固体中の原子の運動−

$$\frac{dn_A}{dt} = \frac{(J_A)_x - (J_A)_{x+dx}}{Adx} = \frac{d}{dx}\left(D_A\frac{dn_A}{dx} - n_A v\right) \tag{9.15}$$

したがって,

$$\frac{dx_A}{dt} = \frac{d}{dx}\left(D_A\frac{dx_A}{dx} - x_A v\right) = \frac{d}{dx}(D_A x_B + D_B x_A)\frac{dx_A}{dx} \tag{9.16}$$

が導かれる. ここで,

$$\tilde{D} = D_A x_B + D_B x_A \tag{9.17}$$

と置く. この $\tilde{D}$ は相互拡散係数または化学拡散係数とよばれる.

この $D = \tilde{D}$ が距離 (x, モル分率の x_A などと紛らわしいので注意) に依存しない定数であると仮定すると, 式 (9.16) は次のように簡単に表せ, フィックの第 2 法則とよばれる.

$$\frac{dx_A}{dt} = D\frac{d^2 x_A}{dx^2} \tag{9.18}$$

この式 (9.18) で表されるフィックの第 2 法則では, 濃度についての時間の 1 階微分と, 距離の 2 階微分とが拡散定数で結びつけられるという結果になる.

一般には, 式 (9.17) にあるように組成 (モル分率) の関数となり, 組成は距離 x の関数であるから, $D = \tilde{D}$ は距離 x に対して一定とはならない. そのような場合は $\tilde{D}$ をそのまま x についての微分の中に残し,

$$\frac{dN_A}{dt} = \frac{d}{dx}\left(\tilde{D}\frac{dN_A}{dx}\right) \tag{9.19}$$

と表し, 議論する必要がある. 式 (9.19) は俣野の修正式とよばれる.

9.4 フィックの第 2 法則と俣野の修正式

フィックの第 2 法則である, 式 (9.18) の微分方程式の解の一例を見てみよう.

$$\begin{cases} t = 0, \quad x > 0 : x_A = x_{A2} \\ t = 0, \quad x < 0 : x_A = x_{A1} \end{cases} \tag{9.20}$$

の初期条件のもとで, 式 (9.18) を解くと, その解は, 以下のように A の組成 x_A は誤差関数 erf で与えられ,

$$x_A = x_{A1} + \frac{x_{A2} - x_{A1}}{2}\left(1 - \mathrm{erf}\left(\frac{x}{2\sqrt{Dt}}\right)\right) \tag{9.21}$$

9.4 フィックの第2法則と俣野の修正式

となる.ここで,誤差関数 erf は,

$$\mathrm{erf}(y) = \frac{2}{\sqrt{\pi}} \int_0^y e^{-y^2} dy \tag{9.22}$$

である.フィックの第2法則の解の例を,図 9.7 に示す.

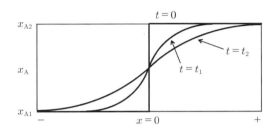

図 9.7 相互拡散のフィックの第2法則の解の例.右側に $x_A = x_{A1}$, 左側に $x_A = x_{A2}$ の組成の均一な部位を $x = 0$ で接合した際の $t = 0, t_1, t_2$ でのフィックの第2法則 $(0 < t_1 < t_2)$ の解を示している.

この解の形から,いま,時間 t_1, t_2 で同一濃度の位置が x_1, x_2 なら以下の関係が成り立つ.

$$\frac{x_1}{\sqrt{t_1}} = \frac{x_2}{\sqrt{t_2}} \quad \text{or} \quad \frac{x_1^2}{t_1} = \frac{x_2^2}{t_2} \tag{9.23}$$

すなわち,フィックの第2法則によると,拡散において距離 x が2倍進むためには時間は4倍必要であるということになる.

次に,俣野の修正式による $\tilde{D}$ の求め方について述べよう.式 (9.19) において,フィックの第2法則を参考に,$\eta = x/t^{1/2}$ と変数変換を導入する.これによって,A の組成 (モル分率) x_A の時間微分と距離の微分は,次のように x_A の η での微分で表される.

$$\begin{cases} \dfrac{\partial x_A}{\partial t} = \dfrac{dx_A}{d\eta} \dfrac{\partial \eta}{\partial t} = -\dfrac{1}{2} \dfrac{x}{t^{3/2}} \dfrac{dx_A}{d\eta} \\ \dfrac{\partial x_A}{\partial x} = \dfrac{dx_A}{d\eta} \dfrac{\partial \eta}{\partial x} = \dfrac{1}{t^{1/2}} \dfrac{dx_A}{d\eta} \end{cases} \tag{9.24}$$

式 (9.24) を式 (9.19) に代入して,

$$-\frac{\eta}{2} \frac{dx_A}{d\eta} = \frac{d}{d\eta}\left(\tilde{D} \frac{\partial x_A}{\partial \eta}\right) \tag{9.25}$$

が求まる．初期条件である $t=0$ における $\begin{cases} x>0: x_\mathrm{A} = x_{\mathrm{A}0} \\ x<0: x_\mathrm{A} = 0 \end{cases}$ ($t=0$ では $x=0$ は不連続点である) を η で表すと，$\eta = +\infty$ で $x_\mathrm{A} = x_{\mathrm{A}0}$，$\eta = -\infty$ で $x_\mathrm{A} = 0$ となる．これを基に $0 < x_\mathrm{A} < x_{\mathrm{A}0}$ なる x_A に対して，式 (9.25) を積分して，

$$-\frac{1}{2}\int_{x_\mathrm{A}=0}^{x_\mathrm{A}=x_\mathrm{A}} \eta dx_\mathrm{A} = \left[\tilde{D}\frac{dx_\mathrm{A}}{d\eta}\right]_{x_\mathrm{A}=0}^{x_\mathrm{A}=x_\mathrm{A}} \tag{9.26}$$

となる．ある一定の時間 t における濃度 x_A を求める場合は，x_A は距離 x だけの関数になるので，

$$-\frac{1}{2}\int_0^{x_\mathrm{A}} xdx_\mathrm{A} = \tilde{D}t\left[\frac{dx_\mathrm{A}}{dx}\right]_{x_\mathrm{A}=0}^{x_\mathrm{A}=x_\mathrm{A}} = \tilde{D}t\left(\frac{dx_\mathrm{A}}{dx}\right)_{x_\mathrm{A}} \tag{9.27}$$

と表せる．さてここで，A–B を接合させ，拡散現象の途中，ある時刻 t での様子を図 9.8 に示す．図の両端 $x_\mathrm{A} = 0$ および $x_\mathrm{A} = x_{\mathrm{A}0}$ において $\dfrac{dx_\mathrm{A}}{dx} = 0$ だから，図 9.8 で x 軸と x_A 軸を逆にしてみて，x を x_A が 0 から $x_{\mathrm{A}0}$ まで積分すると，$\int_0^{x_{\mathrm{A}0}} xdx_\mathrm{A} = 0$ となる．つまり，図 9.8 中の $S_1 = S_2$ なる面をとり，ここを $x = 0$ と決めればよい．この面を俣野界面という．図 9.8 に俣野界面を示したが，これは必ずしもマーカー面 (破線) とは一致しない．このような x 座標の取り方を用いると，図 9.9 に示すように，距離 x を A の組成 x_A について $x_\mathrm{A} = 0$ から $x_\mathrm{A} = x_\mathrm{A}$ まで積分し (図 9.9 での斜線で表した面積)，それにその点の傾き dx/dx_A (図 9.9 の接線の傾き) を掛け，$-2t$ で割れば，$x_\mathrm{A} = x_\mathrm{A}$ での相互拡散係

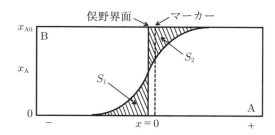

図 9.8　A–B の接合における相互拡散の俣野界面 (実線) とマーカー面 (破線) 1. 面積 $S_1 = S_2$ となる面を $x = 0$ とし，俣野界面とよぶ．俣野界面とマーカー面は一般に一致しない．

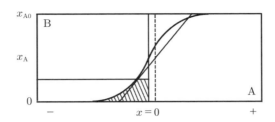

図 9.9 A–B の接合における相互拡散の俣野界面 (実線) とマーカー面 (破線) 2. 相互拡散係数を求めるための俣野–ボルツマンの方法を示している (本文参照).

数 $\tilde{D}$ が求まる. すなわち,

$$\tilde{D}(x_A) = -\frac{1}{2t}\left(\frac{dx}{dx_A}\right)\int_0^{x_A} x\,dx_A \tag{9.28}$$

となり, 図 9.9 を使ってこのように相互拡散係数 $\tilde{D}$ を求める方法を, **俣野–ボルツマンの方法**という.

9.5 真の拡散係数の求め方

時間 t におけるマーカー面の座標を x とすると, 実験的に $x^2/t = k$ (=一定) が成り立つことが確認されている. したがって, 常にこれが成り立つと仮定すると, マーカー面の移動速度 v は

$$v = \frac{dx}{dt} = \frac{k}{2x} = \frac{x}{2t} \tag{9.29}$$

となる. したがって, 時間 t におけるマーカー位置 x を測定すれば式 (9.29) からマーカー速度 v がわかることになる. 俣野–ボルツマンの方法で, 相互拡散係数 $\tilde{D}$ が求まっていれば,

$$\begin{cases} \tilde{D} = x_B D_A + x_A D_B \\ v = (D_A - D_B)\dfrac{dx_A}{dx} \end{cases} \tag{9.30}$$

を連立させて解くことによって, A および B の真の拡散係数 D_A, D_B が求められることになる. このような実験の解析法を用いて, 真の拡散係数が求まり, 拡散係数の温度依存性などを正しく求め, 議論することができるのである.

9章　参考文献

[1] 金属材料基礎学，尾崎良平，長村光造，足立正雄，田村今男，村上陽太郎，朝倉書店 (1978).
[2] 材料組織学，杉本孝一，長村光造，山根壽己，牧正志，菊池潮美，落合正治郎，村上洋太郎，朝倉書店 (1991).
[3] 新版移動現象論，平岡正勝，田中幹也，朝倉書店 (1994).
[4] 拡散と移動現象 (Creative Chemical Engineering Course)，宝沢光紀，菊地賢一，塚田隆夫，都田昌之，米本年邦，培風館 (1996).
[5] はじめて学ぶ移動現象論-運動量・熱・物質移動を統合的に理解する-，杉山均，佐野正利，永橋優純，加藤直人，森北出版 (2014).
[6] ベーシック移動現象論，吉川史郎，化学同人 (2015).

第10章

相転移の熱・統計力学と量子論的記述

この章では，物性化学のまとめとして，物性科学において非常に重要な相転移現象に関して熱・統計力学を用いて記述する．その際，状態変化としての相転移現象について，4章で取り扱った相分離現象や規則・不規則相転移など，原子の配列や構造の秩序化などの相転移の他，磁気転移や超伝導転移といった電子状態や電子スピン状態の相転移現象についても量子力学的な描像も取り入れ説明を行う．相転移現象という多体問題を扱うための，現象論としてのランダウの展開理論や，多体効果を一体近似に落としこんで，多体問題を解く平均場近似について解説する．最後に，平均場近似の問題点やそれを超えていくための，揺らぎの観点からの努力について説明する．

10.1 相転移現象

相転移現象は協力現象であり，4章で取り上げた相がある**相転移温度 (臨界温度**, critical temperature) T_c を境に急激に変化する現象である．相転移温度 T_c 以下では何らかの秩序状態をとり，T_c 以上ではその秩序が破れて無秩序になった状態となる．逆に，T_c 以上では何らかの対称性の高い状態であり，T_c 以下はその対称性が自発的に破れた状態であるともいわれる．4章でも，物質の融点 (液相 ⇔ 固相の相転移)・沸点 (気相 ⇔ 液相の相転移)，原子 (またはイオン) の配列などの変化を伴う固相の相分離現象や固体結晶における規則・不規則相転移について見てきた．相転移はそれ以外にも磁気転移や超伝導転移などが典型例となる，電子スピン状態の変化など電子状態が変化する電子系の相転移が存在する．4章では熱・統計力学的な扱いによって主として説明してきたが，この章では電子系の量子論的な相転移現象についても扱う．電子系の相転移では熱力学・統計力学はもとより，量子力学的な描像・取り扱いが必要不可欠になる．

4章でも述べたが，まず相転移現象の典型例として，以下の (a) および (b) を見てみよう．

211

212　第 10 章　相転移の熱・統計力学と量子論的記述

（a）　結晶変態や結晶構造の相転移

4 章の主たるテーマの 1 つでもあり，以下に代表例をあげよう.

- **同素変態** (allotropic (polymorphic) transformation)

  Fe：　bcc　　⇔　　fcc　　⇔　　bcc （⇔　　liquid）
  　　　　α　911℃　γ　1392℃　δ　1536℃　　（図 4.27 参照）

  Co：　hcp　　⇔　　fcc
  　　　　α　370℃　β

- **規則・不規則相転移** (order-disorder phase transition)

  β-CuZn　$T_{\rm c} \sim 460$℃，$T > T_{\rm c}$：random な bcc 構造

  $T < T_{\rm c}$：CsCl 型構造に秩序化

- **固相の相分離** $\alpha \to \alpha_1 + \alpha_2$

  原子の長距離移動 (拡散，核生成・成長) が必要な場合と長距離移動が必要ないスピノーダル分解がある

- **マルテンサイト変態** (martensitic transformation)

  fcc Fe(γ) $\to$ bct Fe(α')：無拡散変態

（b）　電子状態の相転移

以下に電子状態の相転移現象の代表例をあげる.

b–1　磁気相転移 (magnetic phase transition，単に magnetic transition)

- **強磁性転移** (ferromagnetic transition)：原子 (またはイオン) に存在する不対電子のスピン磁気モーメントが同一方向に整列し秩序化する相転移現象である. 強磁性転移温度は，19 世紀の終わり頃から磁性研究をスタートさせたピエール・キュリー (Pierre Curie) に因んで**キュリー** (Curie) **温度** $T_{\rm C}$ という.

  Fe：α 相 (強磁性相) $\Leftrightarrow$ β 相 (常磁性相)：$T_{\rm C} = 770$℃ $= 1043$ K

  Co：$T_{\rm C} = 1131$℃ $= 1304$ K，Ni：$T_{\rm C} = 358$℃ $= 631$ K

電磁気学では，物質の磁化 M と外部磁場 H と物質内の磁束密度 B の間には，以下の関係がある.

$$\boldsymbol{B} = \mu_0 \boldsymbol{H} + \boldsymbol{M} \quad (\boldsymbol{B} = \boldsymbol{H} + 4\pi\boldsymbol{M} \ ({\rm cgs})) \tag{10.1}$$

$T > T_{\rm C}$ の常磁性状態では $M = \chi H$ となり，M は H に対してリニアな応答を示し，その比の値が磁化率 χ となる.

$$M = \chi H \quad \Rightarrow \quad B = (\mu_0 + \chi)H \tag{10.2}$$

ここで χ は磁化率，または帯磁率である．強磁性状態ではリニアな応答は破れノンリニアな応答となる．

● **反強磁性転移** (antiferromagnetic transition)：隣り合う原子 (イオン) のスピン磁気モーメントが互いに反対向きに整列し秩序化する相転移であるが，反強磁性転移温度は T_N (ネール温度) という．ルイ・ネール (Luis Néel) は，強磁性の分子場近似を反強磁性に拡張することに成功し，1970 年にノーベル物理学賞を受賞した[*1]．

● **フェリ磁性転移**：反強磁性転移と同様であるが，上向きスピンと下向きスピンの大きさ，または数，またはその双方が異なる場合をフェリ磁性という．自発磁化があり，見かけ上は強磁性に見えるが，相互作用は反強磁性的であって，ネールは様々なフェリ磁性の場合の副格子の現れ方を反強磁性の平均場近似を適用することによって理論的に再現してみせた (例えば，T_N 以下の**相殺温度** (compensation temperature) で，自発磁化が一見ゼロになってしまう現象など)．そのため，フェリ磁性転移温度もネール温度 T_N という．

b–2　超伝導転移 (superconducting transition)

T_c 以下で電子対 (クーパー (Cooper) 対) が**ボーズ–アインシュタイン凝縮** (Bose–Einstein condensation) を起こす相転移である超伝導 (superconductivity) 現象は，1911 年にオランダのライデン大学教授のカマリン・オンネス (Kamerlingh Onnes) によって実験的に発見され (Kamerlingh Onnes, H., "The Superconductivity of Mercury", Comm. Phys. Lab. Univ. Leiden; Nos. 122 and 124 (1911)，オンネスは超伝導の発見によって 1913 年にノーベル物理学賞を受賞)，理論的には現象論的な GL (Ginzburg, Landau) 理論 (V. L. Ginzburg and L. D. Landau, "On the Theory of Superconductivity", Zh. Eksp. Teor. Fiz. **20**, 1064 (1950)) やミクロな量子力学的理論である BCS (Bardeen, Cooper, Schrieffer) 理論によって解明された (GL 理論は 1950 年，BCS 理論 (J. Bardeen, L. Cooper, and J. R. Schrieffer, "Theory of superconductivity", Phys. Rev. **108**, 1175

[*1] フランス・グルノーブルにはルイ・ネールに因んで，フランス国立科学研究センター (CNRS) の 1 つである，ネール研究所という，磁性を中心とした固体物理・化学の研究所がある．ネールは，パリ大学を卒業し，ストラスブール大学で学位を取得後，長い間，グルノーブル大学の教授を務めた．

(1957)) は 1957 年に発表された．BCS の 3 人は BCS 理論によって 1972 年にノーベル物理学賞を受賞．John Bardeen は，半導体の研究で 1958 年にノーベル物理学賞を受賞しており，2 度目の受賞である．すでに大物理学者であった Lev Landau はその量子力学への貢献で 1962 年にノーベル賞を受賞しており，V. L. Ginzburg は GL 理論が認められ，2003 年にノーベル物理学賞を受賞している）．超伝導転移温度は単に T_c とよばれる．T_c 以下の温度で，超伝導体では電気抵抗がゼロになること，磁束を完全に排除し超伝導体内部では磁束密度 B がゼロになること（マイスナー効果または完全反磁性とよばれている）などの大きな特徴が知られている．したがって，超伝導状態の完全反磁性磁化率 χ_s は，式 (10.1) より，

$$\chi_\mathrm{s} = -\mu_0 \ (\mathrm{SI}) = -\frac{1}{4\pi} \ (\mathrm{cgs}) \qquad (10.3)$$

となる．原子番号 41 番のニオブ (Nb) は純金属で最高の $T_\mathrm{c} = 9\,\mathrm{K}$ を持つ．

磁気相転移によって実現する**基底状態** (ground state, 最低温度の状態) の例を，**強磁性** (ferromagnetism)，**反強磁性** (antiferromagnetism)，**フェリ磁性** (ferrimagnetism) の場合について，不対電子のスピンが原因である原子の磁気モーメントの整列の仕方によって図 10.1 に示す．

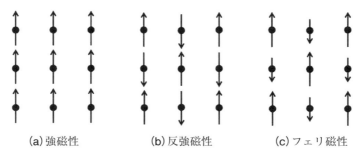

図 10.1 磁気秩序状態．(a) 強磁性，(b) 反強磁性，(c) フェリ磁性．

相転移現象では一般的に，それぞれの相転移に特徴的な規則度を表す**秩序変数** (order parameter) が存在する．例えば，強磁性転移の秩序変数は自発磁気モーメントであり（図 10.1 参照），超伝導転移のそれは，凝縮電子対（クーパー対）の密度であることが知られている．規則・不規則相転移では原子配置の規則度が秩序変数と見なせる (4 章参照)．また，逆に秩序変数が明らかになれば，その相転移

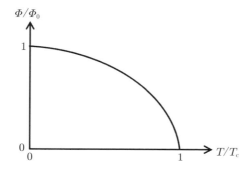

図 10.2 相転移の秩序変数 (Φ) の温度依存性 (Φ/Φ_0 vs. T/T_c).

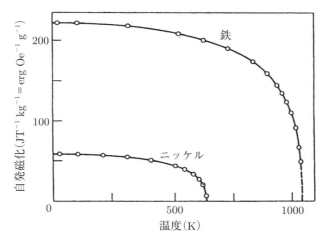

図 10.3 強磁性体である鉄 (Fe) とニッケル (Ni) の自発磁化の温度依存性 (J. Crangle, "The Structures and Properties of Solids: Magnetic Properties of Solids", Edward Arnold Publishers Ltd., London (1977)).

がおよそ理解できたということができる．図 10.2 に秩序変数 Φ の温度依存性を示す．Φ は温度が絶対零度に向かうにつれ有限の Φ_0 に近づいていき，温度が低温側から T_c に近づくとなめらかにゼロに漸近していく．T_c 以上では，常に $\Phi = 0$ である．図 10.3 に強磁性体である Fe と Ni の場合の自発磁気モーメント (自発磁化) の温度依存性を示す．強磁性では自発磁気モーメントが相転移の秩序変数になっている．図 10.4 に超伝導に関する磁場 H と温度 T の間の関係を表した H–T

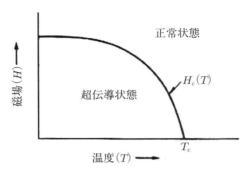

図 10.4　超伝導体の H–T 相図.

相図を示す．強磁性体だと低温になるほど，自発磁化が大きくなり磁石に引き寄せられる力が強くなって，超伝導体だと低温になるほど，外場に対して強くなる（臨界磁場 H_c が大きくなる）のである．

● 磁気相転移での簡単な熱力学

磁気相転移や超伝導転移は，電子スピンに関係した量子力学的な相転移現象であるが，そのような相転移現象を扱う上でも，電磁気系を熱力学に適用する際に覚えておくと便利な関係が成立している．それは，$P \to H$，$V \to -M$ と置き換えると PV 系の熱力学は電磁気系 (HM 系) の熱力学にそっくりそのまま置き換えられる，ということである．分子気体系において，外力である P を加えるとその状態を表す体積 V が縮む．同様に，電磁気系では，外場である磁場 H を系に加えると，その状態を表す磁化 (または磁気モーメント) M が増大する ($-M$ はより負に大きくなる) と考え，このように変換するのである．したがって，ギブスの自由エネルギーは，

$$G = H_{\text{enthalpy}} - TS + PV \text{ (分子気体系)} \Leftrightarrow$$

$$G = H_{\text{enthalpy}} - TS - HM \text{ (磁気系)} \quad (10.4)$$

と表せ，その磁場での微分は，$\dfrac{\partial G}{\partial H} = -M$，$\dfrac{\partial^2 G}{\partial H^2} = -\chi$ となる．ここで，$-HM$ 項は磁気エネルギーであり，**ゼーマン** (Zeeman)・**エネルギー**とよばれる．

相転移現象は協力現象であって，一般に多体系の問題であるので，平均場近似といわれる一体近似によってようやく解くことができるのである (古典力学でも厳密に解ける問題は 2 体問題までで，3 体問題以上は厳密解がないことが知られ

ていて，解こうとすると何らかの近似が必要になるのである）．しかし，高名なる物理学者 P. W. アンダーソン（P. W. Anderson，1977 年に「磁性体と無秩序系の電子構造の理論的研究」によってノーベル物理学賞受賞，自身のハーバード大時代の恩師である J. H. van Vleck，モット転移で有名な N. F. Mott と共同受賞）は，自身の論文 "More is different"（P. W. Anderson, Science **177**, 393–396 (1972)）によって，（電子が）たくさん集まることによって，1 つの粒子（電子など）の性質からは，ありえなくて想像もできないような顕著な状況が現れるのだという，複雑系の本質について記述している．相転移現象はその典型例であり，磁気相転移や超伝導転移はまさに "More is different" そのものであるといえる．

ここでは，まず 4 章で見た相転移現象である規則・不規則相転移や相分離現象について復習しておこう．

10.2 規則・不規則相転移

4 章では，規則・不規則相転移の秩序変数を式 (4.67) のように定義した．一般に秩序変数は，図 10.2 のように温度変化することが知られている．ここでは，5 章で説明した固体結晶における結晶構造因子によって，この場合の秩序変数を実験によって求めることを考えよう．

（例）　β 真鍮　CuZn：(CsCl 型) $\rightarrow$　　bcc　　（格子点にどの原子がくるか）
　　　　　　　　　　　（T_c 以下）　　　　（T_c 以上）

bcc 構造は，2 つの**単純立方** (simple cubic) **格子**（格子定数 a）をベクトル $(a/2, a/2, a/2)$ だけずらして重ね合わせたものなので，以下のように，この規則不規則相転移について考えよう．

$T = 0$ K では α：$(0, 0, 0)$，β：$(1/2, 1/2, 1/2)$ の 2 つの原子座標に対応する**結晶学的サイト** (site) において，A 原子：α サイト，B 原子：β サイトと規則化する．一方，T_c 以上では，全くランダム (random) となる．

これを実験で調べるには，6 章で扱った構造因子を測定すればよい．β 真鍮の場合，$T = 0$ K では，α が Cu，β が Zn として（逆でも同等である），それぞれの原子散乱因子を f_{Cu}，f_{Zn} とすると，Cu 原子が本来の場所を占める確率を p として，正しいサイトに正しい原子が来る場合 ○ となる確率と，間違ったサイトに行ってしまった場合 ● の確率は，それぞれ，

218　第 10 章　相転移の熱・統計力学と量子論的記述

$$\circ \cdots p f_{\text{Cu}} + (1-p) f_{\text{Zn}}$$

$$\bullet \cdots p f_{\text{Zn}} + (1-p) f_{\text{Cu}}$$

となる.

　完全に規則化した CsCl 型構造 (6.3 節 (5) 参照) となる場合の X 線回折などにおける結晶構造因子 F_{hkl} は,

$$F_{hkl} = \sum_j f_j \exp\{2\pi i (h x_j + k y_j + l z_j)\} = f_{\text{Cu}} + f_{\text{Zn}} \exp\{\pi i (h+k+l)\} \tag{10.5}$$

となる (5.4 節参照). その際 CsCl 型に完全に規則化した際に結晶構造因子 F は

$$h+k+l = \begin{cases} \text{偶数 (even)} & \Rightarrow \quad F^2 = (f_{\text{Cu}} + f_{\text{Zn}})^2 \\ \text{奇数 (odd)} & \Rightarrow \quad F^2 = (f_{\text{Cu}} - f_{\text{Zn}})^2 \end{cases} \tag{10.6}$$

となるので, bcc の消滅則である, $h+k+l$ が奇数 (odd) の場合でも, f_{Cu} と f_{Zn} とが等しくはないので, **不規則状態** (disorder state, $(T > T_{\text{c}})$) では原子散乱因子が各格子点で平均的な値である $(f_{\text{Cu}} + f_{\text{Zn}})/2$ と見なせる. すなわち, 結果的に $f_\alpha = f_\beta = (f_{\text{Cu}} + f_{\text{Zn}})/2$ となって, bcc 構造と同様に $h+k+l$ が奇数の場合にはすべて消滅することになる (ブラッグ条件は, $2 d_{hkl} \sin\theta = \lambda$, $d_{hkl} = a/\sqrt{h^2 + k^2 + l^2}$ であることを復習しておく. 5.3, 5.5 節参照). ここで, 4 章の式 (4.67) で表される秩序変数 Φ は p $(0.5 \leq p \leq 1)$ を用いて, $\Phi = 2p - 1$ となっていることがわかる.

　さて, この規則・不規則相転移に対して式 (10.6) について p, Φ を用いて書き直すと,

$$h+k+l = \begin{cases} \text{even} & \Rightarrow \quad F^2 = (f_{\text{Cu}} + f_{\text{Zn}})^2 \\ \text{odd} & \Rightarrow \quad F^2 = (2p-1)^2 (f_{\text{Cu}} - f_{\text{Zn}})^2 = \Phi^2 (f_{\text{Cu}} - f_{\text{Zn}})^2 \end{cases} \tag{10.7}$$

となる. ここで, 本来, 消滅則で消える回折ピークが原子配列の規則化 (超構造の形成) によって, 原子散乱因子の引き算として弱め合いながらもゼロにならず復活して出てくる回折ピークを**超格子ピーク**とよぶ (5.5 節参照). このように, 実験的に $h+k+l = \text{odd}$ の超格子ピークの強度をそのまま測定し, Φ の温度依存

性 (図 10.2) を求めることができる. また, 超格子ピークと $h + k + l =$ even に対応する主要な回折ピークとの強度比 I をとると,

$$I = \frac{F_{\text{extra}}^2}{F_{\text{base}}^2} = \frac{\Phi^2 (f_{\text{Cu}} - f_{\text{Zn}})^2}{(f_{\text{Cu}} + f_{\text{Zn}})^2} \propto \Phi^2 \tag{10.8}$$

となる. この I を実験によって測定しても, 図 10.2 のような秩序変数の温度依存性を測定することができるのである.

ただし, β 真鍮では Cu と Zn は原子番号が隣で, 電子数も 1 つしか違わないため, X 線に対する f_{Cu} と f_{Zn} がほぼ等しくなってしまい, X 線回折実験で規則・不規則相転移を調べることは適当でない. 中性子線回折の場合は, 中性子は電気的に中性であるので, 電子雲では散乱されず, 原子核まで到達して核との衝突で散乱されるので, Cu と Zn とで原子散乱因子がかなり異なるため, この相転移を調べることに適していることを注意しておこう. 回折・散乱実験では, その電磁波や粒子線が何によって散乱されるのかを理解して実験を行う必要があるのである.

また, 規則・不規則相転移の転移温度 T_{c} は正則溶体モデルを用いた平均場近似によって式 (4.81) のように相互作用パラメータ Ω によって記述され, $\Omega < 0$ の場合に相転移が必ず起こり秩序化することになるが, これは相分離現象と真逆の関係で, 相分離現象の転移温度は式 (4.52) に与えられるように規則・不規則相転移現象の場合と符号が逆で全く同じ形になることがわかる. 相分離現象は $\Omega > 0$ のときに拡散現象さえ起これば, 必ず生じることを思い出そう (4 章).

10.3 電子状態の相転移

(1) キュリーの法則の古典的解釈：磁性物理学の黎明期

先に述べたように, フランスのピエール・キュリー (Pierre Curie) は 19 世紀の終わり頃, 磁性研究をスタートさせ, 硫酸銅水和物 $CuSO_4 \cdot 5H_2O$ のような常磁性体の磁化率が温度に反比例するキュリーの法則 (キュリー則) に従うことを見出した (1895 年). すなわち,

$$\chi = \frac{C}{T} \tag{10.9}$$

ここで, C はキュリー定数といわれる. 図 10.5 に硫酸銅水溶液 $CuSO_4 \cdot 5H_2O$ におけるキュリー則の実験結果を示す. きれいにキュリー則が成り立っていること

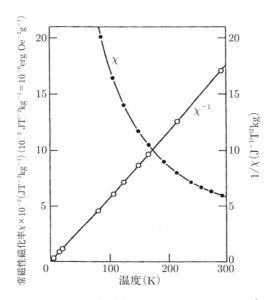

図 10.5 CuSO$_4$·5H$_2$O の常磁性磁化率 χ (●) とその逆数 χ^{-1} (○). 非常によくキュリー則 ($\chi = C/T$) に従っている (J. Crangle, "The Structures and Properties of Solids: Magnetic Properties of Solids", Edward Arnold Publishers Ltd., London (1977)).

がわかる．純粋なキュリー則は，原子の磁気モーメント間に何の相互作用もない場合に成り立つことが知られている．

このキュリー則はランジュバン (Paul Langevin) によって，原子の磁気モーメント m の存在を仮定し，以下のように古典電磁気学的に求められた (1905 年). しかし，この原子の磁気モーメント m の存在の仮定は，量子論がまだ登場する直前の当時としては非常に大胆なものであって，多くの物理学者に疑問視されたが，後に量子力学によって，その存在が証明されることになる．逆にいうと，磁性現象は完全に量子力学的現象であって，古典的には説明がつかないのである (ボーア-ファン・リューエンの定理によって古典電磁気学的には原子の磁気モーメントは存在し得ない). さてここでは，ランジュバンが行ったように，古典電磁気学的に磁気モーメント (双極子モーメント) と磁場との相互作用 (磁気エネルギー，ゼーマン・エネルギー) を考える．

$$U = -\boldsymbol{m} \cdot \boldsymbol{H} = -mH\cos\theta \tag{10.10}$$

ここで θ は磁気モーメント $\boldsymbol{m}$ (大きさ m) と磁場 $\boldsymbol{H}$ (大きさ H) のなす角であり，いま，古典統計 (ボルツマン分布) を考えると，磁気モーメントが磁場と θ の角度をなす確率は，次のボルツマン因子に比例することが考えられる．

$$\exp\left(-\frac{U}{k_{\mathrm{B}}T}\right) = \exp\left(\frac{mH}{k_{\mathrm{B}}T}\cos\theta\right) \tag{10.11}$$

このような磁気モーメントの空間分布を考える (系に存在する磁気モーメントすべてについて，長さが等しい磁気モーメントベクトルの尾を原点に集めた仮想的な空間を考える)．磁場 $\boldsymbol{H}$ と θ の角をなす磁気モーメント $\boldsymbol{m}$ ベクトルの先端は，磁場 $\boldsymbol{H}$ の周りの半径 $m \times 2\pi\sin\theta$ の円周上に式 (10.11) に従って均等に分布していることになる．したがって，磁気モーメントの磁場方向の成分の合計 (平均値の磁性原子の個数 N 倍) M は，

$$M = \frac{\displaystyle\int_0^\pi 2\pi N m\cos\theta\sin\theta\exp\left(\frac{mH}{k_{\mathrm{B}}T}\cos\theta\right)d\theta}{\displaystyle\int_0^\pi 2\pi\sin\theta\exp\left(\frac{mH}{k_{\mathrm{B}}T}\cos\theta\right)d\theta} \tag{10.12}$$

と積分形で求められることになる．ここで，N は磁性原子の数であり，分母は $\boldsymbol{m}$ が分布している確率の合計が 1 でなければならないという規格化のためのものである．これを簡単化するために，$mH/k_{\mathrm{B}}T = a$, $\cos\theta = x$ と置くと，$dx = -\sin\theta d\theta$ に注意して，式 (10.12) は，

$$M = \frac{\displaystyle\int_{-1}^1 x\exp(ax)dx}{\displaystyle\int_{-1}^1 \exp(ax)dx} \tag{10.13}$$

と書き直せる．いま，分母は簡単に定積分を実行することによって，

$$\int_{-1}^1 \exp(ax)dx = \frac{1}{a}(e^a - e^{-a}) \tag{10.14}$$

となる．また，式 (10.13) をよく見ると，分子は分母を a で微分した形をしているので，式 (10.14) を a で微分して式 (10.13) の分子が求まることがわかり，結局，M は

222　第 10 章　相転移の熱・統計力学と量子論的記述

$$M = Nm\left(\frac{e^a + e^{-a}}{e^a - e^{-a}} - \frac{1}{a}\right) = Nm\left(\coth a - \frac{1}{a}\right) = NmL(a) \quad (10.15)$$

と求まる．ここで，$\coth a - \dfrac{1}{a}$ は，**ランジュバン関数**とよばれ，$L(a)$ と表される．$L(a)$ は数学的に，$a \to \infty$ では $L(a) \to 1$ となり，系の磁気モーメント (磁化) は飽和磁化の値 $M = Nm$ に向かい，一方，$a \to +0$ では指数関数を a でテーラー展開し計算すると，$L(a) \to a/3$ となることがわかる．したがって，a が小さい場合，すなわち温度が高く磁場が小さい場合，式 (10.15) は，

$$M = Nm\frac{mH}{3k_{\mathrm{B}}T} = \frac{Nm^2}{3k_{\mathrm{B}}T}H \quad (10.16)$$

となって，両辺を H で割るとキュリーの法則，

$$\frac{M}{H} = \chi = \frac{Nm^2}{3k_{\mathrm{B}}T} \quad (10.17)$$

が得られる．ここで，キュリー定数 C は $Nm^2/3k_{\mathrm{B}}$ となることがわかる．1905年，ランジュバンの計算によって，キュリーの法則はこのように見事に証明された[*2]．

（2）　キュリーの法則の量子論的解釈：角運動量の量子論

　プランク (Max K. E. L. Planck) やアインシュタインによる光の量子論から始まり，その後，量子力学が本格的に登場して，古典論のボーア–ファン・リューエンの定理も，量子力学における原子のボーア模型において，定常波 (ボーア条件) としての電子軌道の考え方によって，軌道角運動量は磁気モーメントと直結し，後にスピン角運動量も電子スピンの磁気モーメントと直結することが明らかになる．物質の磁性は，量子力学によって自然に説明がつく，代表的な量子力学的現象であって，現代の磁性研究と超伝導研究の歴史は，まさに量子力学の歴史であるといっても過言ではない．

　さて，ボーアの原子模型 (N. Bohr, "On the Constitution of Atoms and Molecules, and Part II and Part III", Phil. Mag., Series 6 **26**, 1–25; 476–

[*2]　この 1905 年は，アインシュタイン (Albert Einstein) が，「特殊相対性理論」，「光電効果の量子論」，「分子のブラウン運動」の 3 つの大論文を完成させ発表した「奇跡の年」であり，ランジュバンもフランス物理学会の重鎮として，ヨーロッパにおいて起こった物理学における大革命のまっただ中にいたのである．ランジュバン自身，アインシュタインに遅れはとったが，相対論の研究をしていたといわれている．

502; 857–875 (1913)) におけるボーア条件によって，角運動量は量子化され，飛び飛びの値しか許されないことが発見され，量子論・量子力学の，特に角運動量の量子力学が確立されていく．ここで角運動量の量子力学の簡単な説明 (復習) をしておこう．

原子における電子の軌道を記述するには，まず主量子数 n によって決まる電子殻が存在し，$n = 1, 2, 3, 4, 5, \ldots$ に従って，K 殻，L 殻，M 殻，N 殻，O 殻，$\ldots$ と名付けられる電子殻が存在する．また，それぞれの軌道角運動量 $\boldsymbol{l}$ を表す量子数 l (方位量子数，または軌道角運動量量子数) が存在し，$l = 0, 1, 2, 3, \ldots, n-1$ の値をとることが数学的に許される．軌道角運動量 $\boldsymbol{l}$ の量子化軸 z (磁場 $\boldsymbol{H}$ をかけた方向) への投影 l_z を表す量子数 (磁気量子数) m_l は，$m_l = -l, -l+1, \ldots, 0, 1, 2, \ldots, l-1, l$ と飛び飛びの値が許される．そのときの軌

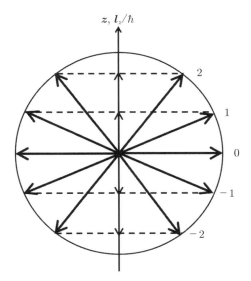

図 10.6 電子の軌道角運動量 $\boldsymbol{l}$ の量子化 (軌道角運動量量子数 l) と量子化軸 z．例として，$l = 2$ の d 電子について記している．数字は軌道角運動量の磁気量子数 m_l を表している．太い矢印は量子化された軌道角運動量 $\boldsymbol{l}/\hbar$ を表し，その量子化軸への射影 $l_z/\hbar$ は $l = 2$ の場合，図のように $m_l = -2, -1, 0, 1, 2$ と 5 つの状態に量子化されている．量子化軸 z 周りの回転の自由度は残る．軌道角運動量 $\boldsymbol{l}$ の大きさ (矢印の長さの $\hbar$ 倍) は，$\hbar\sqrt{l(l+1)} = \sqrt{6}\hbar$ である．

道角運動量の量子化軸 z への投影成分は $l_z = \hbar m_l$ である．ここで $\hbar$ は，プランク定数 h を 2π で割った定数である．また，軌道角運動量の大きさ（絶対値）は，$|l| = \hbar\sqrt{l(l+1)}$ である．軌道角運動量の量子化については**図 10.6** に示す．さらに軌道角運動量の z 軸への投影成分 l_z に対応する磁気モーメント $\boldsymbol{\mu}_z$ の大きさは $m_l\mu_{\mathrm{B}}$ である．ここで，μ_{B} は**ボーア磁子**とよばれる磁気モーメントの単位で，ボーア模型における電子軌道から自然に求まり，$\mu_{\mathrm{B}} = \dfrac{\hbar e}{2m}$ と表される．ただし，電子の電荷（電気素量）$-e$ は負の電荷と定義されているので，l と $\boldsymbol{\mu}_l$ は逆向きとなることに注意しよう（$\boldsymbol{\mu}_z = -l_z\mu_{\mathrm{B}}/\hbar$，したがって図 10.6 において磁場 $\boldsymbol{H}$ は $-z$ 方向にかかっていることになる）．軌道角運動量の大きさに対応した磁気モーメントは**有効** (effective) **磁気モーメント** μ_{eff} とよばれ，$\mu_{\mathrm{eff}} = \sqrt{l(l+1)}\mu_{\mathrm{B}}$ である．$p_{\mathrm{eff}} = \sqrt{l(l+1)}$ は有効ボーア磁子数ともよばれる．

その後，原子の分光スペクトルを説明するために，パウリ (W. Pauli) によって古典的には説明のつかない二価性としての電子スピンの存在が指摘され，さらに後にウーレンベックとカウシュミットによって，電子の自転であると提唱され (G. E. Uhlenbeck and S. Goudsmit, "Electron Spin and Proton Spin in the Hydrogen and Hydrogen-Like Atomic Systems", Naturwissenschaften **47**, 953 (1925))，最終的には相対論的な量子力学を展開するというディラック (Paul A. M. Dirac) の天才的なアイデア (P. A. M. Dirac, "On the Theory of Quantum Mechanics", Proceedings of the Royal Society of London A **111**, 405–423 (1926); "The Quantum Theory of the Electron", ibid. **117**, 610–624 (1928); "Quantized Singularities in the Electromagnetic Field", ibid. **133**, 60–67 (1931); "Relativistic Quantum Mechanics", ibid. **136**, 453–464 (1932); Mathematical Proceedings of the Cambridge Philosophical Society **30**, 150–163 (1934); ibid. **35**, 416–418 (1939)) によって解明された，電子の軌道角運動量の他のもう 1 つの自由度である，スピン角運動量が明らかになる．電子のスピン角運動量はその量子数として $s = \dfrac{1}{2}$ を持つ角運動量である．その量子化軸 z への投影成分 $\boldsymbol{s}_z$ は m_s なるスピン磁気量子数 $\pm\dfrac{1}{2}$ を持ち（$|\boldsymbol{s}_z| = m_s\hbar = \dfrac{1}{2}\hbar$）そのスピン磁気モーメント $\boldsymbol{\mu}_s$ は $\boldsymbol{\mu}_s = -g\boldsymbol{s}_z\mu_{\mathrm{B}}/\hbar = -2\boldsymbol{s}_z\mu_{\mathrm{B}}/\hbar = \mp\mu_{\mathrm{B}}$ となることが明らかとなり，角運動量と磁気モーメントの間の比を表す定数を $g\mu_{\mathrm{B}}/\hbar$ とすると，スピンに対しては $g = 2$ となることが知られている（ディラックの理論から，

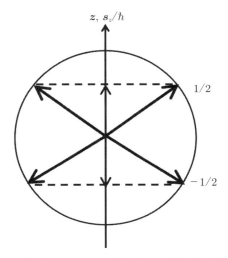

図 10.7 1 電子のスピン角運動量 s の量子化 (スピン量子数 s) と量子化軸 z. 1 電子の場合なので，スピン量子数 s は $1/2$ である．数字はスピン角運動量 s の磁気量子数 $m_s = \pm 1/2$ を表している．太い矢印は量子化されたスピン角運動量 $s/\hbar$ を表し，その量子化軸への射影 $s_z/\hbar$ は $m_s = \pm 1/2$ の 2 つの状態に量子化されている．量子化軸 z 周りの回転の自由度は残る．スピン角運動量 s の大きさ (太い矢印の長さの $\hbar$ 倍) は，$\sqrt{s(s+1)}\hbar = \sqrt{3}\hbar/2$ である．

$s = 1/2$ と $g = 2$ は自然に求まる (P. A. M. Dirac, "The Quantum Theory of the Electron", Proceedings of the Royal Society of London A **117**, 610–624 (1928))．先の軌道角運動量に対しては $g = 1$ である．スピン角運動量の量子化に関しては，**図 10.7** に示す．ここでも磁場 $\boldsymbol{H}$ は $-z$ 方向にかかっていることに注意しよう．

このように原子核に束縛され，原子を形成している電子には，軌道角運動量 (公転運動に対応) とスピン角運動量 (自転運動に対応) が存在する．電子はフェルミ粒子 (フェルミオン) であるので，異なる量子数の組み合わせの状態しかとることができないので (**パウリ** (Pauli) **の排他原理**)，$n = 1$ の K 殻に存在する 1s 軌道から，$n = 2$ の L 殻に属する 2s, 2p 軌道，$n = 3$ の M 殻に属する 3s, 3p, 3d 軌道，$n = 4$ の N 殻に属する 4s, 4p, 4d, 4f, ... といった具合に，それぞれの軌道に順番に詰まっていく．したがって，主量子数 n の電子殻にはスピン自由度

226　第 10 章　相転移の熱・統計力学と量子論的記述

$(m_s = \pm\dfrac{1}{2}$ の 2 つ) も考慮して，最大

$$2\sum_{k=1}^{n}(2k-1) = 2n^2$$

個の電子が収容され，主量子数 n の電子殻までの電子殻 (n まで含め) に収まる総電子数は最大

$$\sum_{k=1}^{n}2k^2 = \frac{n(n+1)(2n+1)}{3}$$

となり，総電子数に従って，原子番号が決まり，周期表に従ってそれぞれの異なる原子ができているのである．ただし，必ずしも上に記した軌道の順に詰まっていくのではなく，エネルギーの低い順番に詰まっていく．また，それぞれ s 軌道は $l = 0$ なので $m_l = 0$ の 1 つの軌道しかないので，そこにスピンの磁気量子数が $\pm\dfrac{1}{2}$ の 2 つの電子が入って満杯となる．同様に p 軌道は $l = 1$ なので $m_l = -1, 0,$ 1 の 3 つの軌道が存在し，$m_s = \pm\dfrac{1}{2}$ のスピンを持った 2 個の電子がそれぞれの軌道に入ることができ，p 軌道には 6 個の電子が入って満杯となる．同様に d 軌道には $m_l = -2, -1, 0, 1, 2$ の 5 つの軌道が存在し (図 10.6 参照)，10 個の電子が入って満杯となり，f 軌道には 7 つの軌道で 14 個の電子が入って満杯となる．また，それぞれの電子軌道に電子が入っていくときには，**フント** (Friedrich Hund) **の規則** (フント則) という経験則に従って規則正しく詰まっていく．フント則を量子力学的に正しく証明することは中々難しく，今でも異論が出てくるところであるが (本郷，小山田，川添，安原，「フント則の起源は何か？」，日本物理学会誌 **60** (10), 799 (2005))，経験則としては完全に正しく，クーロンエネルギーの損をなるべく減らすように電子が詰まっていくための法則である．具体的には，フント則には，第一規則，第二規則，第三規則の 3 つの規則があって，まず第一規則に従い，次に第一規則を満たした上で第二規則に従い，最後に第一，第二を満たした上で第三規則に従う，といった規則である．以下にフントの規則を記すと，

　第一規則：全スピン角運動量量子数を最大にするように詰まる (全スピン角運動量 $\boldsymbol{S}$ とその量子数 S の合成)．

　第二規則：全軌道角運動量量子数を最大にするように詰まる (全軌道角運動量 $\boldsymbol{L}$ とその量子数 L の合成)．

第三規則：L と S はその電子軌道に半分以下 (less than half) に詰まっているときには逆向きに全角運動量 J が合成され (その量子数は $J = |L - S|$)，軌道に半分以上詰まっている場合 (more than half) には，L と S は同じ向きに結合し全角運動量 J が合成される (その量子数は $J = |L + S|$)．

また，全角運動量 J について，その量子化軸 z への射影 J_z およびその磁気量子数 M_J は，それに対応する磁気モーメント μ_J との関係において，

$$\boldsymbol{\mu}_J = -g_J \boldsymbol{J} \mu_\mathrm{B}/\hbar, \quad |\boldsymbol{\mu}_z| = g_J M_J \mu_\mathrm{B}, \quad |\boldsymbol{\mu}_J| = g_J \mu_\mathrm{B} \sqrt{J(J+1)},$$
$$(M_J = -J, -J+1, \ldots, J-1, J) \quad (10.18)$$

とまとめることができる．全角運動量の量子化は図 10.8 に示す．ここで，角運動量 S，L，J に対して，磁気モーメントはそれぞれ，$-2S\mu_\mathrm{B}/\hbar$，$-L\mu_\mathrm{B}/\hbar$，$-gJ\mu_\mathrm{B}/\hbar$ が対応しているので，J と m_J との間の係数である g_J 因子は，ベクトルの幾何学的に考えて，

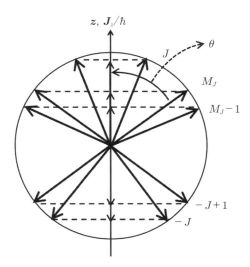

図 10.8 電子系の全角運動量 J ($= S + L$) の量子化 (全角運動量量子数 J) と量子化軸 z．その量子化軸への射影 $J_z/\hbar$ に対応した磁気量子数 M_J は $-J$ から J まで 1 ずつ飛び飛びの $2M_J + 1$ 個の値をとる．太い矢印は量子化された全角運動量 $J/\hbar$ を表し，全角運動量 J の大きさ (矢印の長さの $\hbar$ 倍) は，$\hbar\sqrt{J(J+1)}$ である．量子化軸 z 周りの回転の自由度は残る．

$$g_J = \frac{3}{2} + \frac{S(S+1) - L(L+1)}{2J(J+1)} \tag{10.19}$$

と表せる．g_J はランデ (Landé) の g 因子とよばれる．ただし，図 10.8 でも磁場 $\boldsymbol{H}$ は $-z$ 方向にかかっている．その際に，磁場と磁気モーメントのなす角 θ は，$\boldsymbol{J}$ と $\boldsymbol{J}_z$ のなす角と同じなので，次式のようになる．

$$\cos\theta = M_J / \sqrt{J(J+1)} \tag{10.20}$$

この θ の最小値は $M_J = J$ のときなので，

$$\cos\theta \leq J/\sqrt{J(J+1)} < 1 \qquad \therefore \theta \neq 0 \tag{10.21}$$

となり，磁気モーメントは，決して磁場と同じ向きを向くことはできない．これは量子力学の本質であって，不確定性原理そのものといってもよい．

また，量子力学や量子化学によると，電子は，パウリの排他原理に従いながら 1s→2s→2p→3s→3p→4s→3d→4p→5s→4d→5p→6s→4f→5d→6p→⋯ という順番で詰まっていくことが知られている (**図 10.9** 参照)．それぞれの軌道にフントの規則に従って電子が詰まり，ベクトル的な合成によって全角運動量 $\boldsymbol{J} = \boldsymbol{S} + \boldsymbol{L}$ が合成される．その際，全角運動量量子数は，フントの第三規則で決まるのである．

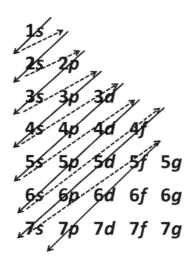

図 10.9 電子軌道への電子の詰まり方．数字は主量子数を表し，s, p, d, f, ... 軌道と，エネルギーの低い順番 (矢印) に電子は詰まっていく．

また，化学結合論的に考えると，電子軌道は空っぽの状態か満杯の状態が安定であり，ここまで復習してきてわかるように，そのような状態では，$S = 0$，$L = 0$となり，したがって $J = 0$ となるように化学結合が起こるわけである．有限の J が存在し得るのは，遷移金属の場合のみであり，そのため，通常，磁性元素は遷移金属元素のみということになる．

（3） ブリルアンの常磁性理論

さて，ランジュバンの常磁性理論のところで古典的に説明したのと同様に，量子論的に電子が作る原子の常磁性状態での磁気モーメントを求めてみよう．ここで，磁気モーメントは量子力学的に式 (10.18)，(10.19) のように磁気量子数 M_J で表され，その磁気エネルギーは次式のように表される．

$$U = g_J \mu_{\mathrm{B}} M_J H \tag{10.22}$$

全磁気モーメント (全磁化) μ_J は，

$$\mu_J = \frac{N \sum_{M_J=-J}^{J} (-g_J \mu_{\mathrm{B}} M_J) \exp(-U/k_{\mathrm{B}}T)}{\sum_{M_J=-J}^{J} \exp(-U/k_{\mathrm{B}}T)} \tag{10.23}$$

となる．ここで $b = -M_J$, $y = \dfrac{g_J \mu_{\mathrm{B}} H}{k_{\mathrm{B}}T}$ と置くと，$-\dfrac{U}{k_{\mathrm{B}}T} = \dfrac{g_J \mu_{\mathrm{B}}(-M_J)}{k_{\mathrm{B}}T} H \equiv by$ となり，したがって，

$$\mu_J = N g_J \mu_{\mathrm{B}} \sum_{b=-J}^{J} b e^{by} \bigg/ \sum_{b=-J}^{J} e^{by} \tag{10.24}$$

となる．ここで，分母である $\sum_{b=-J}^{J} e^{by} = e^{-Jy} + e^{-(J-1)y} + \cdots + e^{Jy}$ は，公比 e^y，初項 e^{-Jy}，末項 e^{Jy} の等比数列の和である．したがって，

$$\sum_{b=-J}^{J} e^{by} = \frac{e^{-Jy} - e^{Jy}e^y}{1 - e^y} = \frac{e^{-(J+1/2)y} - e^{(J+1/2)y}}{e^{-y/2} - e^{y/2}} = \frac{\sinh\{(J+1/2)y\}}{\sinh(y/2)} \tag{10.25}$$

230 第 10 章 相転移の熱・統計力学と量子論的記述

と求まる．また式 (10.24) において，分子は分母を y で微分した形となっていることに注意しよう．すなわち，

$$\frac{\displaystyle\sum_{b=-J}^{J} be^{by}}{\displaystyle\sum_{b=-J}^{J} e^{by}} = \frac{d}{dy}\left(\ln\sum_{b=-J}^{J} e^{by}\right) \tag{10.26}$$

であるので，

$$\frac{\mu_J}{Ng_J\mu_{\mathrm{B}}J} = \frac{1}{J}\frac{d}{dy}\left(\ln\sum_{b=-J}^{J} e^{by}\right) = \frac{1}{J}\frac{d}{dy}\left(\ln\frac{\sinh\{(J+1/2)y\}}{\sinh(y/2)}\right)$$

$$= \left(\frac{2J+1}{2J}\right)\coth\{(J+1/2)y\} - \frac{1}{2J}\coth(y/2) \tag{10.27}$$

$$= \left(\frac{2J+1}{2J}\right)\coth\left\{\frac{2J+1}{2J}a\right\} - \frac{1}{2J}\coth\frac{a}{2J} \equiv B_J(a)$$

と計算される．ここで

$$a = Jy = \frac{g_J\mu_{\mathrm{B}}JH}{k_{\mathrm{B}}T} \tag{10.28}$$

である．この計算はフランスの物理学者ブリルアン (Leon Brillouin) によってなされたので，$B_J(a)$ はブリルアン関数とよばれる．ブリルアン関数において，$J \to \infty$ の古典極限を考えると，$B_J(a) \to$ ランジュバン関数 $L(a)$ となることがわかる．**図 10.10** にブリルアン関数の形をグラフにして示す．また，**図 10.11** に，常磁性状態の様々な磁性イオンについて磁化の温度，磁場依存性から磁気モーメントの振る舞いをまとめたものを示す．図 10.11 では Gd^{3+} ($S = 7/2$)，Fe^{3+} ($S = 5/2$)，Cr^{3+} ($S = 3/2$) の場合 (すべてスピン状態，$g_J = 2$) について示されている[*3]．このようにそれぞれのイオンについて，磁気モーメントはブリルアン関数によく従っていることがわかる．飽和磁化はそれぞれ $7\mu_{\mathrm{B}}$，$5\mu_{\mathrm{B}}$，$3\mu_{\mathrm{B}}$ に漸近していて，量子力学の示す通りである．

[*3] ただし，Cr^{3+} ($3d^3$) は，自由イオンの状態ではフント則に従うと $L = 3$, $S = 3/2$ の状態をとり，$J = 3/2$, $g_J = 2/5$ となるが，通常の実験の場合，自由イオン状態ではなく，錯体中や固体の結晶中に入ったイオンの状態で測定する．その際には，配位子場または結晶場といわれる配位子からのクーロン場を遷移金属イオンは感じて，軌道角運動量の凍結 (または消失) 現象が起こり，スピン角運動量量子数のみがよい量子数となる．したがって，この Cr^{3+} イオンの場合も軌道は無視し，スピンのみを考慮したものとなっている．

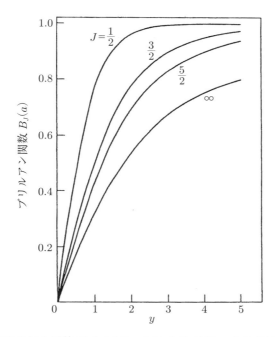

図 10.10 ブリルアン関数 $B_J(a)$ ($J = 1/2, 3/2, 5/2, \infty$) のグラフ。$J \to \infty$ はランジュバン関数 $L(a)$ と同じである (J. Crangle, "The Structures and Properties of Solids: Magnetic Properties of Solids", Edward Arnold Publishers Ltd., London (1977)).

磁場が小さく温度が高い場合，すなわち a が小さい場合を考え，ブリルアン関数を a でテーラー展開すると，

$$B_J(a) = \frac{J+1}{3J}a - \frac{J+1}{3J} \cdot \frac{2J^2 + 2J + 1}{30J^2}a^3 + \cdots \quad (10.29)$$

となり，非常に a が小さい場合は，第 1 項だけとることにより，その磁化を計算し，磁場 H で割って常磁性磁化率 χ を求める．

$$\chi = \frac{\mu_J}{H} = Ng_J\mu_B J \frac{J+1}{3J} \cdot \frac{g_J\mu_B J}{k_B T} = \frac{Ng_J^2\mu_B^2 J(J+1)}{3k_B T} = \frac{N\mu_{\text{eff}}^2}{3k_B T} \quad (10.30)$$

ここで，

$$\mu_{\text{eff}} = \mu_B g_J \sqrt{J(J+1)} \quad (10.31)$$

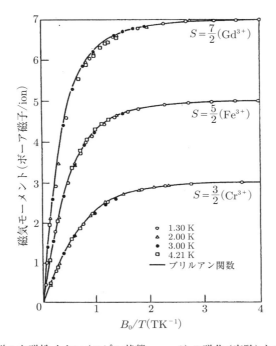

図 10.11 様々な磁性イオン (スピン状態, $g=2$) の磁化 (実験) とブリルアン関数 $B_J(a)$ (実線) (Warren E. Henry, Phys. Rev. **3**, 559 (1952) がオリジナルで,それを基に記号をわかりやすくして J. Crangle, "The Structures and Properties of Solids: Magnetic Properties of Solids", Edward Arnold Publishers Ltd., London (1977) に転載されたもの).

は,ランジュバンの式 (10.17) 中の古典的な原子の磁気モーメント m に対応した量子力学的な有効磁気モーメントである.$\boldsymbol{J}$ ベクトルはどんなに大きな磁場をかけても量子化軸 z 方向を向けないという,量子力学の本質に対応した形となっている (図 10.8 および式 (10.21) を参照).式 (10.29) は,次式のように書け,ブリルアンによって量子力学的にもキュリー則が求められたことになる.

$$\chi = \frac{M}{H} = \frac{N\mu_{\text{eff}}^2}{3k_B T} = \frac{C}{T} \tag{10.32}$$

ここで,C はキュリー定数で,$C = \dfrac{Ng_J^2 \mu_B^2 J(J+1)}{3k_B} = \dfrac{N\mu_{\text{eff}}^2}{3k_B}$ となっている.

（4） 強磁性体の平均場近似—ワイスの分子場モデル

フランスの物理学者ワイス (Pierre Weiss) はランジュバンの磁気モーメントの統計力学的取り扱いを利用し，そこに分子場という磁場を導入することにより，強磁性相転移という多体問題をうまく 1 体近似で解くことに成功した (ワイスの分子場理論，1907 年)．この理論は平均場近似理論という，1 体近似理論の草分けで，現在では様々な理論のモデルとなっている有名な理論である．ワイスは，1 つの原子の磁気モーメント m に着目し，その m が周りの磁気モーメント m' からの分子場 (molecular field, 当時は分子磁性が問題になっていて，その分子磁性体内に存在する磁場なので分子場とよばれた) を感じ，その分子磁場 H_m に向かって整列し，強磁性状態が実現すると考えた．図 10.12 にその状況を示す．H_m は周りの m' からの磁場の総和であり，分子場係数を w として以下のように表される．

$$H_m = wm' \tag{10.33}$$

原子磁気モーメント m に働く磁場は外部磁場 H と分子磁場 H_m の和なので，いま，配位数を z として，$H + zwm'$ となる．ワイスはこれをランジュバンの常磁性理論である式 (10.15)，(10.16) に代入したのであるが，ここでは，量子論的にブリルアンの常磁性理論の方が正しいことがわかっているので，ブリルアンの常磁性理論である式 (10.27) にこの磁場を導入する (ブリルアン–ワイスの分子場近

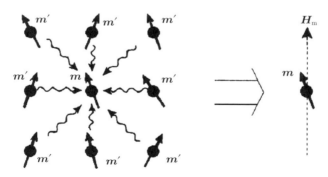

図 10.12 ワイスの分子場近似モデル．原子の磁気モーメント m に注目し，その周りの磁気モーメント m' からの分子磁場 H_m を受けて m はその向きに整列し，強磁性状態が実現するというモデル (磁性入門 (2007)[9])．

似). つまり $H \to H + wzm'$ と置き換え,

$$\begin{cases} m = g_J\mu_B J B_J(x) \\ x = \dfrac{g_J\mu_B J}{k_B T}(H + wzm') \end{cases} \quad (10.34)$$

を連立して解くことを考える. このままでは解けないが, そもそも注目していた m も周りの m' も同じものなので $m' = m$ と 1 体近似し, 連立して解く. さらに全磁化 M は Nm であり, 自発磁化 M_s ($H \to 0$) の強磁性状態 ($T = 0$ K では $M_0 = Ng_J\mu_B J$) を考えると,

$$\begin{cases} \dfrac{M_s}{M_0} = \dfrac{M_s}{Ng_J\mu_B J} = B_J(x) \\ \dfrac{M_s}{M_0} = \dfrac{k_B T}{g_J^2\mu_B^2 J^2 wz}x \end{cases} , \quad \text{すなわち} \quad \begin{cases} \dfrac{M}{Ng_J\mu_B J} = B_J(x) \\ \dfrac{M}{Ng_J\mu_B J} = \dfrac{k_B T}{g_J^2\mu_B^2 J^2 wz}x \end{cases}$$
(10.35)

を連立して解く問題になる.

この平均場近似の問題は, 4 章の正則溶体近似のところでも解き方を説明した. 式 (10.35) の上式である x についてのブリルアン関数と式 (10.35) の下の式である原点を通り x について直線となる関数を連立させるのであるから, **図 10.13** において, この 2 つの関数が $x = 0$ 以外で交われば ($x \neq 0$ で解を持てば) 系は強磁性秩序状態であり, $x = 0$ 以外で交わらなければ ($x \neq 0$ で解を持たなければ) 系

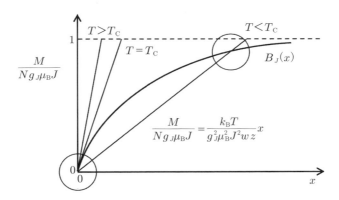

図 10.13 ワイスの分子場理論. ブリルアン関数 (曲線) と磁化の定義式 (直線).

は常磁性状態 $(T > T_C)$ ということになる．ここでキュリー温度 T_C では，ちょうどこの直線の傾きがブリルアン関数の $x = 0$ での微係数に一致するので，

$$\frac{J+1}{3J} = \frac{k_B T_C}{g_J^2 \mu_B^2 J^2 wz} \tag{10.36}$$

となる．ここで，左辺は $\left.\dfrac{\partial}{\partial x} B_J(x)\right|_{x=0}$ であるが，式 (10.28) の第 1 項の係数と同じであることに注意しよう．したがって，キュリー温度は，

$$T_C = \frac{g_J^2 \mu_B^2 J(J+1)zw}{3k_B} = \frac{\mu_{\text{eff}}^2 zw}{3k_B} \tag{10.37}$$

と求めることができる．

$T > T_C$ の常磁性状態では，$x \ll 1$ の近似を使い，

$$M = N g_J \mu_B J \frac{J+1}{3J} x = \frac{N g_J^2 \mu_B^2 J(J+1)}{3k_B T}(H + wzM/N) \tag{10.38}$$

となるので，$M = \dfrac{C}{T}(H + wzM/N)$ に注意して M で解き直すと，

$$\chi = \frac{C}{T - T_C} = \frac{N g_J^2 \mu_B^2 J(J+1)}{3k_B(T - T_C)} \tag{10.39}$$

となって，強磁性体の常磁性磁化率が求まる．これはブリルアンの常磁性磁化率の式 (10.30) において温度 T を T_C だけずらした形になっていて，キュリー–ワイス (Curie–Weiss) の法則とよばれる．同じ J の磁性原子からなる磁性体のキュリー則とキュリー–ワイス則はちょうど T_C だけ温度軸をシフトした形になるのである．**図 10.14** に金属ガドリニウム (Gd) の磁化率の逆数を示す．キュリー–ワイス則がよく成立していることがわかる．実際には，キュリー–ワイス則で χ が発散する温度 (ワイス温度 θ という) と T_C とはずれることが普通である $(T_C < \theta)$.

$$\chi = \frac{C}{T - \theta} = \frac{N g_J^2 \mu_B^2 J(J+1)}{3k_B(T - \theta)} \tag{10.40}$$

実際，図 10.14 において Gd のワイス温度 $\theta = 317\,\mathrm{K}$ であるが，Gd のキュリー温度は $T_C = 293\,\mathrm{K}$ であって，θ より 24 K も低いことが知られている[*4]．**図 10.15**

[*4] 室温で強磁性となる元素は Fe, Co, Ni のみであるが，Gd は室温が下がると強磁性になり (例えば冬だと強磁性，夏だと常磁性)，その T_C が 4 番目に高い元素である．また，Gd は希土類元素の真ん中に位置し，4f 軌道にちょうど半分 (7 つ) 電子が詰まった S 状態 $(S = 7/2, \mu = 2 \times 7/2\mu_B = 7\mu_B)$ をとる．

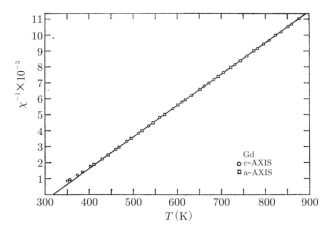

図 10.14 ガドリニウム (Gd) の磁化率の逆数 χ^{-1} の温度変化. キュリー–ワイス則によく従っている. T_C に近づくと, χ^{-1} はキュリー–ワイス則から上側にずれていくのがわかる. Gd のワイス温度は $\theta = 317$ K, キュリー温度は $T_C = 293$ K である (H. E. Nigh, S. Legvold, and F. H. Spedding, Phys. Rev. **132**, 1092 (1963)).

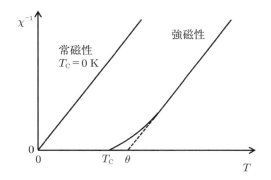

図 10.15 一般の強磁性体の逆磁化率 χ^{-1} の温度変化. キュリー温度 T_C 以上の短距離秩序のために, T_C はワイス温度 θ から低温側に必ずシフトする (図ではこの「シフト」が強調されて描かれている).

に一般的な強磁性体での磁化率の逆数 χ^{-1} の温度依存性を模式的に示す. T_C と θ の違いは, 短距離秩序が T_C の近傍 $(T > T_C)$ で存在するためである.

T_C 以下の自発磁化 (自発磁気モーメント) は, ブリルアン–ワイスの分子場近似

において,図 10.13 の原点以外のブリルアン関数と磁化の定義式の直線との交点 (連立方程式の解) から求まる. $J = S = 1/2, 5/2, \infty$ で $g_J = 2$ の場合について求められたものを図 10.16 に示す. さらに実験との比較として, Gd ($S = 7/2$, $g_J = 2$) の自発磁化を図 10.17 に示すが, ブリルアン-ワイスの分子場理論とよく合致していることがわかる. 現在でも分子場近似で強磁性に関してうまく説明がつくことが明らかになっていて, ほとんど問題点がないことが知られている. ただし, このような平均場近似が成り立つのは, 局在した電子の磁性の場合であり, 後で説明するバンド電子の磁性の場合は, 平均場近似では全く不十分であることがわかっている (磁性物理学 (2006)[21], 遍歴磁性とスピンゆらぎ (2012)[23]).

さて, ここで説明したように, 局在磁性ではブリルアン-ワイスの分子場近似がいろいろと辻褄が合っていることは認められたが, 多くの物理学者から指摘された大きな謎が 1 点だけあった. それは, T_C の式 (10.37) から分子場の値を見積もると, Gd の場合で 1 つの Gd の磁気モーメントが隣の Gd の位置に作る分子場の大きさは約 12 T, α-Fe では 580 T の磁束密度に相当することとなり, このような磁場 (磁束密度) の起源が何なのか, ということである. 当時でも知られ

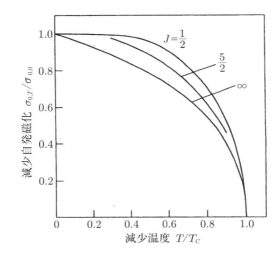

図 10.16 ブリルアン-ワイスの分子場近似によって求められる自発磁化の温度変化. $J = S = 1/2, 5/2, \infty$ について求められたもの (J. Crangle, "The Structures and Properties of Solids: Magnetic Properties of Solids", Edward Arnold Publishers Ltd., London (1977)).

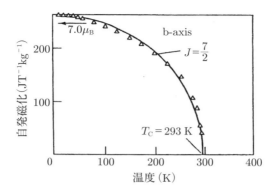

図10.17 Gdの自発磁化の温度依存性.実線は$J = 7/2$, $g_J = 2$のときのブリルアン-ワイスの分子場近似モデルであり,実験(△)は分子場近似によく従っていることがわかる (H. E. Nigh, S. Legvold, and F. H. Spedding, Phys. Rev. **132**, 1092 (1963) のデータから自発磁化のみを取り出し,J. Crangle, "The Structures and Properties of Solids: Magnetic Properties of Solids", Edward Arnold Publishers Ltd., London (1977) に掲載されたもの).

ていた古典電磁気学的な双極子磁場だと,$1\mu_B$の磁気モーメントが原子間距離程度離れたところに作る双極子磁場を計算すると,高々1Tの磁束密度に対応した値にしかならない.したがって,〜100Tのような大きな磁場(磁束密度)を必要とする分子場近似はナンセンスではないかと疑問が投げかけられたのである.これは後にハイゼンベルグ (Werner K. Heisenberg) の**交換相互作用**という量子力学の考え方によって説明がつくことになる (W. Heisenberg, "Zur Theorie des Feromagnetismus", Z. Phys. **49**, 619–636 (1928)).ハイゼンベルグによると,スピン間の磁気的な相互作用は,

$$E_m = -J_{ij} s_i \cdot s_j \tag{10.41}$$

で与えられる.ここで,J_{ij}は2つの電子スピンs_iとs_jの間に働く交換相互作用の値(交換積分)を表し(強磁性の場合には$J_{ij} > 0$である),電子の交換に起因したクーロンエネルギーであって完全に量子力学的な量である(ハイゼンベルグの交換相互作用とよばれる).分子場に対応する交換場より100T程度の磁束密度は容易に導き出すことができ,この問題は量子力学の登場によって見事に解決されたのである(1929年,理化学研究所の招聘に応じハイゼンベルグとディラック

10.3 電子状態の相転移　239

が一緒に来日した際に，ハイゼンベルグが行った講演の1つは「強磁性体の理論」
(W. Heisenberg, "Zur Theorie des Feromagnetismus", Z. Phys. **49**, 619–636
(1928)) で，この交換相互作用に関するものであった).

（5）　反強磁性体の平均場近似–ネールの分子場理論–

フランス・グルノーブルの磁性物理学者ネール (Luis Néel) によって，ワイス
の分子場理論は，反強磁性体やフェリ磁性体に拡張された (L. Néel, "Magnetic
Properties of Ferrites: Ferrimagnetism and Antiferromagnetism", Ann. Phys.
(Paris) **3**, 137–198 (1948)). その際，ネールは2つの副格子 (sub-lattice) A, B
を考え (例えば，bcc 構造 (CsCl 型構造) の α サイトと β サイト，6.3 節および
10.2 節参照)，どちらの副格子も，副格子内は強磁性的に磁気モーメントが整列し，
副格子間が反対向き (反強磁性的) に結合すると考えた．そこでネールは第一，第
二近接の交換相互作用を考慮し，分子場として，

$$\begin{cases} H_{\mathrm{m}}^{\mathrm{A}} = q_{\mathrm{AA}}\sigma_{\mathrm{A}} + q_{\mathrm{AB}}\sigma_{\mathrm{B}} \\ H_{\mathrm{m}}^{\mathrm{B}} = q_{\mathrm{BA}}\sigma_{\mathrm{A}} + q_{\mathrm{BB}}\sigma_{\mathrm{B}} \end{cases} \tag{10.42}$$

とした．ここで，σ_{A}, σ_{B} はそれぞれ A 副格子，B 副格子の磁化 (副格子磁化) で
あり，q はそれぞれの副格子磁化からの分子場係数であって，

$$\begin{cases} q_{\mathrm{AB}} = q_{\mathrm{BA}} = -q_1 \\ q_{\mathrm{AA}} = q_{\mathrm{BB}} = -q_2 \end{cases} \tag{10.43}$$

とし，q_1 は正の値とした (ただし，$|q_1| > |q_2|$). ネールは，反強磁性の分子場理
論を展開した結果，その反強磁性転移温度であるネール温度 T_{N} が，

$$T_{\mathrm{N}} = \frac{1}{2}(q_1 - q_2)Ng_J^2\mu_{\mathrm{B}}^2 J(J+1)/3k_{\mathrm{B}} = \frac{1}{2}(q_1 - q_2)C \tag{10.44}$$

と表されること，副格子磁化は，**図 10.18** のように強磁性の分子場モデルと同様
になるが，もちろん A 副格子，B 副格子間では逆向きとなることを明らかにした．
また，T_{N} 以上の常磁性状態でその磁化率 χ は，$\chi = C/(T - \theta)$ と強磁性の場合
と同じキュリー–ワイス則になるが，そのワイス温度 θ は

$$\theta = -\frac{1}{2}(q_1 + q_2)C \tag{10.45}$$

と負の値になることを示した．強磁性体と反強磁性体の常磁性温度領域のときの

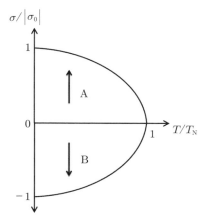

図 10.18 反強磁性体における A, B 副格子の副格子磁化. ワイスの反強磁性に対する分子場理論において, A, B 副格子は同じ大きさで反対向きの副格子磁化を持つので, 全体としては反強磁性に秩序しても, 自発磁化は出現しない.

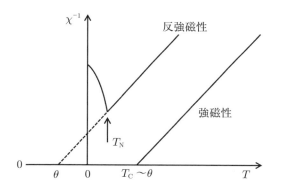

図 10.19 強磁性体と反強磁性体の逆磁化率 χ^{-1} の温度変化. 反強磁性では χ は T_N で鋭いピークをとり, 高温でキュリー–ワイス則に従うが, ワイス温度 θ は負の値をとる. 相互作用が違っても, 同じ J と g_J の場合, キュリー定数 C は同じになるので, 図のようにキュリー–ワイス則は平行な直線となる.

磁化率の逆数 χ^{-1} を図 10.19 に示す.

さらにフェリ磁性に拡張し, その副格子磁化を様々な J, 様々な分子場係数 q に対して計算し, 図 10.20 のような様々な場合を予言した. 特に A, B 副格子磁化が相殺し全体の自発磁化が, T_N より低温で, いったんゼロになる相殺温度

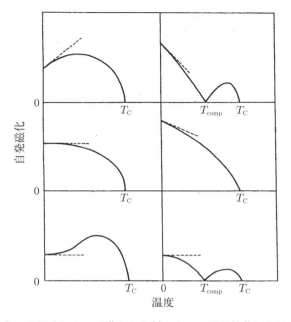

図 10.20 ネール理論によって導かれた様々なフェリ磁性体における自発磁化の温度変化.T_N 以下に相殺温度 T_{comp} が現れる場合も予言されている (L. Néel, "Magnetic Properties of Ferrites: Ferrimagnetism and Antiferromagnetism", Ann. Phys. (Paris) **3**, 137–198 (1948)).

T_{comp} の予言は斬新で,その後,まさにネールの予言の通りに実験によって発見され,磁性物理学者を驚かせたのである (**図 10.21**).

(6) 強磁性体のブラッグ–ウィリアムズ近似モデル

10.3 節 (4),(5) では歴史的なワイスの分子場近似理論とネールの反強磁性理論を説明したが,ここではもう 1 つの強磁性の取り扱いの平均場モデルを紹介しよう.それは,4 章で扱ったブラッグ–ウィリアムズ (Bragg–Williams) 近似による磁性体のモデルである (**図 10.22**).

いま,N 個の格子点を持つ結晶格子の各格子点上に 1 個のスピンが置かれたものを考える.各スピンは,同じ大きさの磁気モーメントを持ち,図 10.7 のように 2 つの向きだけをとるものとする (2 つをそれぞれ,上向きスピン状態,下向きス

242　第10章　相転移の熱・統計力学と量子論的記述

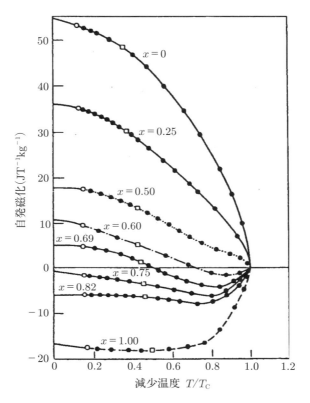

図 10.21　スピネルフェライト $NiFe_{2-x}V_xO_4$ における自発磁化と相殺温度. ネール理論によって導かれたフェリ磁性体における自発磁化の相殺温度 T_{comp} を明白に示している (G. Blasse and E. W. Gorter, J. Phys. Soc. Jpn. **17** (Suppl. B1), 176–182 (1962)).

ピン状態, とよぶことにする). また, 隣接するスピンが互いに同じ方向を向くとき系のエネルギーは J (交換相互作用の J) だけ下がり, 逆の方向を向くとき系のエネルギーは J だけ上がるものとする (ただし, $J > 0$). このことを式で表すと, 系のエネルギー E は,

$$E = -J \sum_{(i,j)} s_i \cdot s_j \tag{10.46}$$

と表されるとする. ハイゼンベルグの交換相互作用, 式 (10.41) である. ただし,

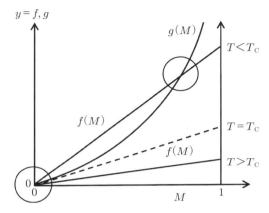

図 10.22 強磁性体のブラッグ–ウィリアムズ近似 (平均場近似).

s_i は i 番目のスピンを表し, $s_i = +\frac{1}{2}$ のときスピンは上向きで, $s_i = -\frac{1}{2}$ のときスピンは下向きである. また, $\sum_{(i,j)}$ はすべての隣接する格子点のペアについての和を表す. 以下に, 式 (10.46) の E によって決まる系の自由エネルギーを近似的に考察する.

いま, N 個のスピンのうち N_+ 個が上向きで N_- 個が下向きであるときの自由エネルギーを求める. まず, N_+ 個の上向きスピンと N_- 個の下向きスピンを N 個の格子点上に配置する場合の数 W は, $W = \dfrac{N!}{N_+! \cdot N_-!}$ で与えられ, エントロピー S が $S = k_B \ln W$ で与えられる. すると, スピンの分極 $s_p = \dfrac{N_+ - N_-}{N} \times \dfrac{1}{2}$ に伴って現れる自発磁気モーメント m は, ボーア磁子 μ_B を単位として $m = 2s_p$ であり, したがってエントロピー S は, k_B, m, N を用いて

$$S = \frac{1}{2}k_B N[2\ln 2 - (1+m)\ln(1+m) - (1-m)\ln(1-m)] \quad (10.47)$$

と表される. ここで, スターリングの公式 $\ln N! \approx N \ln N - N$ を使った (4章, 規則・不規則相転移参照). 次に, 隣接スピン対のうち, ともに上向きであるものの個数を N_{++}, ともに下向きであるものの個数を N_{--}, 向きが違うものの個数を

244　第 10 章　相転移の熱・統計力学と量子論的記述

N_{+-} と書くと，$\displaystyle\sum_{(i,j)} s_i \cdot s_j = \frac{N_{++} + N_{--} - N_{+-}}{4}$ と書ける．N_+, N_- を与えて

も N_{++}, N_{--}, N_{+-} は様々な値を取り得るが，あるスピンに隣接するスピンのう

ち上向きおよび下向きであるものの割合がそれぞれ $\dfrac{N_+}{N}$, $\dfrac{N_-}{N}$ であるとすると，隣

接の格子点の数 (配位数) を z として，N_{++} の平均は $\dfrac{1}{2} z N_+ \dfrac{N_+}{N} = \dfrac{z}{8} N (1+m)^2$

で与えられる．同様の考えで，N_{--}, N_{+-} の平均を z, N, m を用いて表すと

それぞれ $\langle N_{--} \rangle = \dfrac{z}{8} N (1-m)^2$, $\langle N_{+-} \rangle = \dfrac{z}{4} N (1+m)(1-m)$ となる．よっ

て，平均のエネルギー (内部エネルギー) $\overline{E}$ は，J, z, N, m を用いて

$$\overline{E} = -\frac{z}{8} N J m^2 \tag{10.48}$$

と表される．自由エネルギー F は，系の温度を T とすると，k_{B}, T, J, z, N,
m を用いて，

$$F = -\frac{N}{8}[zJm^2 + 4k_{\mathrm{B}}T\{2\ln 2 - (1+m)\ln(1+m) - (1-m)\ln(1-m)\}] \tag{10.49}$$

と表される．自由エネルギー F をスピンの分極 m の関数と考えるとき，m の平

衡値 M を与える方程式は，式 (10.49) を m で微分して $\dfrac{\partial F}{\partial m} = 0$ と置き，そのと

きの m が M であるとして，

$$\left.\frac{\partial F}{\partial m}\right|_{m=M} = zJM + 2k_{\mathrm{B}}T\ln\frac{1-M}{1+M} = 0 \tag{10.50}$$

この平均場近似の方程式の解き方は 4 章の相分離問題と規則・不規則相転移で説

明したが，ここでも同様に式 (10.50) を変形し，

$$\frac{zJ}{2k_{\mathrm{B}}T}M = \ln\frac{1+M}{1-M} \tag{10.51}$$

をグラフ的に解く問題にすり替わる．式 (10.51) の左辺を $f(M)$，右辺を $g(M)$ と

し，また，$0 \le M \le 1$ なので，M の関数 f と g をグラフに表したのが図 10.22 とな

る．ここで，式 (10.51) の解は，図 10.22 の曲線 $(y = g(M))$ と直線 $(y = f(M))$

の交点 (図中○で表している) である．この解が原点以外に存在すれば，強磁性秩序

状態 ($T < T_\mathrm{C}$) であり，原点でしか存在しなければ，強磁性秩序していない常磁性状態 ($T > T_\mathrm{C}$) である．ちょうどキュリー温度 T_C では直線 $y = f(M)$ は図 10.22 の点線となり，$y = g(M)$ に原点で接することになる．すなわち，$y = g(M)$ を微分し $M = 0$ と置いて，それが $y = f(M)$ の傾きと一致するときがキュリー温度 T_C のときである．したがって，

$$\frac{\partial g(M)}{\partial M} = \frac{1}{1+M} + \frac{1}{1-M} \to 2 \big|_{M=0} \tag{10.52}$$

と原点での $y = g(M)$ の微係数は 2 となるので，キュリー温度 T_C は，

$$T_\mathrm{C} = \frac{zJ}{4k_\mathrm{B}} \tag{10.53}$$

と求まり，平均場近似が解けたことになる．この式 (10.53) は，ブリルアン-ワイスの式 (10.37) において，全角運動量量子数が 1/2 の場合に対応している．

（7）　ストーナー理論：バンドモデルを用いた分子場近似とその破綻，そしてスピンの揺らぎ理論の成功

これまで説明してきた磁性・磁気転移は原子に局在した電子系に基づくものである．無機物質や磁性体の多くのものは金属伝導を持った，いわゆる遍歴電子系という電子が固体結晶中を動き回る系である．そのような場合には，3 章の (固体のバンド構造) で説明したように，荷電子帯の高エネルギー側に伝導電子帯 (伝導 (電子) バンド) が存在し，電子のフェルミ温度が伝導電子バンドに存在して，電気伝導が金属的になるのであるが，そのような伝導を担う電子が磁性を担う場合が多く存在する．そのような磁性を**バンド磁性**または**遍歴 (電子) 磁性**という．その典型的例は，4 章や 10.1 節で説明した Fe, Co, Ni である．強磁性を担う 3d 電子が 4s 電子と混じり合いながら伝導を担っていると考えられているのである．10.3 節 (4) で紹介した Gd に関しては，金属伝導は示すが，その強磁性を担っている 4f 電子は内側の電子軌道であって，その外側に $5s^2 5p^6$ の閉殻電子軌道が存在し，4f 電子は局在した電子である (10.3 節 (2)，図 10.9 参照)．Gd の伝導バンドは，$(5\mathrm{d}6\mathrm{s})^3$ の 3 つの電子が担っており，それらが局在した隣り合う Gd^{3+} イオンの 4f スピン間の間接交換相互作用の媒介となっていると考えられている (伝導電子を媒介とした局在スピン間の RKKY 相互作用 (C. キッテル，「キッテル固体物理学入門」 (第 8 版)，丸善 (2005)))．

246 第10章 相転移の熱・統計力学と量子論的記述

一方，通常の金属は伝導電子による**パウリ** (W. Pauli) **常磁性**を示す．パウリ常磁性は自由電子的な伝導バンドが磁場によって，上向きスピンバンドと下向きスピンバンドがエネルギーの高い側と低い側に，磁場に比例してわずかに分極し，磁化 M が発生する現象で，その磁化率 χ_P は，バンド分極によって誘起された磁化 M を磁場 H (B) で割って簡単に，

$$\chi_P = 2\mu_B^2 D(E_F) \tag{10.54}$$

と求まる (W. Pauli, "Uber Gasentartung und Paramagnetismus", Zeitschrift für Physik **41**, 81–102 (1927))．ここで，E_F は電子のフェルミ・エネルギー (電子がバンドに詰まっていった際の一番高いエネルギー)，$D(E_F)$ はフェルミ・レベルの電子の状態密度であり，電子の状態密度 $D(\varepsilon)$ は，自由電子モデルでは，

$$D(\varepsilon) = \frac{3}{4} \frac{N}{E_F^{3/2}} \sqrt{\varepsilon} \tag{10.55}$$

とパラボリックな形となる (C. キッテル，「キッテル固体物理学入門」(第8版)，丸善 (2005))[*5]．パウリの常磁性磁化率 χ_P は，式 (10.54) のように温度に依存しない (キュリーやキュリー–ワイスの常磁性磁化率に比べれば) 非常に小さな磁化率である．**図 10.23** に様々な常磁性金属のパウリ常磁性磁化率を示す．Pd 以外はほとんど温度に依存しない磁化率を示していることがわかる．Pd は，そのような中で比較的大きな磁化率を示す．よく見ると 50 K 辺りに χ–T 曲線に最大値をとり，それより高温はキュリー–ワイス的な温度依存性を示していることがわかる．Pd のこのような振る舞いは，交換相互作用によって増強されたパウリ常磁性といわれ，強磁性発現直前の物質であると考えられている (M. Takigawa and H. Yasuoka, "Nuclear Magnetic Relaxation of Palladium", J. Phys. Soc. Jpn. **51**, 787–793 (1982))．同様の物質に，YCo_2, $LuCo_2$, $ScCo_2$ という Co のラー

[*5] 金属のフェルミ面を観測する実験としては，ド・ハース–ファン・アルフェン (de Haas–van Alphen) 効果 (磁場による磁化の振動)，シュブニコフード・ハース (Shubnikov–de Haas) 効果 (磁場による電気抵抗率の振動) のような量子振動の観測や，電子の磁場中のサイクロトロン共鳴の観測など，直接的な実験があるが，パウリ常磁性磁化率を通してフェルミ面における電子の状態密度を測定することは，間接的にフェルミ面の存在を示したことになる．この他に，8.3 節 (7) で述べた**電子比熱係数** γ もフェルミ面の電子の状態密度を反映した量であって，パウリ常磁性磁化率と並んでフェルミ面が存在すること (金属状態であること) を示す重要な基本的物理量である．

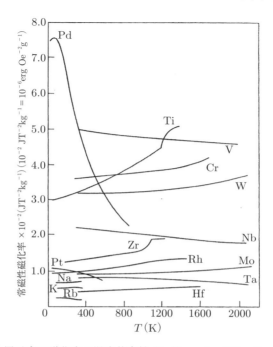

図 10.23 金属元素の磁化率の温度依存性 (J. Crangle, "The Structures and Properties of Solids: Magnetic Properties of Solids", Edward Arnold Publishers Ltd., London (1977)).

ベス相化合物などがある (K. Yoshimura et al., "Nuclear Magnetic Relaxation in Nearly Ferromagnetic YCo$_2$", J. Phys. Soc. Jpn. **53**, 503–506 (1984)).

このようなパウリ常磁性体に交換相互作用による大きな分子場が存在すれば，バンド分極が自発的に起こって強磁性金属となるのではないか，という発想で考えられた平均場理論が，ストーナー (Stoner) 理論である．**図 10.24** にバンド分極によって強磁性が発生している Fe, Co, Ni のバンドの様子 (バンド計算) を示す．これらの強磁性体の大きな特徴は，中途半端な強磁性モーメントである．10.3 節 (4) で説明した Gd の場合，強磁性の自発磁気モーメントは $7\mu_B$ となって (図 10.14 参照)，Gd の $4f^7$ 状態を反映した値 $2 \times 7/2 = 7\mu_B/\mathrm{Gd}$ に一致しているが，金属強磁性の場合の最低温での自発磁気モーメントは，Fe で $2.2\mu_B/\mathrm{Fe}$, Co で $1.6\mu_B/\mathrm{Co}$, Ni では $0.6\mu_B/\mathrm{Ni}$ となっていて，すべて結晶場のせいでスピン状態にあるが，自

248 第10章 相転移の熱・統計力学と量子論的記述

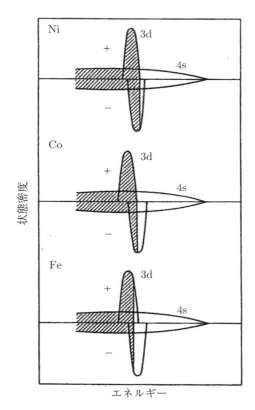

図 10.24 強磁性体 Fe, Co, Ni のバンド構造の模式図 (堅いバンドモデル (rigid band model)).「+」は磁気モーメントが磁場をかけたときに低エネルギー側にシフトしており,ダウンスピンバンドに対応している.「−」はアップスピンバンド (磁場と逆向きの磁気モーメントのバンド) を表す (J. Crangle, "The Structures and Properties of Solids: Magnetic Properties of Solids", Edward Arnold Publishers Ltd., London (1977)).

発磁気モーメントが整数値となっておらず,当初大問題であった.量子力学の危機とも考えられた.しかしながら,ストーナー理論では,図 10.24 のようにバンド分極次第 (分子場の大きさ次第) で中途半端な自発磁気モーメントがいくらでも説明がつくことになり,量子力学の危機は回避されたのである.

このようにストーナーモデルは 1950 年代に完成し成功を納めるが,その後,大きな欠陥がいくつか見つかり指摘される.その 1 つは,キュリー−ワイス則であ

10.3 電子状態の相転移 249

る．Fe, Co, Ni をはじめその合金系やあらゆる 3d 遷移金属系強磁性体が，T_C 以上で磁化率のキュリー–ワイス則を示すが，ストーナーモデルでは χ は T_C 以上で非常に小さな値となり，しかも $\chi \propto T^2$ となってキュリー–ワイス則が説明できないのである（パウリ常磁性的となる）．もう 1 つのストーナーモデルの大きな欠陥は，T_C を計算すると，どう見積もってもフェルミエネルギー程度（～1 万 K 程度）になってしまい，低い T_C を出すことができないことである．これらの欠点は Fe, Co, Ni では電子相関が非常に強く，ストーナーモデルの対象ではないからかもしれないと言いわけされていた．その後，超伝導探索の副産物として，自発磁気モーメントが小さく（～$0.1\mu_B$），T_C が非常に低い（< 50 K 程度），いわゆる弱い遍歴電子強磁性体がマティアスらによって発見され（B. T. Matthias et al., Phys. Rev. Lett. **7**, 7 (1961)），それらがすべて T_C 以上で磁化率のキュリー–ワイス則を示し，有効磁気モーメント μ_{eff} は，小さな自発磁気モーメント μ_s に反して比較的大きな値（$1\mu_B$ 程度）を示すことが明らかになったのである．この弱い強磁性の典型物質は，Sc$_3$In（$T_C = 5.5$ K, $\mu_s = 0.045\mu_B$, $\mu_{\text{eff}} = 0.66\mu_B$），MnSi（$T_C = 30$ K, $\mu_s = 0.4\mu_B$, $\mu_{\text{eff}} = 2.12\mu_B$），ZrZn$_2$（$T_C = 21.3$ K, $\mu_s = 0.12\mu_B$, $\mu_{\text{eff}} = 1.44\mu_B$），Ni$_3$Al（$T_C = 41.5$ K, $\mu_s = 0.075\mu_B$, $\mu_{\text{eff}} = 1.3\mu_B$）等である（Y. Takahashi and T. Moriya, "Quantitative Aspects of the Theory of Weak Itinerant Ferromagnetism", J. Phys. Soc. Jpn. **54**, 1592–1598 (1985) によくまとめられている）．これらの物質群の発見は，ストーナーモデルの破綻を決定づけるものとなった（ただし，絶対零度の振る舞いを記述する理論としては問題ないと考えられている）．それ以降，金属強磁性体の解析には，基底状態はストーナーモデルで考え，常磁性状態は局在電子モデル（ブリルアン–ワイスの分子場モデル）で考えるという矛盾したやり方で研究・議論され，論文が書かれた．このような事態を解決するために，平均場近似を超え，汎関数法を用いて「**スピンの揺らぎ**」を自己無撞着（self-consistent）に自由エネルギーに繰り込んでいく，**スピンの揺らぎの理論**が展開され（1970 年代～1990 年代），成功を収めていくことになる（T. Moriya and A. Kawabata, "Effect of Spin Fluctuations on Itinerant Electron Ferromagnetism I & II", J. Phys. Soc. Jpn. **34**, 639–651 (1973); ibid. **35**, 669–676 (1973); 守谷亨，「磁性物理学」，朝倉書店 (2006))．**図 10.25** に MnSi, Sc$_3$In, ZrZn$_2$, Ni$_3$Al の磁化率の逆数 χ^{-1} の温度依存性をスピンの揺らぎの理論による計算とともに示す．このように最近では，スピン揺らぎの理論は定量的にも

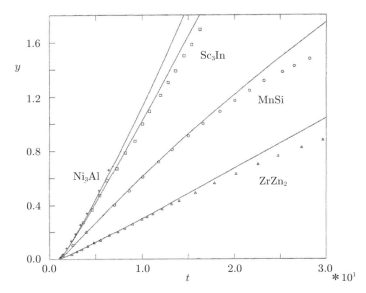

図 10.25 弱い遍歴電子強磁性体 Sc$_3$In (□; $T_C = 5.5$ K), MnSi (○; $T_C = 30$ K), ZrZn$_2$ (△; $T_C = 21.3$ K), Ni$_3$Al (+; $T_C = 41.5$ K) における常磁性領域での逆磁化率 $y \propto \chi^{-1}$ の温度依存性 ($t = T/T_C$). 実線はそれぞれの物質に対するスピン揺らぎのパラメーターで計算した逆磁化率 (Y. Takahashi and T. Moriya, "Quantitative Aspects of the Theory of Weak Itinerant Ferromagnetism", J. Phys. Soc. Jpn. **54**, 1592–1598 (1985)).

弱い遍歴磁性体をうまく説明できる段階まできているのである．その後の展開は，Y. Takahashi, "Spin Fluctuation Theory of Itinerant Electron Magnetism", Springer-Verlag, Berlin Heidelberg (2013) や高橋慶紀，吉村一良の著書 (「遍歴磁性とスピンゆらぎ」，内田老鶴圃 (2012)) に詳しいので参考にされたい．

10.4 相転移の現象論：ランダウ理論

相転移現象論を理解しようという試みは古くから行われ，ロシア (当時はソ連) の大物理学者ランダウ (L. D. Landau) は自由エネルギーを秩序変数 (オーダーパラメーター (order parameter)) Φ で展開して，相転移温度 T_c 近傍の振る舞いを現象論的に明らかにしようという独自の理論を展開した (L. D. Landau, Zh. Eksp.

Theor. Fiz. **7**, 19–32 (1937)). T_c 近傍では Φ は小さいと考えられ ($|\Phi| \ll 1$, 図 10.2 参照), 自由エネルギーを Φ のべきで展開するということは, ごく自然なことである.

$$F(\Phi) = F_0 + \frac{a}{2}|\Phi|^2 + \frac{b}{4}|\Phi|^4 + \frac{c}{6}|\Phi|^6 + \cdots \tag{10.56}$$

偶数次のべきのみで, 奇数次を切り捨てているのは Φ の空間・時間対称性を考えている. また, 一般に Φ は複素数で表されるので, ランダウ展開では Φ の絶対値の展開で表している. また, F_0 は Φ に関係のない自由エネルギーである.

(1) 自由エネルギーのランダウ展開に基づく超伝導理論

ランダウの相転移現象論を用いた超伝導理論である **GL 理論** (V. L. Ginzburg and L. D. Landau, "On the Theory of Superconductivity", Zh. Eksp. Teor. Fiz. **20**, 1064 (1950)) について見ていこう. 超伝導の相転移温度 (**臨界温度** (critical temperature)) 以下 $T < T_c$ では, 超伝導相転移の秩序変数 Φ は $|\Phi| \neq 0$ となる (図 10.2). つまり, 電子対のボーズ–アインシュタイン凝縮が起こっている状態となっている (図 10.3 参照). 一般に超伝導現象では, $T = T_c$ で二次相転移を起こし, したがって $|\Psi|$ は T_c で連続的に変化する. 超伝導転移に関するランダウの現象論において, 磁場のない場合, **超伝導状態** (superconducting state) の自由エネルギー F_s と常伝導状態 (正常状態 normal state) の自由エネルギー F_n との差 $F_s - F_n$ を秩序変数 Φ の偶数次で展開し, 4 次で展開を打ち切ると,

$$F_s - F_n = \Delta F = V\left(-a|\Phi|^2 + \frac{b}{2}|\Phi|^4\right) \tag{10.57}$$

と表せる. ここで, V は超伝導体の体積である. ただし, GL 理論に合わせて, 式 (10.56) とは若干変更し, 2 次の項の係数の前にも負符号をつけている.

有限の T_c を持つためには, T_c 以下でゼロでない有限の Φ を持たなければならない. そのための条件を a, b に関して求めてみよう. 常に $b > 0$ が成り立つことは必要である. なぜなら, $b < 0$ では常に秩序相が安定になり, かつ秩序変数が大きければ大きいほど自由エネルギーが下がるというナンセンスな状況となってしまうのである. また, 式 (10.57) を $|\Phi|$ で微分してゼロと置いてみよう.

$$\frac{\partial}{\partial|\Phi|}\Delta F = V(-2a|\Phi| + 2b|\Phi|^3) = 2V|\Phi|(-a + b|\Phi|^2) = 0 \tag{10.58}$$

252　第 10 章　相転移の熱・統計力学と量子論的記述

これは，ΔF が最小値をとるための必要条件であるが，式 (10.58) がゼロでない有限の $|\Phi|$ で実現するためには，$T > T_c$ で $a < 0$ となることである．また，$T < T_c$ では $a > 0$ となれば題意にかなうことになる．したがって，T_c 近傍において GL 理論では，以下のように条件を付ければよいことがわかる．

$$a = \alpha(T_c - T), \quad b = \beta \quad (\alpha,\ \beta = \text{const.} > 0) \tag{10.59}$$

この条件を用いて，$T < T_c$ における熱平衡値 $|\Phi|$ を a, b を用いて求めると，$T \leq T_c$ における平衡値 $|\Phi_0|$ は，式 (10.58)，(10.59)) より，

$$-a + b|\Phi_0|^2 = 0 \quad \Rightarrow \quad |\Phi_0| = \sqrt{\frac{a}{b}} = \sqrt{\frac{\alpha(T_c - T)}{\beta}} \tag{10.60}$$

と求まる．GL 理論のすぐ後に，**BCS 理論**というミクロな量子力学的理論が発表され，超伝導状態の秩序変数 $|\Phi_0|$ は，電子対 (クーパー対) を形成している電子の数 n_s，すなわちクーパー対の数 ρ で表されることが明らかになる (J. Bardeen, L. Cooper, and J. R. Schrieffer, "Theory of Superconductivity", Phys. Rev. **108**, 1175 (1957))．

$$|\Phi_0| = \sqrt{\frac{n_s}{2}} = \sqrt{\rho} \tag{10.61}$$

これが，GL 理論によって $|\Phi_0| \propto \sqrt{T_c - T}$ という温度依存性を持つことがわかり，後に実験でも確かめられることになる．

　その際の自由エネルギー差 $F_s - F_n = \Delta F$ が，磁場を引加して超伝導が壊れ発生する磁気的なエネルギーだと考えると，その熱力学的臨界磁場を求めよう．式 (10.57) に式 (10.60) を代入して，

$$\Delta F = F_s - F_n = V\left(-\frac{a^2}{b} + \frac{a^2}{2b}\right) = -V\frac{a^2}{2b} \tag{10.62}$$

が求まる．これが磁気的エネルギー $V\frac{1}{2}\left(-\frac{H_c}{4\pi}\right) H_c$ にほかならない．したがって，

$$H_c = \left(\frac{4\pi a^2}{b}\right)^{1/2} \propto T_c - T \tag{10.63}$$

となり，これも超伝導体の T_c 近傍の臨界磁場の振る舞いとして，よく観測されている．

　さて，GL 理論の真骨頂は，磁場下での自由エネルギーのランダウ展開である．

10.4 相転移の現象論：ランダウ理論　253

磁場が存在する場合，GL 理論では，超伝導状態の自由エネルギーと常伝導状態との差 ΔF を，磁場中でのランダウ展開を空間積分する形で表した.

$$\Delta F = \int d\boldsymbol{r} \left\{ -a|\psi|^2 + \frac{1}{2}b|\psi|^4 + \frac{1}{8\pi}(\mathrm{rot}\,\boldsymbol{A})^2 + \frac{1}{4m}\left| -i\hbar\frac{\partial\psi}{\partial\boldsymbol{r}} - \frac{2e}{c}\boldsymbol{A}\psi \right|^2 \right\}$$

(10.64)

ここで, 磁束密度 $\boldsymbol{B}$ とそのベクトルポテンシャル $\boldsymbol{A}$ の間の電磁気の公式 $\boldsymbol{B} = \mathrm{rot}\,\boldsymbol{A}$ や, 磁場中での古典論的な運動量の置き換え $\boldsymbol{p} \Rightarrow \boldsymbol{p} + \dfrac{e}{c}\boldsymbol{A}$, さらに量子力学における運動量の等価演算子の磁場中での置き換え $-i\hbar\nabla \Rightarrow -i\hbar\nabla - \dfrac{e}{c}A$ に注意しよう (量子力学では, 電子の状態を表す波動関数に, 等価演算子を作用させて運動量などの物理量を求めるのである). また, 超伝導の秩序変数を量子力学的量だとして $\Phi \Rightarrow \psi$ とクーパー対の波動関数 ψ で置き換えている. さらに, ψ は電子対 (2 電子) の波動関数なので, その質量は $2m$, 電荷を $2e$ としている.

　さらに, GL 理論ではゲージ変換, ゲージ不変性ということに注目し理論展開を行っている. 電磁学では, 磁束密度 $\boldsymbol{B}$ を与えても, ベクトルポテンシャル $\boldsymbol{A}$ は一意的に決まらない. 例えば, $\boldsymbol{A}' = \boldsymbol{A} + \dfrac{\partial\chi}{\partial\boldsymbol{r}}$ (ここで, χ はスカラー関数) のように, ベクトルポテンシャル $\boldsymbol{A}$ を変換しても (ゲージ変換), 実験で与える $\boldsymbol{B}$ は同じだから, 同じ自由エネルギーを与えなければならない (ゲージ不変性). しかし, 式 (10.64) の積分の中の最後の項,

$$\frac{1}{4m}\left| -i\hbar\frac{\partial\psi}{\partial\boldsymbol{r}} - \frac{2e}{c}\boldsymbol{A}\psi \right|^2$$

(10.65)

を見ると, 明らかにゲージ変換に対して自由エネルギーが変化してしまうのである. そこで, ゲージ変換したハミルトニアン (量子力学では, エネルギーを与える等価演算子であり, 式 (10.65) は電子対の磁場中での運動エネルギーを表している) に波動関数を作用させても自由エネルギーを不変にするには (ゲージ不変性の要請), $\psi \Rightarrow \psi'(r) = \psi(r)\exp\left\{ \dfrac{2ie}{\hbar c}\chi(r) \right\}$ と位相因子 $\exp\left\{ \dfrac{2ie}{\hbar c}\chi(r) \right\}$ をつけて変換すればよいことが GL 理論によって明らかになる. ここで, 位相を $\theta = \dfrac{2e}{\hbar c}\chi(r)$ と置くと, $\psi'(r) = \psi(r)\exp(i\theta)$ と波動関数を位相表示で書き表すことと同等である. さていま, $\boldsymbol{B} = 0$ の場合を考える (そのとき, ベクトルポテンシャルを

254　第 10 章　相転移の熱・統計力学と量子論的記述

$A = \dfrac{\hbar c}{2e} \dfrac{\partial \theta}{\partial \boldsymbol{r}}$ ととる）．秩序変数も位相表示で $\psi(r) = \psi_0 e^{i\theta}$ と表し，磁束 ϕ を積分で求めてみると，

$$\phi = \oint A \cdot dl = \frac{\hbar c}{2e} \Delta \theta \Rightarrow \frac{\hbar c}{2e} \times 2\pi n \tag{10.66}$$

となることがわかる．したがって，超伝導状態では，磁束 ϕ は量子化されその最小単位である磁束量子は $\phi_0 = \dfrac{\hbar \pi c}{|e|} = \dfrac{hc}{2e} = 2 \times 10^{-15}$ Wb であると GL 理論で証明された．もちろんこれも実験で確かめられている．

さて，磁場化での自由エネルギーの平衡状態を求めて GL 方程式を求めてみよう．式 (10.64) で，$\boldsymbol{A}, \psi, \psi^*$ に小さな変化 $\delta\boldsymbol{A}, \delta\psi, \delta\psi^*$ を与えたとき，$\Delta F = F_\mathrm{s} - F_\mathrm{n}$ に起こる 1 次の変化を考え，それらの微係数をゼロとおく熱平衡の条件より，平衡条件を求める．実際には，式 (10.64) の $\{\ \ \}$ の中を $\boldsymbol{A}, \psi, \psi^*$ でそれぞれ微分してゼロと置いて平衡条件となる必要条件を求めるのである．まず，ベクトルポテンシャル $\boldsymbol{A}$ で微分すると以下のマックスウェル (Maxwell) の方程式が求まる．

$$\mathrm{rot}(\mathrm{rot}\,\boldsymbol{A}) = \frac{4\pi}{c} \boldsymbol{j} \tag{10.67}$$

ただし，ここで $\boldsymbol{j}$ は，電流を表す量子力学の等価演算子，

$$\boldsymbol{j} = \frac{\hbar e}{2mi} \left(\psi^* \frac{\partial \psi}{\partial \boldsymbol{r}} - \frac{\partial \psi^*}{\partial \boldsymbol{r}} \psi \right) - \frac{2e^2}{mc} |\psi|^2 \boldsymbol{A} \tag{10.68}$$

である．次に，式 (10.64) の $\{\ \ \}$ の中を ψ^* または ψ で微分してゼロと置くと，

$$-\frac{\hbar^2}{4m} \left(\frac{\partial}{\partial \boldsymbol{r}} - \frac{2ie}{\hbar c} \boldsymbol{A} \right)^2 \psi = a\psi - b|\psi|^2 \psi \tag{10.69}$$

またはその複素共役 (*) が得られる．ここで，$|\psi|^2 = \psi^* \psi$ なので，$\dfrac{\partial}{\partial \psi} |\psi|^2 = \dfrac{\partial}{\partial \psi}(\psi^* \psi) = \psi^*$ となることに注意しよう．この方程式 (10.69) は「**GL 方程式**」とよばれる．

また，凝縮電子対の密度を ρ とし，位相 (θ) 表示を用いると，

$$\psi = \psi_0 \exp(i\theta) = \rho^{1/2} \exp(i\theta) \tag{10.70}$$

と表せる．いま，凝縮対が速度 $\boldsymbol{v}_\mathrm{s}$ で動くことによって電流 $\boldsymbol{j}$ が流れるとすると，$\boldsymbol{j} = 2e\rho\boldsymbol{v}_\mathrm{s}$ と表せる．電流を表す演算子 (式 (10.68)) に式 (10.70) を代入して計

算すると，

$$
\begin{aligned}
\boldsymbol{j} &= \frac{\hbar e}{2mi}\left(\rho^{1/2}e^{-i\theta} \cdot \rho^{1/2}ie^{i\theta}\frac{\partial\theta}{\partial\boldsymbol{r}} - \rho^{1/2}(-i)e^{-i\theta}\frac{\partial\theta}{\partial\boldsymbol{r}} \cdot \rho^{1/2}e^{i\theta} \right) - \frac{2e^2}{mc}\rho\boldsymbol{A} \\
&= \frac{\hbar e}{2m}\left(2\rho\frac{\partial\theta}{\partial\boldsymbol{r}} \right) - \frac{2e^2}{mc}\rho\boldsymbol{A} = 2e\rho\left(\frac{\hbar}{2m}\frac{\partial\theta}{\partial\boldsymbol{r}} - \frac{e}{mc}\boldsymbol{A} \right) = 2e\rho\boldsymbol{v}_{\mathrm{s}}
\end{aligned}
$$

(10.71)

と求めることができる．したがって，この計算より，凝縮対の速度ベクトル $\boldsymbol{v}_{\mathrm{s}}$ を，

$$
\boldsymbol{v}_{\mathrm{s}} = \frac{\hbar}{2m}\frac{\partial\theta}{\partial\boldsymbol{r}} - \frac{e}{mc}\boldsymbol{A}
$$

(10.72)

と求めることができる．さらにこれらを用いて，式 (10.65) は確かに凝縮電子対の運動エネルギー $m\rho\boldsymbol{v}_{\mathrm{s}}^2$ となっていることを確かめよう．いま，式 (10.70) を式 (10.65) に代入し，式 (10.72) の関係を用いて，

$$
\begin{aligned}
\frac{1}{4m}\left| -i\hbar\frac{\partial\psi}{\partial\boldsymbol{r}} - \frac{2e}{c}\boldsymbol{A}\psi \right|^2 &= \frac{\hbar^2}{4m}\left| \rho^{1/2}ie^{i\theta}\frac{\partial\theta}{\partial r} - \frac{2ie}{\hbar c}A\rho^{1/2}e^{i\theta} \right|^2 \\
&= \frac{\hbar^2}{4m}\left| \frac{2m\rho^{1/2}ie^{i\theta}}{\hbar}\left(\frac{\hbar}{2m}\frac{\partial\theta}{\partial r} - \frac{e}{mc}A \right) \right|^2 = m\rho\boldsymbol{v}_{\mathrm{s}}^2
\end{aligned}
$$

(10.73)

となる．したがって，式 (10.65) は凝縮電子対の運動エネルギーであることが簡単に証明することができる．このように GL 理論は様々な物理量を実際に計算するときに非常に便利な理論体系となっていることがわかる．

　GL 方程式 (10.69) などの平衡条件の式を用いて，超伝導のコヒーレンス長さ ξ，磁場侵入長 λ，上部臨界磁場 $H_{\mathrm{c}2}$ など，超伝導に重要なパラメーターが GL 理論で定義され，超伝導における重要な概念が生まれていった．すなわち，GL 理論は超伝導を理解する上で，欠かせない理論となっているのである．

　さらに超伝導をミクロに理解するためには第二量子化を使った量子力学的な理論である **BCS 理論** が必要となる．GL 理論は超伝導転移や超伝導状態がありきで理論が展開していくが，なぜ起こるのかについては答えてくれない．それに答えを与えるのが BCS 理論である．どうやって電子が対をなし，電子対がボーズ–アインシュタイン凝縮を起こすのか，という問題に関してはこれまでこの教科書では触れてこなかった．同じ負の電荷を持つ電子同士はクーロン反発し合う（電子相関という）．反発し合ったままでは電子対を形成できない．クーロン反発を補ってあまりある引力が働かないと電子対が形成されない．BCS 理論はそこに踏み込

256　第 10 章　相転移の熱・統計力学と量子論的記述

み，8 章で見た動的格子欠陥である格子振動，すなわちフォノンが媒介となって電子間に引力が働くのだというアイデアで理論展開を行い，超伝導現象を量子力学的に解き明かしていく．BCS 理論は，この教科書の範囲を超えるので，これ以上は触れずにその重要性のみを言及するにとどめる．現在でも，GL 理論および BCS 理論は，高温超伝導問題も含めた超伝導研究において欠かせない理論となっている (中嶋貞雄，「超伝導入門」，ティンカム「超伝導入門」).

(2)　強磁性体におけるランダウ展開 — 磁化のアロット・プロット

強磁性体の場合，秩序変数は自発磁化 M なので，ランダウ展開はその自発磁化のべき乗の和で書かれる．$T \sim T_c$ で自由エネルギー F を M で展開し，磁気系なのでゼーマンエネルギー $(-\boldsymbol{M} \cdot \boldsymbol{H})$ を加えて，

$$F(\psi) = F_0 - \frac{1}{2}aM^2 + \frac{1}{4}bM^4 + \frac{1}{6}cM^6 + \cdots - \boldsymbol{M} \cdot \boldsymbol{H} \tag{10.74}$$

と書ける．系の平衡条件は，M で微分して，

$$\frac{\partial F}{\partial M} = -aM + bM^3 + cM^5 + \cdots - H \equiv 0 \tag{10.75}$$

となる．ここで，第 1 項および第 2 項のみを考慮し，高次の項を無視し整理すると，

$$M^2 = \frac{a}{b} + \frac{1}{b}\left(\frac{H}{M}\right) \tag{10.76}$$

が求まる．したがって，実験で求まった M–H 曲線 (磁化曲線) を，M^2 を H/M に対してプロットする形 (アロット・プロット (Arrott-Plot) とよばれている) で整理し直すと直線的になり，縦軸の切片は，$H/M = 0$ とおいて，a/b となり，強磁性秩序状態における $H = 0$ での自発磁化 M_s は，

$$M_s = \sqrt{\frac{a}{b}} \tag{10.77}$$

となるので，$b > 0$ に加えて $a > 0$ であることが強磁性状態をとるための条件である．ランダウ展開理論では，$T \sim T_C$ で $a \simeq \alpha(T_C - T)$ と仮定し，自発磁化は，

$$M_s = \left\{\frac{\alpha(T_C - T)}{\beta}\right\}^{1/2} \tag{10.78}$$

となって，$\sqrt{T_C - T}$ の温度依存性を示すと予想できる．実際の強磁性体の実験結果を用いてアロット・プロット (M^2 vs. H/M プロット) を確かめてみよう．**図 10.26** に典型的な弱い遍歴電子強磁性体 (10.3 節 (7) を参照) の 1 つであるラー

10.4 相転移の現象論：ランダウ理論 257

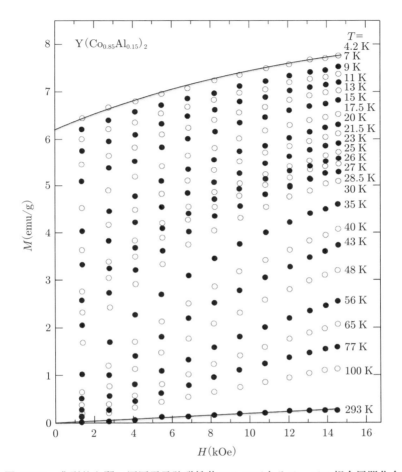

図 10.26 典型的な弱い遍歴電子強磁性体の 1 つであるラーベス相金属間化合物 $Y(Co_{0.85}Al_{0.15})_2$ の磁化曲線 (M–H) (K. Yoshimura and Y. Nakamura, "New Weakly Itinerant Ferromagnetic System, $Y(Co_{1-x}Al_x)_2$", Solid State Commun. **56**, 767–771 (1985); K. Yoshimura et al., "NMR Study of Weakly Itinerant Ferromagnetic $Y(Co_{1-x}Al_x)_2$", J. Phys. Soc. Jpn. **56**, 1138–1155 (1987); K. Yoshimura et al., "Spin Fluctuations in $Y(Co_{1-x}Al_x)_2$: A Transition System from Nearly to Weakly Itinerant Ferromagnetism", Phys. Rev. B **37**, 3593–3602 (1988) でのデータをプロットし直したもの (注：単位は cgs 単位である)).

ベス相金属間化合物 $Y(Co_{0.85}Al_{0.15})_2$ の磁化曲線 (M–H 曲線) を示す．この図で，低温で強磁性が発生し自発磁化が発生していることはわかるが，キュリー温度 T_C が何度であるかは明確にわからない．この M–H 曲線をアロット・プロットして図 10.27 に示す．アロット・プロットが広い温度範囲でほぼ直線になっていることがわかる．また，アロット・プロットが原点を通る T_C は 26 K であることがわかる．また M^2 軸への切片から各温度でのゼロ磁場での自発磁化の値を求めることができる．M^2 軸の切片から求められる自発磁化も含め，$Y(Co_{0.85}Al_{0.15})_2$ の磁化温度 (M–T) 曲線を図 10.28 に示す．$Y(Co_{0.85}Al_{0.15})_2$ での強磁性の秩序

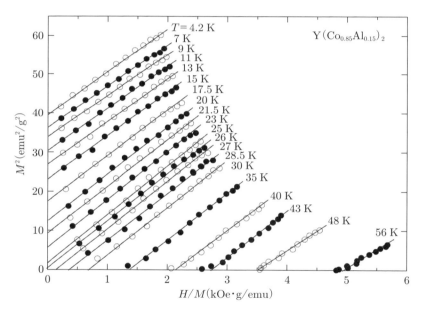

図 10.27 弱い遍歴電子強磁性体 $Y(Co_{0.85}Al_{0.15})_2$ のアロット・プロット (M^2–H/M プロット) (K. Yoshimura and Y. Nakamura, "New Weakly Itinerant Ferromagnetic System, $Y(Co_{1-x}Al_x)_2$", Solid State Commun. **56**, 767–771 (1985); K. Yoshimura et al., "NMR Study of Weakly Itinerant Ferromagnetic $Y(Co_{1-x}Al_x)_2$", J. Phys. Soc. Jpn. **56**, 1138–1155 (1987); K. Yoshimura et al., "Spin Fluctuations in $Y(Co_{1-x}Al_x)_2$: A Transition System from Nearly to Weakly Itinerant Ferromagnetism", Phys. Rev. B **37**, 3593–3602 (1988) でのデータをプロットし直したもの (注：単位は cgs 単位である))．

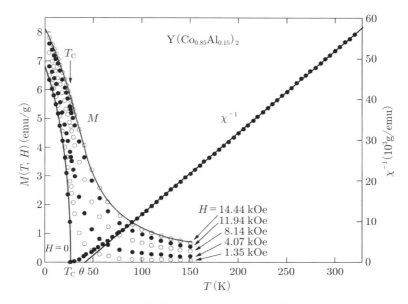

図 10.28 弱い遍歴電子強磁性体 Y(Co$_{0.85}$Al$_{0.15}$)$_2$ の磁化温度 (M–T) 曲線 (K. Yoshimura and Y. Nakamura, "New Weakly Itinerant Ferromagnetic System, Y(Co$_{1-x}$Al$_x$)$_2$", Solid State Commun. **56**, 767–771 (1985); K. Yoshimura et al., "NMR Study of Weakly Itinerant Ferromagnetic Y(Co$_{1-x}$Al$_x$)$_2$", J. Phys. Soc. Jpn. **56**, 1138–1155 (1987); K. Yoshimura et al., "Spin Fluctuations in Y(Co$_{1-x}$Al$_x$)$_2$: A Transition System from Nearly to Weakly Itinerant Ferromagnetism", Phys. Rev. B **37**, 3593–3602 (1988) でのデータをプロットし直したもの (注：単位は cgs 単位である)).

変数としての自発磁化の温度依存性や磁場中での強磁性発生の振る舞いが明確に見てとれる．このようにランダウ展開理論は現象論的な理論であるが，実験を整理する際に欠かせない理論となっている．

（3） メタ磁性転移のランダウ展開理論

ランダウ展開の相転移理論をおさらいしておくと，
○ $T \sim T_c$ での自由エネルギー F を秩序変数 $|\psi|$ で展開する：

$$F(\psi) = F_0 + \frac{1}{2}a|\psi|^2 + \frac{1}{4}b|\psi|^4 + \frac{1}{6}c|\psi|^6 + \cdots \tag{10.79}$$

○ 磁気系では，ゼーマン項を加えて：
$$F(\psi) = F_0 + \frac{1}{2}aM^2 + \frac{1}{4}bM^4 + \frac{1}{6}cM^6 + \cdots - M \cdot H \qquad (10.80)$$
ここで，展開を 4 次の項までで切った場合，$a < 0$ だと強磁性状態，$a > 0$ だと常磁性状態となる (ただし，常に $b > 0$) (最近のスピン揺らぎ理論では，4 次までの展開では T_C 近傍では不十分で，6 次の項が重要であることが明らかになっている (Y. Takahashi (2013)[22]，高橋，吉村 (2012)[23]))．
○ 磁気系での平衡条件：
$$\frac{\partial F}{\partial M} = aM + bM^3 + cM^5 + \cdots - H \equiv 0 \qquad (10.81)$$
これは磁気系に限らず，一般的に成り立つ (超伝導では，GL 理論となる)．

ランダウ展開理論を用いて，磁化のメタ磁性転移を説明しよう．メタ磁性転移とは，常磁性または反強磁性状態の磁性体の磁化曲線において，ある磁化で急激に磁化が立ち上がる相転移である．1 次転移の場合が多い．図 10.29 に 1 次転移のメタ磁性転移の模式図を示す．メタ磁性転移は，元々ランダウ展開理論の典型的な対象の 1 つであった．図 10.30 に 1 次相転移，2 次相転移の概念図を示す．自由エネルギーにおいて平衡状態では磁化がゼロが安定点であるが，有限の磁化 (秩序変数) の局所的なミニマム (準安定状態) があり，磁場 (ゼーマンエネルギー) の助けを借りて，準安定状態へと転移するのである．特に，常磁性状態にある磁性体が外部磁場の助けを借り，強磁性へと転移するメタ磁性転移は大変興味深く，

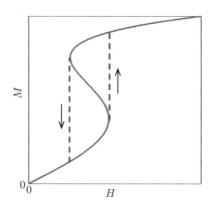

図 10.29　メタ磁性転移の模式図．

10.4 相転移の現象論：ランダウ理論　261

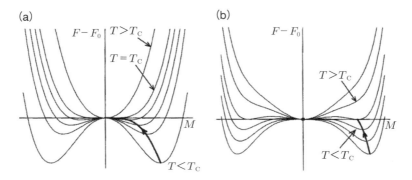

図 10.30 ランダウ展開理論における磁気相転移の概念図 (F–M). (a) 2 次相転移, (b) 1 次相転移 (L. D. Landau, Zh. Eksp. Theor. Fiz. **7**, 19–32 (1937)).

$CoS_{1-x}Se_x$ 系 (K. Adachi et al., J. Phys. Soc. Jpn. **26**, 631 (1969); **29**, 323 (1970); **46**, 1471 (1979); **47**, 675 (1979)) や YCo_2 系関連の系などで，古くから研究されている．ここでは，10.4 節 (2) で紹介した $Y(Co_{1-x}Al_x)_2$ 系での**遍歴電子メタ磁性転移**を紹介しよう．**図 10.31** にパルス強磁場を用いた $Y(Co_{1-x}Al_x)_2$ 系での強磁場磁化過程を示す (T. Sakakibara, K. Yoshimura et al., Phys. Lett. A **117**, 243 (1986); J. Magn. & Magn. Mater. **70**, 126 (1987))．バンド計算からは YCo_2 が交換増強されたパウリ常磁性体であり，強磁場下では遍歴電子メタ磁性転移が発生するだろうと予想 (M. Cyrot et al., J. Phys. (France) **40**, C5-171 (1979); M. Cyrot and M. Lavagna, J. Phys. (France) **40**, 763 (1979)) はされていたが，その臨界磁場の理論値が 100 T 程度であって，実験的には実現不可能であると考えられていた．しかし，$Y(Co_{1-x}Al_x)_2$ 系において $x \geq 0.11$ の領域で弱い遍歴電子強磁性が発見され (10.3 節 (7) および 10.4 節 (2) 参照)，その強磁性発生直前の組成 ($x \leq 0.11$) がターゲットとなり，メタ磁性転移の観測成功に繋がった．最近では，東大・物性研究所のパルス強磁場では，世界最高の 1200 T を記録していて，すでに YCo_2 でのメタ磁性の観測にも成功している (T. Sakakibara, K. Yoshimura et al., J. Phys.: Condens. Matter **2**, 3381 (1990))．また，星形四面体格子構造の化合物 Fe_3Mo_3N, Co_3Mo_3C において遍歴電子メタ磁性転移が観測されていて (T. Waki, H. Nakamura et al., J. Phys. Soc. Jpn. **79**, 043701 (2010); **79**, 093703 (2010); EPL **94**, 37004 (2011))，現在でも非常にホットな

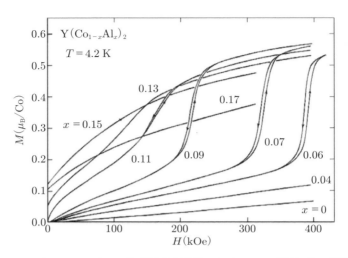

図 10.31 $Y(Co_{1-x}Al_x)_2$ の強磁場磁化過程におけるメタ磁性転移の観測. 弱い遍歴電子強磁性が発生する直前 ($x \leq 0.11$) に明瞭な 1 次転移の遍歴電子メタ磁性転移が観測される (T. Sakakibara, K. Yoshimura et al., Phys. Lett. A **117**, 243 (1986); J. Magn. & Magn. Mater. **70**, 126 (1987); J. Phys.: Condens. Matter **2**, 3381 (1990)).

研究テーマとなっている.

このような常磁性体からのメタ磁性転移は, ランダウ展開理論 (M^6 項までとる) とストーナー理論を拡張した理論が展開され, メタ磁性転移発生の条件とランダウ展開の係数の関係が詳細に議論され成功している (H. Yamada, Phys. Rev. B **47**, 11211 (1993)). しかし, 最近, $SrCo_2P_2$ という二次元的なパウリ常磁性体において 2 段の遍歴メタ磁性転移が観測され (M. Imai, K. Yoshimura et al., Phys. Rev. **90**, 014407/1–6 (2014)), 常磁性状態のランダウ展開 (式 (10.80)) において $a > 0$) のみでは 10 次の展開項まで考えないと説明が付かず, 常磁性状態 (6 次の項までの展開) から強磁性状態 (4 次の項までの展開) に転移すると考えることで初めて説明が付くことが明らかになった. また, 遍歴メタ磁性転移でもスピン揺らぎの役割が重要であることが明らかになってきている (Y. Takahashi and T. Sakai, J. Phys.: Condens. Matter **7**, 6279 (1995)). いずれにしても, ランダウ展開の現象論的相転移理論は,「磁性」や「超伝導」を含む様々な分野での様々な相転移現象を説明する上で必要不可欠となっている.

10章　参考文献

[1] スピンはめぐる―成熟期の量子力学，朝永振一郎，中央公論 (1974); スピンはめ
ぐる―成熟期の量子力学 新版，朝永振一郎，みすず書房 (2008).

[2] キッテル固体物理学入門 (第 8 版)，C. キッテル，丸善 (2005); Introduction to
Solid State Physics (8th ed.), Charles Kittel, John Wiley & Sons Inc. (2005).

[3] 応用物性論，青木昌治，朝倉書店 (1969).

[4] 固体論，ハリソン，丸善 (1976).

[5] 材料科学者のための固体物理学入門，志賀正幸，内田老鶴圃 (2008).

[6] 材料科学者のための固体電子論入門，志賀正幸，内田老鶴圃 (2009).

[7] 材料科学者のための統計熱力学入門，志賀正幸，内田老鶴圃 (2013).

[8] 材料科学者のための量子力学入門，志賀正幸，内田老鶴圃 (2013).

[9] 材料学シリーズ 磁性入門，志賀正幸，内田老鶴圃 (2007).

[10] 相転移と臨界現象，スタンリー，東京図書 (1974).

[11] 磁気工学の基礎 I，太田恵造，共立全書 (1974).

[12] 強磁性体の物理 (上)，近角聰信，裳華房 (1978).

[13] 丸善固体物性シリーズ 6. 固体の磁気的性質，J. クラングル，丸善 (1979); The
Structures and Properties of Solids: Magnetic Properties of Solids, J.
Crangle, Edward Arnold Publishers Ltd., London (1977).

[14] 磁性，伴野雄三，三省堂 (1976).

[15] 新物理学シリーズ 7 磁性，金森順次郎，培風館 (1969).

[16] 物理学選書 12 磁性体の統計理論，小口武彦，裳華房 (1970).

[17] 新物理学シリーズ 9 超伝導入門，中嶋貞雄，培風館 (1971).

[18] 超伝導入門 (原著第 2 版)，ティンカム (M. Tinkham)，吉岡書店 (2004).

[19] 相転移の統計熱力学，中野藤生，木村初男，朝倉書店 (1988).

[20] Collected Papers of L. D. Landau, ed. D. Ter Haar, Gordon and Breach,
Science Publishers, New York, London, Paris (1965).

[21] 磁性物理学，守谷亨，朝倉書店 (2006).

[22] Spin Fluctuation Theory of Itinerant Electron Magnetism, Y. Takahashi,
Springer-Verlag, Berlin Heidelberg (2013).

[23] 遍歴磁性とスピンゆらぎ，高橋慶紀，吉村一良，内田老鶴圃 (2012).

[24] 磁気便覧 (日本磁気学会編)，"1.9.5 遷移金属化合物"，pp.150–161，吉村一良 (共
著)，丸善 (2015).

索　引

あ

アインシュタインモデル ……………195
アルダー転移 ………………………58
アレニウス・プロット ……………203
アロット・プロット ………………256

い

イオン化エネルギー ………………… 5
イオン結合 ……………………………… 1
イオン結合性 …………………………11
　　──結晶 …………………………38
イオン性固体 …………………………40
イオン半径 ……………………………24
1 成分系 ………………………………48
1 変数系 ………………………………51
イルメナイト型構造 ………………143

う

ウスタイト ……………………………18
ウルツ鉱型構造 ……………………129

え

HCl 分子 ………………………… 11, 13
H_2O 分子 ……………………………13
液相 ……………………………………47
X 線 …………………………………105
NaCl 型構造 …………………………119
Fe 酸化物 ……………………………17
MX 型構造 …………………………127
MX_2 型構造 ………………………132
M_2X_3 型構造 ……………………137
MX_3 型構造 ………………………137
$LiNbO_3$ 型構造 …………………143
LCAO …………………………………41
塩化カドミウム型構造 ……………134
塩化クロム型構造 …………………138

か行

塩化セシウム型構造 ………………132
エンタルピー …………………………52
エントロピー …………………………52

お

オールレッド−ロコウの電気陰性度
　………………………………………… 5, 6
音響学的縦波 (LA) …………………181
音響学的分岐 ………………………181
音響学的モード ……………………181
音響学的横波 (TA) …………………181

か

回折 …………………………………109
化学量論的化合物 …………………82
核 ……………………………………75
角運動量 ……………………………222
拡散 …………………………………201
　　──現象 …………………………199
　　格子── …………………………201
　　格子間── ………………………203
　　自己── …………………………204
　　相互── …………………………205
　　表面── …………………………203
　　粒界── …………………………203
核生成・成長 ………………………75
加工硬化 ……………………… 155, 169
カプスチンスキーの式 ……………35
岩塩型構造 …………………… 18, 127
完全転位 ……………………………167

き

気相 …………………………………47
規則・不規則相転移 ……… 90, 212, 217
ギブスの相律 ………………………50
基底状態 ……………………………214

265

逆格子……………………………113
キュリー温度…………………………212
キュリーの法則………………………219
強磁性…………………………………214
　——転移……………………………212
共晶温度………………66, 67, 77, 79
共晶系…………………66, 67, 78, 79
共晶線…………………66, 67, 78, 79
共晶組成………………………………66, 67
共晶点…………………………………66, 67
共晶反応………………………………67, 85
共析反応………………………………85
共有結合………………………………2
　——性………………………………11
　——半径……………………………6
均一系…………………………………48

く
空間群…………………………………100
グルナイゼンの関係式………………195
クレーガー—ビンク表記法…………19

け
系………………………………………47
ケイ酸塩構造…………………………24
結晶学的サイト……………149, 217
結晶系…………………………………98
結晶格子………………………………97
元………………………………………48
原子空孔………………………………149
　——の濃度…………………………152
原子座標……………92, 100, 121, 217

こ
光学的縦波 (LO)…………………181
光学的分岐……………………………181
光学的モード…………………………181
光学的横波 (TO)…………………182
交換相互作用…………………………238
交叉滑り………………………………170

格子……………………………………97
格子エネルギー……………………32, 37
格子拡散………………………………201
格子間拡散……………………………203
格子振動………………………176, 184
格子定数………………………98, 110
格子点…………………………………56, 97
高速中性子……………………………112
降伏点…………………………………155
黒鉛 (グラファイト)………………4
固相……………………………………47
コランダム型構造……………………139
混合の自由エネルギー………………59

さ
最近接…………………………………30
最密充填構造…………………………125
酸化レニウム型構造…………………139
三酸化二マンガン型構造……………139
三斜晶系………………………………98
3 成分系………………………………48

し
CsCl 型構造…………………………119
GL 方程式……………………………254
GL 理論…………………………213, 251
磁気エネルギー…………216, 220, 229
磁気相転移……………………………212
次近接…………………………………30
自己拡散………………………………204
自発磁化…………215, 234, 236, 256
斜方晶系………………………………98
自由度…………………………………50
晶系……………………………………98
状態方程式……………………………47
ジョグ…………………………………171
ショックレーの部分転位……………163
ショットキー欠陥……………………150
侵入型原子……………………………149
真の拡散係数…………………………209

索　引　267

す

ステア・ロッド	169
ストーナー理論	247
スピネル型構造	23, 144
スピネル型フェライト	146
スピンの揺らぎ	245, 249
滑りベクトル	159
滑り方向	158

せ

正則溶体	54, 59
静的格子欠陥	149
静電エネルギーの総和	31
静電結合力	21
静電原子価則	21–23
成分	48
正方晶系	98
ゼーマン・エネルギー	216, 220
積層欠陥	173
閃亜鉛鉱型構造	128
剪断応力	158
剪断歪み	160
全率固溶系	63

そ

相	47, 48
相互拡散	205
相殺温度	213, 240
相転移	48
磁気——	212
——温度	211
——現象	211
秩序・無秩序——	90
相分離	68
相律	49
塑性変形	155, 156

た

第 1 ブリルアンゾーン	179
体心立方格子	118

た（続き）

体心立方構造 (bcc)	121
第 2 近接	30
ダイヤモンド構造	3, 124
多相系	48
縦波	181
単一空孔	153
タングステン	106
単斜晶系	98
単純立方格子	217
弾性変形	155
弾性領域	155
単相系	48

ち

秩序変数	214
秩序・無秩序相転移	90
超格子ピーク	218
超伝導現象	213
超伝導状態	251
超伝導転移	213
調和融解	82
調和溶融	82

て

低速中性子	112
定比化合物	82
てこの原理	62
デバイモデル	190
デバイ-ワーラー因子	176
デュロン-プティの法則	150, 183, 192
転位	155, 158
完全——	168
——線	158
不動——	164, 169
部分——	168
電気陰性度	1
オールレッド-ロコウの——	5, 6
ポーリングの——	5, 6
マリケンの——	5
ヤッフェ-サンダーソンの——	

268 索　引

―――――――――――――― 5, 7
電気的中性原理――――――――――17
点欠陥――――――――――――149
電子親和力――――――――――― 5
電子比熱――――――――――――196
電子比熱係数――――――― 197, 246

と
同素変態――――――――――――212
動的格子欠陥――――――――――149

に
2 成分系――――――――――――48
2 変数系――――――――――――51

ね
ネール温度――――――――――213
ネールの分子場理論――――――239
熱力学的変数――――――――――47

の
濃度の高い溶体――――――――59

は
バーガース・ベクトル――――158
ハイゼンベルグの交換相互作用――238
バイノーダル相分離曲線――――71
バイノーダルライン――――――71
パウリの常磁性――――――――246
パウリの排他原理――――― 225, 228
刃状転位――――――――――――159
バナール模型――――――――――58
バネ定数――――――――――――177
反強磁性――――――――――――214
――――転移――――――――――213
バンドギャップ――――――――― 3
バンド構造――――――――――――45

ひ
BCS 理論――――――――――――213

非化学量論的化合物――――――82
ヒ化ニッケル型構造――――――131
ひげ結晶――――――――――――157
比熱――――――――――――――192
表面拡散――――――――――――203

ふ
フィックの第 1 法則――――――199
フィックの第 2 法則――――― 206, 207
フェリ磁性――――――――――214
フォノン――――――――― 183, 186
不完全転位――――――――――167
不規則状態――――――――――218
不均一系――――――――――――48
複空孔――――――――――――153
複合化合物――――――――――140
複合 (混合) 転位――――― 159, 171
副格子――――――――――――128
フックの法則――――――――――177
不定比化合物――――――――――82
不動転位――――――――― 164, 169
部分転位――――――――――168
不変系――――――――――――51
不変反応――――――――― 51, 67, 84
ブラッグ-ウィリアムズ近似
―――――――――――― 57, 90, 241
ブラッグの式――――――― 108, 109
ブラベー格子――――――――――99
フランクの不動転位――――――164
フランクの法則――――――――164
プランク分布――――――― 186, 189
フランク-リード源――――――171
プリズム状転位ループ――――159
ブリルアン関数――――――――230
ブリルアン-ワイスの分子場近似
―――――――――――― 233, 236
フレンケル・ペア――――――151
分率座標――――――――――――100
フントの規則――――――――――226

索　引　269

へ

平均場近似 ……………56, 91, 233, 239
β 真鍮 …………………………………91
ペロブスカイト型構造…………… 22, 141
偏晶反応……………………………………86
偏析反応……………………………………88
遍歴 (電子) 磁性 …………………………245
遍歴電子メタ磁性転移……………………261

ほ

ボイド………………………………………173
方向指数……………………………………102
包晶温度……………………………………80
包晶系………………………………………80
包晶組成……………………………………80
包晶点…………………………………80, 81
包晶反応…………………………………79, 85
包析反応……………………………………86
飽和磁化……………………………………230
ボーア磁子…………………………………224
ボーアの原子模型…………………………222
ボーズ–アインシュタイン凝縮…………213
ポーリングの第 2 原理……………………21
ポーリングの電気陰性度……………… 5, 6
蛍石型構造…………………………………132
ボルン–ハーバーサイクル ………………36
ボルン–フォンカルマンの条件…………186
ボルン–マイヤーの式………………………35
ボルン–ランデの式………………………33, 34

ま

マーデルングエネルギー……………29, 32
マーデルング定数…………………………31
マグネタイト………………………………19
マグヘマイト………………………………20
俣野界面……………………………………208
俣野の修正式………………………………207
俣野–ボルツマンの方法 …………………209
マリケンの電気陰性度……………………5
マルテンサイト変態………………………212

み

ミラー指数 ………………………… 102, 110

め

メタ磁性転移………………………………260
滅源…………………………………………171
面間隔………………………………………104
面指数………………………………………102
面心立方格子……………………… 118, 125
面心立方構造 (fcc)………………………122

も

More is different……………………………217
モリブデン…………………………………106

や

ヤッフェ–サンダーソンの電気陰性度
……………………………………… 5, 7

ゆ

融解温度……………………………………51
湧源…………………………………………171
有効核電荷 …………………………………6
有効磁気モーメント …………… 224, 232
融点…………………………………………77

よ

溶解度ギャップ線…………………………72
ヨウ化カドミウム型構造…………………134
ヨウ化ビスマス型構造……………………137
横波…………………………………………181
弱い遍歴電子強磁性体……………………256
4 成分系……………………………………48

ら

らせん転位 …………………………………159
ランジュバン関数…………………………222
ランダウ展開 ………………………251, 256
ランダウ理論 ………………………250, 256

270　索　　引

り

理想溶体……………………………………60
リチャードの法則…………………………77
立方最密充填構造 (ccp)………………123
立方晶系……………………………………98
粒界拡散…………………………………203
菱面体晶系…………………………………98
臨界温度…………………………… 211, 251

る

ルチル型構造……………………………133

ろ

ローマー固着……………………………167
ローマー-コットレル固着……………169
ローマー-コットレルの不動転位……169
ローマーの不動転位……………………167
6 配位構造…………………………………25
六方最密充填構造 (hcp) ……… 123, 125
六方晶系……………………………………98

わ

ワイスの分子場モデル…………………233

吉村　一良（よしむら　かずよし）
1958年　長野県に生まれる
1981年　京都大学工学部卒業
1983年　京都大学大学院工学研究科修士課程修了
1986年　京都大学大学院工学研究科博士後期課程研究指導認定退学
1986年　福井大学工学部応用物理学科助手
1988年　京都大学理学部化学科助手
1993年　京都大学理学部化学科助教授
2002年　京都大学大学院理学研究科化学専攻教授　　現在に至る
その間，
1996年　米国マサチューセッツ工科大学物理学教室客員研究員
1998年　米国イリノイ大学 (アーバナ・シャンペーン校物理学教室) 客員助教授
2000年　東京大学物性研究所客員助教授 (常勤，併任)
2011年　東京大学物性研究所客員教授 (常勤，併任)
2013年より2016年まで　京都大学低温物質科学研究センター長 (併任)
2016年より　京都大学環境安全保健機構副機構長ならびに (附属) 物性科学センター長 (併任)
工学博士
専門分野：無機固体物性化学，物性物理学，磁性と超伝導

加藤　将樹（かとう　まさき）
1968年　大阪府東大阪市に生まれる
1990年　京都大学理学部化学科卒業
1992年　京都大学大学院理学研究科化学専攻修士課程修了
1994年　京都大学大学院理学研究科化学専攻博士後期課程中退
1994年　京都大学理学部化学科助手
1995年　京都大学大学院理学研究科化学専攻助手 (大学院重点化による)
2004年　同志社大学工学部機能分子工学科助教授 (2007年准教授に職名変更)
2008年　同志社大学理工学部機能分子・生命化学科准教授 (学部，学科改組による)
2011年　同志社大学理工学部機能分子・生命化学科教授　　現在に至る
その間，
2015年　英国エディンバラ大学客員研究員
2018年より　同志社大学リエゾンオフィス所長
博士 (理学)
専門分野：固体化学，物性化学

2019 年 11 月 20 日　第 1 版発行

```
著者の了解に
より検印を省
略いたします
```

著　　　者© 吉　村　一　良
　　　　　　加　藤　将　樹

発行者　内　田　　　学

印刷者　馬　場　信　幸

無機固体化学
構造論・物性論

発行所　　株式会社　**内田老鶴圃**　〒112-0012 東京都文京区大塚3丁目34番3号
　　　　　　　　　　　　　　　　電話 03(3945)6781(代)・FAX 03(3945)6782
http://www.rokakuho.co.jp/　　　　　　　　　　印刷・製本/三美印刷 K.K.

Published by UCHIDA ROKAKUHO PUBLISHING CO., LTD.
3-34-3 Otsuka, Bunkyo-ku, Tokyo, Japan

ISBN 978-4-7536-3003-5 C3042　　　U. R. No. 650-1

物質・材料テキストシリーズ

共鳴型磁気測定の基礎と応用
高温超伝導物質からスピントロニクス，MRI へ
北岡 良雄 著 A5・280 頁・本体 4300 円

固体電子構造論
密度汎関数理論から電子相関まで
藤原 毅夫 著 A5・248 頁・本体 4200 円

シリコン半導体
その物性とデバイスの基礎
白木 靖寛 著 A5・264 頁・本体 3900 円

固体の電子輸送現象
半導体から高温超伝導体まで そして光学的性質
内田 慎一 著 A5・176 頁・本体 3500 円

強 誘 電 体
基礎原理および実験技術と応用
上江洲 由晃 著 A5・312 頁・本体 4600 円

先端機能材料の光学
光学薄膜とナノフォトニクスの基礎を理解する
梶川 浩太郎 著 A5・236 頁・本体 4200 円

結晶学と構造物性
入門から応用，実践まで
野田 幸男 著 A5・320 頁・本体 4800 円

遷移金属酸化物・化合物の超伝導と磁性
佐藤 正俊 著 A5・268 頁・本体 4500 円

酸化物薄膜・接合・超格子
界面物性と電子デバイス応用
澤 彰仁 著 A5・336 頁・本体 4600 円

基礎から学ぶ強相関電子系
量子力学から固体物理，場の量子論まで
勝藤 拓郎 著 A5・264 頁・本体 4000 円

熱電材料の物質科学
熱力学・物性物理学・ナノ科学
寺崎 一郎 著 A5・256 頁・本体 4200 円

酸化物の無機化学
結晶構造と相平衡
室町 英治 著 A5・320 頁・本体 4600 円

計算分子生物学
物質科学からのアプローチ
田中 成典 著 A5・184 頁・本体 3500 円

スピントロニクスの物理
場の理論の立場から
多々良 源 著 A5・244 頁・本体 4200 円

スピントロニクス入門
物理現象からデバイスまで
猪俣 浩一郎 著 A5・216 頁・本体 3800 円

強相関物質の基礎
原子，分子から固体へ
藤森 淳 著 A5・268 頁・本体 3800 円

材料物理学入門
結晶学，量子力学，熱統計力学を体得する
小川 恵一 著 A5・304 頁・本体 4000 円

金属電子論　上・下
水谷 宇一郎 著
上：A5・276 頁・本体 3200 円／下：A5・272 頁・本体 3500 円

材料電子論入門
第一原理計算の材料科学への応用
田中 功・松永 克志・大場 史康・世古 敦人 共著
A5・200 頁・本体 2900 円

材料科学者のための**固体物理学入門**
志賀 正幸 著 A5・180 頁・本体 2800 円

材料科学者のための**固体電子論入門**
エネルギーバンドと固体の物性
志賀 正幸 著 A5・200 頁・本体 3200 円

材料科学者のための**電磁気学入門**
志賀 正幸 著 A5・240 頁・本体 3200 円

材料科学者のための**量子力学入門**
志賀 正幸 著 A5・144 頁・本体 2400 円

材料科学者のための**統計熱力学入門**
志賀 正幸 著 A5・136 頁・本体 2300 円

バンド理論 物質科学の基礎として
小口 多美夫 著 A5・144 頁・本体 2800 円

遷移金属のバンド理論
小口 多美夫 著 A5・136 頁・本体 3000 円

ヒューム・ロザリー電子濃度則の物理学
FLAPW−Fourier 理論による電子機能材料開発
水谷 宇一郎・佐藤 洋一 著 A5・248 頁・本体 6000 円

X 線構造解析 原子の配列を決める
早稲田 嘉夫・松原 英一郎 著 A5・308 頁・本体 3800 円

結晶電子顕微鏡学 増補新版
材料研究者のための
坂 公恭 著 A5・300 頁・本体 4400 円

機能材料としてのホイスラー合金
鹿又 武 編著 A5・320 頁・本体 5700 円

表示価格は税別の本体価格です．　　　　　　　http://www.rokakuho.co.jp/

Kingery・Bowen・Uhlmann：Introduction to Ceramics

セラミックス材料科学入門　基礎編／応用編

小松 和藏・佐多 敏之・守吉 佑介・北澤 宏一・植松 敬三 共訳

基礎編：A5 判・622 頁・本体 8800 円　応用編：A5 判・464 頁・本体 9000 円

基礎編　1．セラミックスの製造工程とその製品／2．結晶の構造／3．ガラスの構造／4．構造欠陥／5．表面・界面・粒界／6．原子の移動／7．セラミックスの状態図／8．相転移・ガラス形成・ガラスセラミックス／9．固体の関与する反応と固体反応／10．粒成長・焼結・溶化／11．セラミックスの微構造

応用編　12．熱的性質／13．光学的性質／14．塑性変形・粘性流動・クリープ／15．弾性・粘弾性・強度／16．熱応力と組成応力／17．電気伝導／18．誘電的性質／19．磁気的性質

セラミックスの物理

上垣外 修己・神谷 信雄 著　A5 判・256 頁・本体 3600 円

1．セラミックスにおける結合の基礎　セラミックスの材質的範囲／結合のイオン性，共有性／イオン半径と共有結合半径／セラミックスの特性分類／セラミックスの用途とそれに適したセラミックス　2．配位数および結晶構造変化に関連する因子　結晶構造の分類／結晶構造の温度による変化／配位数に関する経験的規則／固溶体の生成／複化合物／非晶質材料　3．格子エネルギーおよび表面エネルギー　固体の格子エネルギー／格子エネルギーの温度依存性／表面自由エネルギー／表面自由エネルギーの温度依存性／表面エネルギー／表面での結合力の作用距離／表面エネルギーに関連する現象：焼結　4．力学的特性　弾性率／弾性率の温度依存性／弾性率の気孔依存性／弾性率の結晶方位依存性／ポアソン比／破壊応力／破壊靭性／硬度　5．熱的特性　材料の融点／熱膨張率／比熱／熱伝導率　6．磁気的特性　磁性の分類／磁性に関する物理量：磁界，磁化，磁束密度／磁性の発現・原子磁気モーメント／高透磁率材料／高保磁力材料／材料中の欠陥と磁気的特性　7．電気的特性　電気伝導性／誘電性　8．光学的特性　透明性，着色／屈折率／非線形光学特性／レーザー発振

セラミックスの基礎科学

守吉 佑介・笹本 忠・植松 敬三・伊熊 泰郎 共著　A5 判・228 頁・本体 2500 円

セラミックスの焼結

守吉 佑介・笹本 忠・植松 敬三・伊熊 泰郎・門間 英毅・池上 隆康・丸山 俊夫 共著
A5 判・292 頁・本体 3800 円

窒化ケイ素系セラミック新材料

日本学術振興会第 124 委員会 編　A5 判・504 頁・本体 8000 円

ファインセラミックス技術ハンドブック

日本学術振興会第 136 委員会 編　B5 判・452 頁・本体 18000 円

ガラス科学の基礎と応用

作花 済夫 著　A5 判・372 頁・本体 6000 円

リチウムイオン電池の科学　ホスト・ゲスト系電極の物理化学からナノテク材料まで

工藤 徹一・日比野 光宏・本間 格 著　A5 判・252 頁・本体 3800 円

粉体粉末冶金便覧

(社) 粉体粉末冶金協会 編　B5 判・500 頁・本体 15000 円

表示価格は税別の本体価格です．　　　　　　　　　　http://www.rokakuho.co.jp/

遍歴磁性とスピンゆらぎ

高橋 慶紀・吉村 一良 共著　A5判・272頁・本体5700円

　1980年中頃に始まる理論の研究と，それに関連する実験的な研究について解説．遍歴電子磁性の理解の現状を伝える．「スピンゆらぎ」と呼ばれる磁気的なエネルギー励起の自由度が，磁気現象に対して支配的，かつ包括的な影響を及ぼすと考える点が本書の大きな特徴である．

　はじめに／スピンゆらぎと磁性／遍歴電子磁性のスピンゆらぎ理論／磁気的性質へのゆらぎの影響／観測される磁気的性質／磁気比熱の温度，磁場依存性／磁気体積効果へのスピンゆらぎの影響

固体の磁性　はじめて学ぶ磁性物理

Stephen Blundell 著／中村 裕之 訳　A5判・336頁・本体4600円

　本書は世界で最も支持されている磁性物理の初学者向けテキストの1つである．基礎と応用がほどよく盛り込まれ，理論にも実験にも偏ることがなく，容易な事項を中心に知的好奇心をそそる仕掛けがあり，初歩から最先端の研究に至る流れがスムーズにコンパクトにまとめられている．

　序論／孤立した磁気モーメント／環境／相互作用／磁気秩序と磁気構造／秩序と対称性の破れ／金属の磁性／競合する相互作用と低次元性

磁 性 入 門　スピンから磁石まで

志賀 正幸 著　A5判・236頁・本体3800円

　本書は，「何に使うか」を視野に入れつつ，「何故か」を問う基礎と応用のバランスの取れた良質のテキストである．

　序論／原子の磁気モーメント／イオン性結晶の常磁性／強磁性(局在モーメントモデル)／反強磁性とフェリ磁性／金属の磁性／いろいろな磁性体／磁気異方性と磁歪／磁区の形成と磁区構造／磁化過程と強磁性体の使い方／磁性の応用と磁性材料／磁気の応用

酸化物の無機化学　結晶構造と相平衡

室町 英治 著　A5判・320頁・本体4600円

　物質・材料の研究開発を進めるうえで最初の難問である複雑な結晶構造を理解するために必要な結晶化学について丁寧に説明し，高品質な試料を合成するためのプロセスを検討する際に備えておきたい相平衡の概念についても著者の豊富な経験を基に分かりやすく的確に記す．

　はじめに／酸化物の結晶構造の成り立ち／基本的な酸化物の構造と機能／ケイ酸塩／ホモロガス物質群／酸化物系の相平衡／酸化物の合成／ソフト化学法による準安定酸化物の合成

入門 結晶化学　増補改訂版

庄野 安彦・床次 正安 著　A5判・228頁・本体3800円

　無機化合物の結晶構造をできるだけ見通しのよい形で整理し，材料科学の研究を志す学生に役に立つようまとめられている．

　原子の構造と化学結合／結晶の対称性／結晶構造決定／主要な結晶構造／結晶構造に関する二,三の話題

入門 無機材料の特性　機械的特性・熱的特性・イオン移動的特性

上垣外 修己・佐々木 厳 著　A5判・224頁・本体3800円

　本書は固体材料における格子点の原子・イオンの振る舞いに起因する特性を扱う．

　特性全般に関わる基本的事項／無機化合物の体積とその特徴／機械的特性／熱的特性／イオン移動／標準外れの材料

表示価格は税別の本体価格です．　　　　　　　　http://www.rokakuho.co.jp/